放送メディア研究 17

放送100年

技術の発達と放送メディア

Studies of Broadcasting and Media

NHK放送文化研究所

『放送メディア研究』第17号　刊行にあたって

1925（大正14）年3月22日，社団法人東京放送局（NHKの前身）が東京・芝浦の小さなスタジオでラジオ放送を始めてからまもなく100年を迎える。この間，日本国内の放送メディアは，さまざまな技術の進展に伴ってその形態を多様化させてきた。

放送における技術革新は，その時々の受け手である視聴者のニーズに応え，または新たなニーズを創出し，人々の暮らしを豊かにし，世相や文化に彩りを加えてきた。その一方で，社会に浸透することのないまま消えていったものも少なくない。

本特集の前半では，ラジオ・テレビの放送技術が，それぞれ時代ごとに，どのように社会に受容され，定着していったのかをたどっている。その過程を時系列にトレースすることで見えてくるのは，放送技術の革新が放送番組の切り口や伝え方にも影響を及ぼし得ることだ。それが人々に浸透するかどうかは，その時代の社会状況と無縁ではない。新たな放送技術は，受け手のニーズに応じた新たなコンテンツ・サービスとして結実してこそ，社会の情報インフラとして根づき得ることを学ぶことができる。

21世紀に入りまもなく四半世紀が経過する今，デジタル情報空間の急拡大に伴う弊害がクローズアップされている。インターネット上で拡散する誤情報・偽情報や誹謗（ひぼう）中傷の問題，フィルターバブルによる社会の分断などは，このまま放置すれば健全な民主主義の維持を危うくしかねない深刻な社会課題となっている。

その一方で，市民一人一人がインターネットを介してみずから自由に発信できるようになったことで，マスメディアが社会のなかの情報発信を独占していた時代は終わった。放送というオールドメディアから一方通行で発信されるコンテンツに対して，受け手の疑念や反発の声が増え，マスメディアに対する不信は，かつてなく強まっている。

こうした社会状況のなかで，これからの放送メディアに求められる役割や機能とは，どのようなものなのか。本特集の後半では，最先端の放送技術をふまえ，メディアの未来像にも焦点をあてている。放送技術100年の歴史をコンテンツの伝え方，および送り手と受け手との関係性という視点もふまえて検証することで，今後私たちが放送を通じて社会に提供すべき新たな価値とは何かを考えていきたい。

放送と通信が融合する時代の新たなメディア像を模索し，マスメディアへの信頼を再び取り戻すための一つの道しるべとして役立てていただけたら幸いである。

2024年3月

NHK放送文化研究所
所長　渡辺 健策

放送メディア研究 17

Contents

放送100年

技術の発達と放送メディア

〈特集のねらい〉

放送メディアは，この100年，さまざまな技術の進展とともに大きく姿を変えてきた。技術の発達は，新聞や雑誌といったマスメディア全体に変化をもたらしてきたが，特に放送では，送り手，受け手の双方ともその影響を強く受けてきたと言えるだろう。ラジオ放送の誕生，テレビ放送の開始，白黒テレビからカラーテレビへの移行，衛星放送の開始，テレビの高品質化，放送のデジタル化など，放送をめぐるさまざまな変化の背景には，技術の進歩が存在していた。『放送メディア研究』第17号では，2025年の放送開始100年を前に，放送技術の発達に焦点を当て，それが放送をどう変えたか，さらには社会に何をもたらしたかを考察する。

本特集ではまず，第Ⅰ部「ラジオの時代」，第Ⅱ部「テレビの発達」で，おおむね時系列に沿って放送技術の進展について振り返る。そこでは，各時代の放送にどのような技術的な課題が存在し，それに対してどういった対応がなされたのか，また，それが放送にどのような影響をもたらしたかを検討する。そして，第Ⅲ部「放送技術の最先端」で，2000年代以降に焦点を当て，放送をめぐる技術開発の最新動向を紹介する。そのうえで，第Ⅳ部「技術開発の未来像」で，技術開発の過程で描かれた未来像とその帰結を検討し，それを踏まえて，今後の放送メディアの将来像について考えることにしたい。

もっとも，放送を支えた技術は多様であり，網羅的に取り上げることは難しい。また，戦前からの放送技術の発達状況については，すでにNHK編『放送五十年史』(1977年) や同『20世紀放送史』(2001年) などに概要がまとめられており，技術開発そのものについては，NHK放送技術研究所などによる詳細な研究史が作成されている。このため，本特集では，それぞれの時代で焦点となった技術を重点的に取り上げ，各執筆者が専門とする分野を中心に議論を展開してもらうことにした。そこでは，技術開発そのものに加えて，その時々の番組の状況や，放送をめぐる政策動向，社会の動きなども踏まえ，幅広い視点から技術についての考察がなされている。

放送が発達していく過程では，成功し普及していった技術もあれば，高い完成度を持ちながら十分には広がらなかった技術もある。その違いがどのようにして生まれたのかについても本特集では考える。さらに，近年では，インターネットやスマートフォンの急速な普及，SNSや動画配信サービスの広がりによって，メディア環境は大きな変化を続けている。放送界がそうした技術をどのように取り入れ，環境変化に対応してきたかについても検証していきたい。そうした考察が，放送メディアの将来を展望するうえでの手がかりになればと考えている。

『放送メディア研究』第17号　編集担当

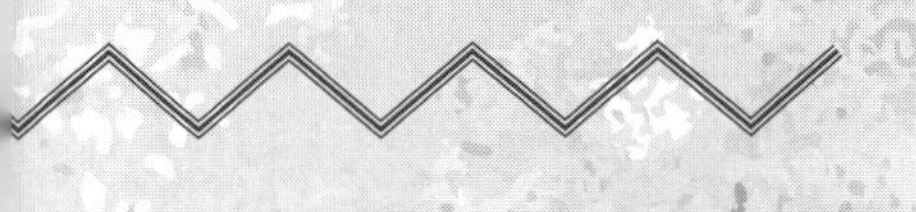

日本の放送メディアの発達

年	地上放送 ラジオ	地上放送 テレビ	衛星放送 基幹放送（BS, 110度CS）	衛星放送 一般放送（124/128度CS）	ケーブルテレビ
1925	中波 1925～ アナログ				
1930					
1935					
1940					
1945					
1950	短波 1952～	白黒 1953～ アナログ			
1955					アナログ 1955～ アナログ
1960		カラー 1960～			
1965	FM 1969～				
1970					
1975					
1980		音声多重 1982～			
1985		文字多重 1985～	アナログ 1989～ アナログ		
1990				アナログ 1992～ アナログ	
1995		データ多重 1996～		デジタル 1996～ デジタル	デジタル 1998～ デジタル
2000		デジタル 2003～ デジタル	デジタル 2000～ デジタル		
2005					
2010					
2015			4K 2018～	4K 2015～	4K 2015～
2020					
2025					

NHK編（2001）『20世紀放送史』，総務省「放送を巡る現状」（2021年11月）を参考に作成。

第I部

ラジオの時代

この時代の概況

19世紀の後半から，電信や電話の発達によって新たなコミュニケーションの形態が生まれた。そして，20世紀に入ると，人々の声を電波に乗せるラジオが登場する。1920年，アメリカで始まったラジオ企業化の波は，たちまちヨーロッパ諸国や日本に広がった。

日本では1925（大正14）年3月，ラジオ放送が始まった。人々は，家庭で鉱石ラジオのレシーバーに耳を押し当てて放送を聴いた。開局の記念式典の挨拶で，東京放送局の後藤新平総裁は，放送の目的と役割について，文化の機会均等，家庭生活の革新，教育の社会化，経済機能の敏活の4つを挙げた。ラジオ放送は同年6月に大阪，7月に名古屋でも始まった。

ラジオ放送が始まると，逓信省は早くも日本の放送事業のあり方について検討を進め，全国放送網を作る方針のもと，1926年，東京，名古屋，大阪の3局が合同して社団法人・日本放送協会が設立された。日本放送協会は，北海道，東北，中国，九州にも支部を設立し，1928（昭和3）年には7つの放送局を結ぶ中継放送網が完成した。放送網の広がりとともに，受信機の普及も進んだ。当初，ほとんどの人は鉱石ラジオで放送を聴いていたが，次第に真空管式ラジオに置きかえられていった。そして，1920年代末ごろからは，電灯線から電源を取るエリミネーター式受信機が家庭に入りはじめ，家族そろってラジオを聴くスタイルが都市部では見られるようになった。

1931年には，東京で第2放送（二重放送）が始まった。二重放送は当初，鉱石ラジオで2つの電波をきれいに分離できるかが不安視されたが，簡単な改修で混信を避けることができた。二重放送は1933年に大阪と名古屋でも始まり，教育番組やスポーツ中継が充実していった。番組の発達とともにラジオ契約数も増え，1932年に全国で100万件を突破し，その後，1939年に400万件，1940年に500万件を超えた。

もっとも，日本のラジオ受信機は性能がよいものとは言い難かった。国内では1929年ごろから，4個の真空管を組み合わせた並四受信機，通称「並四（なみよん）」の生産が始まったが，音質が悪く，大きな音も出なかった。欧米では、高性能のスーパーヘテロダイン方式が受信機の主流になっていたが，日本では普及が優先され，安価な受信機が広く出回っていた。このため，日本放送協会は1938年，より性能が高く故障も少ない「放送局型受信機」の統一仕様を制定し，戦時下，普及運動を展開した。

しかし，太平洋戦争下，空襲などによってラジオは送信施設，受信機とも大きな被害を受けた。ラジオの世帯普及率は40%を切り，焼失した受信機は150万台に上った。このため，戦後復興では，放送施設の整備と並んでラジオ受信機の増産が課題になった。1946年には，逓信省や日本放送協会、メーカーが，性能を抑えて普及を優先した標準受信機として「国民型受信機」を制定したが，生産量が少なかったことに加え，激しいインフレもあり，多くの人々はこの受信機でさえも手に入れることが難しかった。

ただ，経済が急速に復興し，1951年以降，各地に次々と民放が開局していくと，ラジオの受信機も変化していく。国内では依然として「並四」がラジオの主力だったが，民放の開局で混信が懸念されたことから，行政と民間が協力してラジオ受信機の改良運動が進められた。そして，新たな受信機の開発と量産化が進んでいった。NHKのラジオ契約数は1952年に1,000万件を突破し，1958年には1,480万件とピークに達した。民放も新しい娯楽番組を次々と登場させ，1950年代，ラジオは全盛期を迎えた。1955年には，東京通信工業（のちのソニー）がトランジスターラジオを発売，ラジオとテレビが併存する時代が始まりつつあるなか，ポータブルラジオの登場でラジオの役割や機能も変化していった。

第Ⅰ部「ラジオの時代」では，ラジオの放送網がどのように拡大したのか，また，当時の送信・受信技術がどのようなものだったかについて検討を行った。さらに，戦後のラジオ受信機がどのような軌跡をたどったのかを検証した論考を掲載したほか，受信機の自作文化や，ラジオ普及の契機となったラジオ塔についても考察を行った。

■ **年表**

1920年	アメリカKDKA局がラジオ放送開始
1922年	イギリス放送会社（BBCの前身）がラジオ本放送を開始
1923年	関東大震災
1925年	ラジオ放送開始（東京に続き大阪，名古屋で放送開始） 東京放送局が愛宕山から本放送開始
1926年	東京・大阪・名古屋放送局が合同し日本放送協会設立 高柳健次郎，「イ」の字をブラウン管に映し出すことに成功
1927年	最初のスポーツ実況中継（全国中等学校優勝野球大会）
1930年	日本放送協会技術研究所設立
1931年	ラジオ第２放送開始
1932年	録音放送の始まり（フィルム録音）
1935年	海外放送開始
1939年	テレビ実験放送開始
1940年	初のテレビドラマ実験放送
1946年	テレビの研究再開（太平洋戦争で中断）
1948年	戦後初のテレビ公開実験
1950年	電波三法（電波法・放送法・電波監理委員会設置法）施行
1951年	民放ラジオ開局

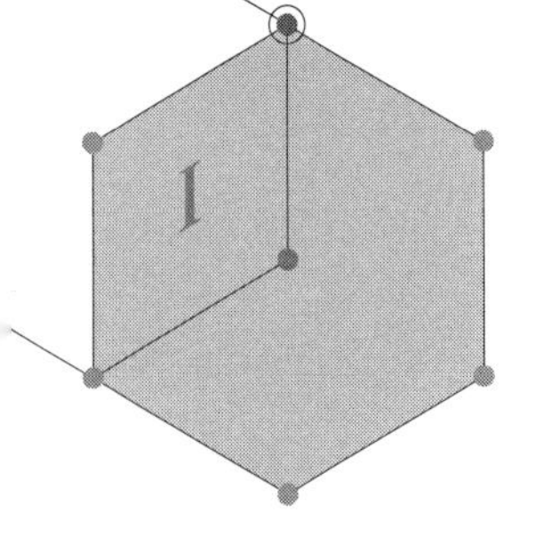

ラジオ開始と放送網拡大

放送技術の誕生～黎明期の放送技術と技術者～

樋口 喜昭

（東海大学）

1　はじめに

本稿は，黎明期の放送技術と技術者に着目し，無線電話の機能の一つにすぎなかった放送が，多数に向けていっせいに同内容を伝える巨大なシステムへと成長する初期の過程を追う。日本では，1925（大正14）年に東京，大阪，名古屋の三局時代を経て日本放送協会へと統合され，さらに各地への放送局設置と放送網の拡充を進めることで全国的な伝播性を有する強力なマス・メディア装置へと成長した。しかし，この放送設備や要素技術の開発の過程や技術者の試行錯誤は，これまでの放送史ではまだ十分に分析されているとは言えない。そこで本稿では，特に放送設備の計画と実施の過程を中心に，放送とともに放送技術者が誕生し，どのように初期の技術を定着させてきたのかを明らかにする。

本稿で用いた史料は，主に放送技術に関する専門誌，また技術者やその家族の手記，そして，日本放送協会がこれまでまとめている放送史のなかから，放送黎明期の技術設備や当時の様子が書かれた記事を中心に使用する。また，時代区分については，これらの歴史資料で行われている時代区分を参考にしつつ，特に技術的な側面に重きを置き，放送に関わる設備の整備計画と実行結果をもとに区分した（**表1**）。

表1　時代区分

年　度	区　分	特　徴
～1925年	放送開始前～三局時代	民間のラジオ熱の高まり～仮放送
1926年～1929年	第一期放送網拡充計画	日本放送協会設立と全国鉱石化
1930年～1933年	第二期放送網拡充計画	機器の高性能化と国産化
1934年～1938年	第三期放送網拡充計画	放送技術の高度化
1939年～1941年	第四期放送網拡充計画	消極的な拡充計画

日本の放送は，1925年に東京，名古屋，大阪の三つの放送局の開局か

ら始まっているが（三局時代），逓信省は，これらの局を開局させる際の命令書の段階から，約5年という年数を定めて，放送設備の設置計画を立てており，それが，1926年8月に三局が統一された組織，社団法人日本放送協会における設備計画の基底となっていることが指摘されている[1)]。本稿では，この設備計画に沿って時代区分を行い，放送開始前の実験放送が行われていた1921年ごろから，第一期放送網拡充計画から第四期に至り戦時体制となるまで重要な要素技術を時代順に取り上げる。

2 初期の放送技術〜開局前から三局時代

(1) 開局以前の状況

無線通信は20世紀の幕開けとともに急速に発展し，実用化に向けて各国がしのぎを削っていた。日本では，逓信省電気試験所（現在のNICT情報通信研究機構）を中心に無線電話の研究が行われ，1912(明治45)年に鳥潟右一，横山英太郎，北村政治郎の3名により，「TYK式無線電話機」が開発され，世界の水準に迫っていこうとしていた。1920(大正9)年にアメリカで，正式な免許を受けたラジオ局，「KDKA」が開局。日本でもこれが大いに刺激となりラジオ局開局の機運が高まった。日本では当初から電波は政府が管掌しており一般には開放されていなかったが，ラジオ熱の高まりで実験局やアマチュアで無線機を製作するものも現れるようになった。

1923年8月，逓信省によって，「放送用私設無線電話ニ関スル議案」が出されるが，同年9月1日，関東大震災が発生し放送局開局の要望がさらに高まり，12月20日，「放送用私設無線電話規則」が公布された。逓信省は，出願者の代表を呼んで，次のような方針を示した。⑴放送事業は，まず，東京，大阪，名古屋の三市に許可する。⑵放送局の数は一市一局を原則とする。⑶企業はなるべく有力者，新聞社，通信社および無線関係事業家が合同で経営する。⑷広告放送はしない。報酬をもらい他人に放送局を利用させてはならない。⑸営利をもっぱらにせず，聴取料金を安くし，利益は資本の一割を限度とする（日本放送協会編 1977c：21）。逓信省が，このように極めて公共性の高い公益法人としての性格を求めたことによって，出願していた営利団体間で調整が行われ，東京（1924年11月），名古屋（1925年1月），大阪（1925年2月）に社団法人が設立され，鋭意開局の準備が進められた。

（2）初期の放送設備と放送技術者の誕生

東京放送局では，東京高等工芸学校（東京府東京市芝区　現：東京都港区）の新築の図書館の一部を借り実験が繰り返された。東京放送局で初期の任務に着いたのは，逓信省電気試験所から移った北村政治郎[2)]を筆頭とし，船舶や陸上の無線局の通信士や研究者，入局を予定する学生で，このときに初めて放送技術者が誕生したと言えよう[3)]。放送機は，東京市の電気研究所が三井物産を通じて購入していたGE製の無線電信電話用のもので，別途注文した放送機がアメリカから届くまでの間，発信部を改造するなどして準備を進めていた。アンテナは隣接の旧逓信省電気試験所跡に残されていたアンテナ用電柱を利用し，出力はわずか220W（ワット）。その後，7月に愛宕山の本施設に移っても放送機は外国製品[4)]で，東京と大阪はウェスタン社，名古屋がマルコーニ社のものだった。

東京・愛宕山の送信機室（日本放送協会放送史編修室編 1965:10)
左：ウェスタン社製106A 1kW，右：安中電機製

(3) 逓信省の検査と放送技術者

開局に向けて技術者は不眠不休で整備を行ったが，東京では，開局予定日（3月1日）直前の2月26日に行われた逓信省の工事検査において，「放送装置は未完成，三月一日の放送開始は時期尚早」という不合格の認定となった。このことは，新聞でも，「逓信省の検査未済」と報じられ，1日から出演予定の音楽家や名士，そして聴取手続きを完了した聴取者に動揺を与えた。そのため，放送局側は，「試験放送」の名義で電波発射を許してもらいたいと申し入れ許可された。実際に，不備が修正され正式に放送が開始（仮放送）したのが3月22日である[5)]。不合格の理由は何であったのか。『放送五十年史』（日本放送協会編 1977a：25）によれば，「電信電話用の借用機を急いで放送用に改造したため，放送機の各部の結合がバラバラであること，指揮室が狭すぎて放送が出しにくいこと，企業目論見書に記載された出演休憩室が完成していないこと」と記載されている。開始予定日前日の2月28日に現場にいたという逓信省電気試験所の土岐重助によれば，前日に送信機が思うように働いておらず，技術員たちが，「戦争のようなさわぎをしていた」とし，「発信部を別に急造して，とにかく放送が出るようにした（略）。その時のコイルは電灯のコードを木のわくに巻いた」（日本放送協会放送技術研究所 1949：24）と述べている。

芝浦のGE製の無線電信電話用送信機と放送技術者[6)]
(日本放送協会放送技術研究所 1949：24)

コイルを手で巻き，放送機の発信部を前日に作り直していたことが事実ならば，相当追い詰められた状態である。一方で，検査として不合格を出した逓信省の検査官，荒川大太郎は，「私が初めて芝浦についたとき，北村氏は後ろ向きになって電話機をかけたまま波長計では波長を測定しておられた。ところが頭に紙片がついてフラフラ揺れている。それは機械について来る試験伝票で，（略）それを取り外す暇もないのである」と現場の様子を語っている。さらに検査の不合格については，「逓信省の検査官は横暴であるとか，放送局の技術者は意地が無いとか言われたものである。(略）当時は私も若くて純情であったから，一面放送局側が技術者のみに重荷を負わせて，自分の功名を急ぐことに対して反抗し得たことは痛快ではあった」(荒川 1950：12）として，放送技術者側に立ってあえて不合格を出したとも取れる発言をしている。また，北村の部下の久我桂一によれば，「何日何日に放送をすると，番組関係者が公表してしまう。そのため，技術の方で，どれだけ困るか。また，技術に不充分な状態で放送をしてしまわなくてはならないこの実例は，数えきれないほどある」(久我 1950：12）と，経営や編成側への不満を述べており，開局当初から続く，経営と技術者，検査官（逓信省の技術官僚）の初期の関係性が読み取れるエピソードである。

この東京での短期間での試験放送の開始によって，大阪や名古屋においても開局の声が高まった。大阪では役員問題をめぐる紛糾のため法人設立が遅れたものの，1925年3月27日の第一回理事会で高麗橋三越支店の屋上を放送局として6月1日から仮放送を開始することが決まった。その後，ただちに工事に着手し，5月9日に逓信省の許可を受けて5月10日に試験電波を発射，6月1日から仮放送が実施された。名古屋放送局については，4月末に外堀町の名古屋衛戍監獄跡を買収，他局とは異なり当初から本施設としての建設を進め，局舎は6月17日完成，放送機の取り付けを行い，7月10日に検定書の交付を受けて試験電波を発射，仮放送を経ずに7月15日に本放送開始となった。

3 第一期放送網拡充計画 1926年～日本放送協会設立と全国鉱石化

(1) 統一組織による放送の全国展開と中継網の整備

逓信省は，放送開始後，三局ともに，聴取加入が初めの予想をはるかに上回り，事業収入の前途に明るい兆しが出ていることもあって，そのほかの地域での放送局開局の可能性を模索していた。三局時代から1928(昭和3)年までは，各局とも放送電力は1kW程度で，当時最も普及していた鉱石式受信機での実用範囲は10km程度にすぎなかった（日本放送協会1951：298)。このときの課題としては，いかにして全国において鉱石式受信機での可聴エリアを増加させるかということであった。逓信省は経営形態の統一によって全国的な置局計画を進めるべく，イギリスとドイツにおける放送の経営形態を指針として，「全国的統一経営に関する調査」（1925年10月）を進め，同11月に「放送無線電話許可方針に関する件」と題する意見書を作成し方針を明らかにした。そこでは，東京・大阪・名古屋の三局を解消して全国的な統一組織へと移行し，5年以内に全国的な放送網を建設するとして準備に入った。

表2　逓信省による施設計画（1925）

放送局	1926年	1927年	1928年	1929年
東京	10kW増設		浜松東京間中継線	
大阪	10kW増設	大阪広島間中継線	1kWに改装	大阪名古屋間中継線
広島	1kW新設		広島福岡間中継線	
熊本	10kW新設	10kW改装		
仙台	10kW新設	東京仙台間中継線		仙台弘前間中継線
札幌	10kW新設着手	10kW完成		
長野		10kW新設，東京長野間中継線		
弘前			3kW新設，弘前青森間陸線	
浜松			3kW新設，名古屋浜松間中継線	
野付牛（北見）				3kW新設，野付牛網走間陸線

※この施設計画案には名古屋局増設の記載はない。これは当時の逓信省が東京，大阪および長野の大電力設備使用開始後の状況を考慮して行うと考えていたためである（同：326)。
（日本放送協会1951：306）

図1　施設計画表の付図　鉱石式受信機可聴範囲

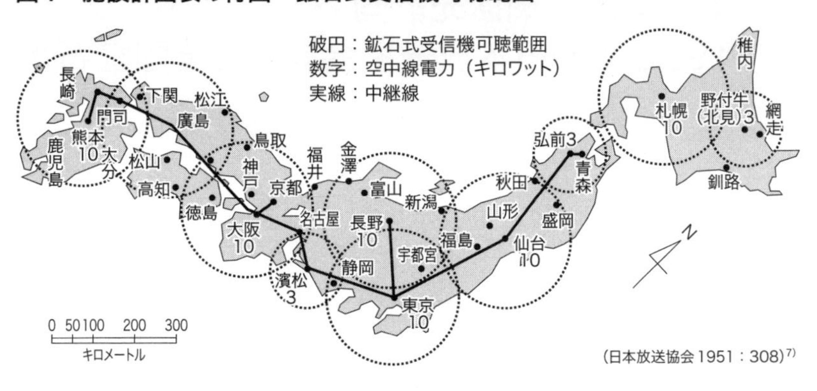

(日本放送協会1951：308)[7]

逓信省が示した施設計画案では，東京，大阪，名古屋に続いて，広島，熊本，仙台，札幌に放送局を設置（長野，弘前，浜松，野付牛は建設候補地，福岡，青森，網走にはスタジオのみ），それぞれ10kW局とすることで全国鉱石化（鉱石式受信機でも十分に受信できるようにエリアを広げること）が目指されていた。しかし，協会設立の過程での三局からの要求や，当時の経済不況に伴う協会財政の伸び悩みの影響を受けて予定が縮小され，長野，弘前，青森，野付牛，網走局の設立は見送り，新たに建設する予定であった中継線も，東京ー名古屋ー大阪，大阪ー京都，下関ー門司間はいずれも逓信省線を借用し，大阪ー熊本，東京ー仙台は2回線を1回線とすることなど縮小して，「第一期放送施設五カ年計画」が実施された。

結果的に総延長1,860kmの中継線で全国拠点の局が結ばれ全国規模の放送網が完成した。この大規模な全国中継網の建設は，昭和天皇の御大礼（京都への行幸の儀）が行われる1928年11月6日を目標として進められた。国家的なイベントに向けて新規の技術の導入が促されるというパターンは，その後，現在に至るまで放送の開発史ではたびたび見られる。しかし，このような，複数の中継網と放送局が同時に建設されることは，世界的に見てもまれなものだった。これによって，全国で同時放送を聴取す

表3　第一期放送施設五カ年計画の実施結果

局名	空中線電力	演奏所	放送所	完成年月日
東京中央放送局	10kW		新郷	1928.5.20
大阪中央放送局	10kW		千里	1928.5.20
札幌放送局	10kW	札幌	月寒	1928.6.5
熊本放送局	10kW	熊本	清水	1928.6.16
仙台放送局	10kW	仙台	原町	1928.6.16
広島放送局	10kW	広島	原	1928.7.6
熊本放送局		福岡		1928.9.16
大阪中央放送局		京都	なし	1928.11.5
名古屋中央放送局	10kW		桶狭間	1929.12.27
金沢放送局	3kW	金沢	野々市	1930.4.15

るという仕組みが初めて実現されることとなった。同時に，現在では当たり前である全国とローカルを組み合わせた編成はここから始まったといえよう。当初，地方局は多くの番組を自局で用意していたが，徐々に東京発の中継番組の比重が高くなっていった（樋口 2021：98-99）。

（2）演奏所と放送所の分離

各放送局の局舎や放送設備の設置場所は当初は同一であったが，それぞれの機能への要求に沿って徐々に分化が進んでいった。この時期の計画では，電波を発射する放送機とアンテナ（空中線）を設置する放送所は，小電力局（1kW）では面積も小さく強電界による悪影響も出ないことから大抵の場合は都市のなか，またはその隣接地に設置するという方針がとられた。しかし，10kW以上の局になると，混信の影響や大規模な敷地が必要であることなどによって，都市から適当に離れた場所に設置された。東京，大阪，名古屋は，この時期10kWへと増力されたため，放送所を演奏所（スタジオ）から分離して新たに設置された **（表4）**。

東京で新郷に放送所が移転された際の選定理由について，「草加・鳩ケ

表4　演奏所と放送所の開所時期

拡充計画	年月日	東京		大阪		名古屋	
		演奏所	放送所	演奏所	放送所	演奏所	放送所
三局時代	1925.3.22 仮放送	芝区 新芝町	芝区 新芝町				
	1925.6 仮放送	↓	↓	三越呉服店大阪支店屋上	三越呉服店大阪支店屋上		
	1925.7.12 本放送	芝区 愛宕町	芝区 愛宕町	↓	↓		
	1925.7.15 本放送	↓	↓	↓	↓	中区 丸の内	中区 丸の内
第一期	1926.7 本放送	↓	↓	大阪市天王寺区上本町	大阪市天王寺区上本町	↓	↓
	1928.5.20 放送所分離	↓	新郷（川口市）	↓	千里	↓	↓
	1929.12.27 放送所分離	↓	↓	↓	↓	↓	桶狭間
第三期	1936.11 演奏所移転	↓	↓	大阪市東区馬場町	↓	↓	↓
	1938.12 演奏所移転	麹町区 内幸町	↓	↓	↓	↓	↓

谷間街道に沿う北方小丘上で，南方遥かに東都の人煙を望み，放送所の位置としてはまことに好適」（日本放送協会 1951：371）として，電波伝搬の条件が考慮されている。大阪については，「枚方及び吹田方面が候補地として挙げられた。しかし前者は演奏所との距離が大であるため，後者即ち，吹田東北方約二キロメートル，大阪府三島郡千里村大字片山がその選に入った」（同：372）として，より可聴エリアが広げられること，そして，演奏所との距離も考慮に入れて慎重に場所の選定が行われた。

（3）全国配備された特徴的な放送用鉄塔

放送所には放送機とともに空中線（アンテナ）が設置されたが，第一期において全国に配備された空中線の特徴としては，T型または逆L型を

採用し水平が40m程度，垂直が50m程度のサイズであった。支柱は，60mまたは55mの高さの自立式三角鉄塔2基を使用していた。

愛宕山の局舎と空中線（日本放送協会1951）

放送局のイメージとして，初期の愛宕山の局舎と2基の塔が象徴的であるが，愛宕山の局舎とともにこの特徴的な自立式三角鉄塔の設計を行ったのは，戦後，東京タワーなど日本の多くの塔を設計した内藤多仲であった。独特のV字形のウェブ材を連続させたデザインは，早稲田大学の教え子だった今井兼次と相談しながら決めたものだという（橋爪紳也他 2006：52）。内藤が放送用鉄塔に関わるようになったのは，当時嘱託として勤めていた芝浦製作所の岩瀬謙三が日本放送協会の会長を兼任していたことから依頼を受けたためで，ここにも通信機器メーカーと大学の関係が見られた。

4 第二期放送網拡充計画 1930年～機器の高性能化と国産化

(1) 拡充計画の見直し

第一期の計画の実現後，環境の変化によってさらなる見直しが迫られるようになっていった。受信機の性能が向上し，一般の聴取者が増加したことで，各地での受信状態の質の改善が求められるようになった。そのため第二期の計画においては，1）放送局未開設の地域では10kW以上の大電力局は今後増設しない。2）人口が過密な都会地に強勢な感度を与えるために1kW以下の小電力局をたくさん設ける。3）第二放送はとりあえず，東京，大阪，名古屋の3局でできるだけ有効に広範囲のサービスをするため大電力とするといった方針がとられた。

その結果，1933(昭和8) 年まで福岡以下17都市に300Wから1kWの小電力局ができ，既存の8局と合わせて全国25局からなる第一放送網の体制が整った。また，第二放送網の起点となる局3局（東京，大阪，名古屋）による二重放送（第二放送）が1933年までに開局した。加えて中継網の多重化が進められ，番組演出の新たな可能性を広げた。1931年，東京と大阪を結んで双方の役者が遠隔で共演して同時に出演する二元放送が行われた。これは，大阪の役者の音声を東京でいったん受け（入中継），それを東京の役者の音声とミックスして大阪に返すことで実現した。東京—大阪間の回線の多重化によって初めて実現可能となったのであり，その後，**出中継**〈中継網を介して番組を他局へ送り出す〉，**入中継**〈他局から番組を受け入れる〉，**通り中継**〈他局から入った番組を自局では使用せずに別の局へ送り出す〉，**貸しスタジオ**〈自局では放送せず番組を他局へ送り出す〉といった編成が可能となった。

（2）ラジオ受信機の性能向上と受信技術

第一期の拡充計画後の見直しに受信機側の性能の向上が影響していた点についてみると，この時期，聴取者の保有する受信機に大きな変化があった。当時の聴取者統計のグラフ（**図2**）を見ると，1928年ごろからラジオの仕組みが鉱石式のものから真空管式へと移り変わっていることが分かる。

この真空管式への移り変わりについては，鉱石式に比べて受信性能が優れているといった面だけでなく，電源や保守といった利便性の面でも改善がなされた。このころから，各戸に引き込まれた電灯線を使って電源を供給する交流式（エリミネーター式）の真空管受信機（並四球受信機）が開発されたことで，電池の充電の心配もなく，また，電灯線に接続されることからアンテナの代用とすることで感度も飛躍的に向上した。そして何

図2 ラジオ受信機の種類別比較

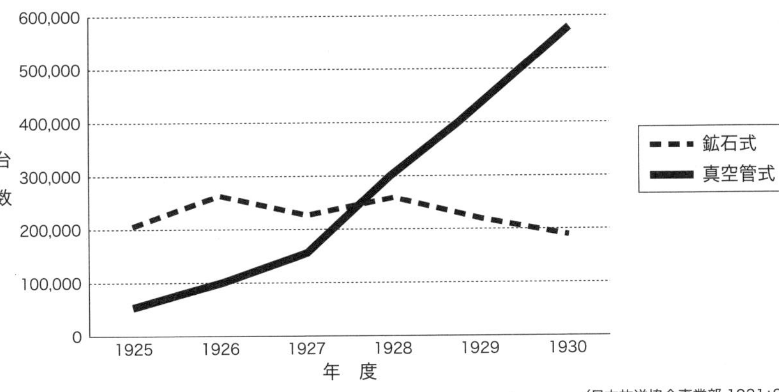

(日本放送協会事業部 1931:8)

よりもこれらの受信機の低価格化がここで進んだことが普及に拍車をかけた[8)]。このことは，それまでの鉱石式ラジオを基準とした受信環境の見直しを迫るものだった。

また，一般の利用者増に伴う苦情件数の増加も問題となっていた。受信の際に生じる空電・フェージングといった自然現象，ほかの無線通信との混信，電気機器設備による雑音障害の対応に，放送協会は追われ，障害防止の法制化と調査研究が行われるようになった（日本放送協会放送史編修室編 1965：257)。その結果，受信機は製作・保守の両面から，規格の統一が望まれるようになり，1938年1月に協会は，「放送局型受信機」の規程と規格を制定，10月には協会と東京・大阪ラジオ工業組合で，「ラジオ用品統一促進委員会」が結成され，ラジオ部品の規格統一を図った。最初に発売された放送局型受信機第1号は三ペン（三球五極管）受信機，第3号（高一）であったが，その後，時局の進展に伴う資材節約によって，電源変圧器なしのトランスレス受信機122号，123号が生まれ，「時局型」と呼ばれるものもあった（日本放送協会 1951：466)。このように，放送協会とメーカーやラジオ商が協力し，受信技術という分野が聴取者拡大とともに確立された。

初期のラジオ受信機（日本放送協会編 1977b：30）
左：探り式鉱石式受信機（1925年 国産）
右：エリミネーター式受信機（1930年 国産）

（3）放送機器の国産化

さらにこの期の特徴として重要な点は，放送関連機器の国産化が進んだことである。まず，放送機については，第一期の計画では一部を除いてすべて外国製[9)]であったが，これらから多くの資料を得て国内の放送機製作の技術は進歩した（日本放送協会放送史編修室編 1965：254）。1930年の福岡放送局の放送機（安中電機製500W）を最初に，以後，設置の各局放送機は，安立電気（安中電機の後身），日本放送協会，日本電気，日本無線，東京電気（GEの代理店，1939年に芝浦製作所と合併して東芝になる），東京無線で製作されることとなった。放送機の特性についても，1929年ごろから水晶発振器が使用されるようになったことで周波数の安定度は向上，また，測定技術の進歩に伴って，放送機の変調度やひずみも考慮されるようになり国産放送機の技術水準は格段に向上した。次の第三期に至っては，放送機に必要な条件は大体明らかになったこともあって，完成度の高い放送機を製作することができるようになった。

また，第一期では放送機同様輸入品であったマイクロフォンに関しても，この期において国産化が進んだ。開局時，東京放送局では，マイクロフォンは放送機に付属していたウェスタン社製のダブルボタン型（A）が使用されていた。周波数特性は優秀とはいえないが，雑音が比較的少なく取り扱いも簡単であった（日本放送協会 1951：574）。マイクは直接放送機へつながれ，音声増幅装置のボリューム・コントロールを調整するだけの簡単な構成だった。マイクが一本であるため，例えば弾き語りでは，マイクと三味線の間にテーブル・クロスを張ってミュートし，声とのバランスをとって調整する必要があった[10]（高橋 1955）。

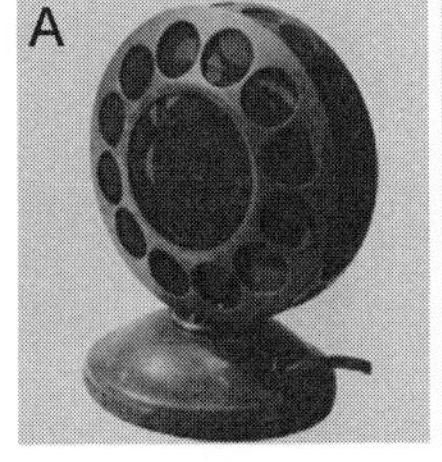

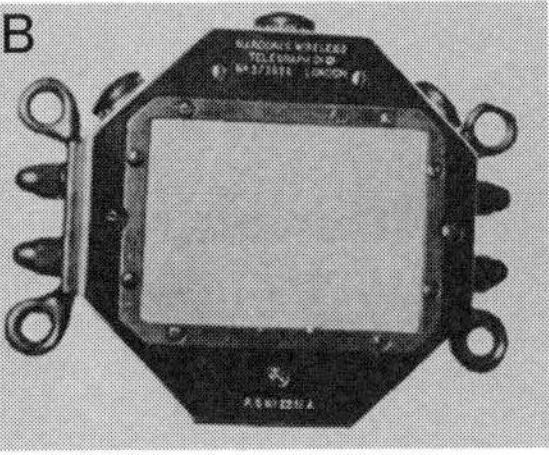

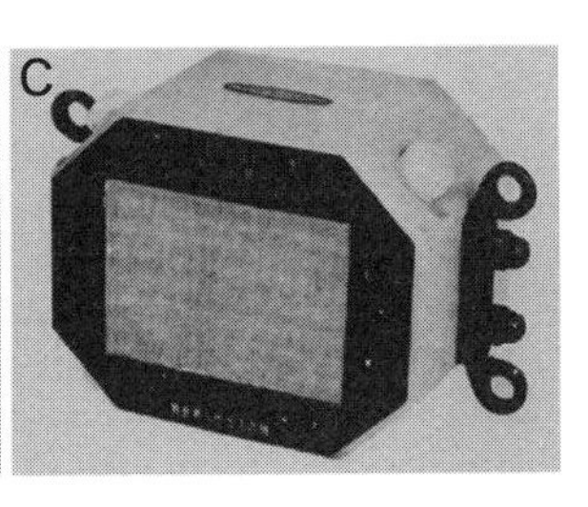

A：ダブルボタン型マイク（1925年 ウェスタン社製）
B：ライツ型マイク（1927年 マルコーニ社製）
C：MHライツ型マイク（1931年 国産）

続いて，1927年に導入された東京，大阪放送局の10kW放送機にはライツ型マイク（B）が付属していた。ダブルボタン型マイクよりも特性が良いが大変に高価で，修理にも輸入品であったため費用と時間を要し，早急な国産化が求められた。そこで，仙台放送局の丸毛登[11]と助手の星信兵衛によって初の国産で量産型のライツ型マイクであるMH型マイクが開発された（C）。このマイクは輸入価格の10分の1程度の価格で製作することができ特性も改善されていたため，全国の放送局に配備されて活躍した。ベルリンオリンピックの「前畑がんばれ」で使用されたものである。開発者の丸毛も，逓信省電気試験所出身で，1928年に日本放送協会に入り，仙台で東北大学から入局した星とともにマイクの開発を行った。親族の記述によれば，「東北帝大から借用した実験道具を用いて氷砂糖を減圧下で焼き，篩で粒度を揃え炭素粒を得る方法を考案し，特許を申請した」（丸下 2005.4.14）とあり，当時，物性研究が盛んだった東北大学との産学連携がうかがえる[12]。

5 第三期放送網拡充計画 1934年～放送技術の高度化

（1）中央統制の強化と設備の変容

第一期において3局体制で始まった放送は，1928(昭和3)年に全国に4局を設置，第二期では金沢と福岡から地方局の設置を進め，1934年には全国で28局を超えた。この年に協会は機構改革を行い，中央統制をさらに強化しつつあったが，同時に，第三期の拡充計画では次のような対策を講ずる必要が生じていた。1)近接国大電力放送電波の混信妨害を防止する。2)電波割り当て上の必要により同一周波数放送の実施。3)受信の障害となる諸雑音の多い地域に対しては，その影響を抑圧するために従来考えていた以上の電波強度を与える必要がある。4)全国各地から置局促進の声がいよいよ高まってきた。5)各地域別ローカル放送番組の要求が高まってきた。そこで拡充計画では，人口過密の重要都市である約20か所に小電力局を設け，東京，大阪，福岡の3局を大電力化すると同時に同一電力の二重放送設備を設ける，1938年までに11の小電力局設置と東京の150kW大電力化を行うことが目指された。この期の新規地方局の番組編成は置局と同時に中継網が整備され東京発の番組を中心に編成されていたが，一方で地元聴取者の要望に合致したローカル番組の要望も高かった。しかし，協会ではさらに東京発の中継が強化され，1940年には実に全中継時間のうち82％が東京発になった（樋口 2021：109）。

（2）放送会館の完成

この期において，演奏所（スタジオ）の貧弱さは，充実した番組への要望に加え二重放送による番組数の増加から，特に東京や大阪での制作部門の拡大に伴う設備の充実が求められるようになった。第一期，第二期での演奏室は，東京は3室，大阪・名古屋は2室しか保有していなかった[13)]。そのため東京と大阪については，早急にこれまで以上の大規模なスタジオを持った局舎を造ることが求められた。その結果，大阪放送会館（1936年10月25日），東京放送会館（1938年12月20日）が竣工。演奏室は大阪が13，東京は16で，遮音，吸音特性を考慮した造りとなった。特にそれぞれ市街地の騒音対策として，演奏室に直接建物からの振動が伝わらないように浮かせた構造（浮動式）を採用。さらに演奏室の残音時間も，愛宕山時代のような無響音に近い特性だけではなく，用途や人間の聴覚特性に合わせ，室の容量の大小や用途によって残響時間を調整したものにしていた。

(3) 録音機の発達

また，録音による放送が始められたのもこの期の特徴である。日本での録音放送の最初は1932年11月22日で，ジュネーブからの国際放送「佐藤全権の演説」を，映画会社に依頼してトーキーフィルムに録音し，再放送したものとされている（日本放送協会放送史編修室編 1965：460）。その後，効果音のための利用が見られたが，本格的なものは，1936年8月のベルリンオリンピック大会の実況中継であった。これは，時差の関係で同時中継の不適当な競技をドイツ側で録音し，あとで適当な時間にそれを再生して無線中継したものであった。また，同年10月29日，神戸港沖の観艦式の夜間での再放送，1937年5月に大相撲中継の時間枠からはみ出した取組の録音放送が行われた（同：460）。録音機は，テレフンケン社の円盤式録音機2台1組と，マルコーニ社の鋼帯式磁気録音機1台を購入，東京に配置されていた。これらについても国産化が望まれていたので，録音盤に関しては，久我桂一，越川嘉治が，大比良貿易店・帝国無線電気製作所・日本電気音響株式会社などの協力を得て試作，技術研究所での研究でも製作されて輸入盤と並行して使用されるようになった。

6 第四期放送網拡充計画 1939年以降開戦まで

第四期においては，放送技術の面でも国家統制の圧力が増して施設の拡充や技術の向上は抑制され，さらに資材のひっ迫への対策や非常時の放送体制に向けた準備に力が注がれるようになった。1939(昭和14)年8月に放送に関する技術の重要な事項につき調査審議する，逓信・陸・海軍各省，大学などの権威者・責任者と協会部内職員とを委員とする「放送技術調査会」を設け，時局の必要に応じて，放送網計画，電波国防関係など技術問題が決定されていった（同：436)。時局の変化によって，第四期放送網拡充計画は，「極めて消極的な小範囲」にとどめざるを得なくなり，予定されていた大阪，福岡の大電力化は中止され，1942年までに10の小電力局を開設したにすぎなかった。計画において，1941年に尾道，防府，大分，福島，郡山，青森，松山，豊原，パラオの9局が開設したが，太平洋戦争の勃発で従来の基本方針が一変し，それまでの放送と様相が変わる。電波管制の実施により各中央局第二放送の廃止，主要局の電力低下，数多くの中継放送所の急増設，有線放送施設の開設，妨害電波発射施設の設置，同一周波あるいは群別同一周波放送等の実施（小松1950）が行われた。

7 まとめ

本稿では，黎明期の放送技術の設備計画を中心に通時的に分析してきた。特徴的だったのが放送設備の機能分化であった。当初，放送局とは放送機を中心とした設備全体を意味していた。初期に輸入した放送機では，送信機にマイクが付属していたことが象徴的であり，音声を電波に変えて送り届けるまでが一体であった。その後，全国組織となって放送網の拡充計画が進み各地の放送局が接続されると当時に，放送の内容を生産する場所（演奏所）と電波を発射する場所（放送所）に分離された。つまり，各地に放送局が放送網の敷設と同時に整備されていったが，これらは，計画の段階から発局（主に東京）の番組によって地方局の番組を補うことを前提にしていた。このことは，結果的に発局の番組制作の生産能力をより大きくすることが求められ，その後，多数のスタジオを持つ放送会館の建設（大阪は1936年，東京は1938年）へとつながっていった。放送局と放送網のセットでの整備は，結果的に発局側の制作部門の重要度を増し，各地の放送局のローカル枠の低下を招くものでもあった。

次に，初期の放送技術で特徴的だったのは国産技術の発展である。当初，放送機やその中核をなす真空管や，マイクロフォンはすべて輸入品で始まっていたが，それらが急速に日本製に置き換わっていった。当時の弱電技術を専門とする開発者が，日本放送協会や通信機器メーカーを中心に活発に交流し開発を行っていた。MHマイクの開発の経緯からも，技術者の人的ネットワークが人材の供給源となっており，逓信省や大学，メーカーが相互に関わり合い，人材の流動性も見られた。また，放送組織内での技術職の立ち位置や，技術開発の目標設定も現在にも見られる型が当初から存在していた。

このように開局と同時に立ち上がった放送技術は，物的人的両面でそれ以前の通信技術を基礎に置き，大規模な計画に後押しされながら放送技術という一つのジャンルを形成した。そこでは，性能を向上させるだけの技術革新だけではなく，多元中継や録音放送といったように，番組における空間表現や時間表現に影響を与える技術革新も数多く見られた。この点では，黎明期の放送技術は，ハード面から放送の表現手法を拡大してきたと言えよう。放送技術はまもなく誕生から100年を迎えるが，脈々と続いてきた放送技術の開発史を通時的に分析し直すことで，放送メディアの本質的な特徴を再評価することは，メディア環境が激変する現在こそ，重要な作業ではないだろうか。

注

1）小松繁は5か年計画の源流を次のように述べている。「日本放送協会の目的と事業の基本方針は許可書と共に通達された命令書第一条にある，『設立許可の日より遅くとも五年以内に大体内地いずれの地においても鉱石受信機を以て無線電話放送を聴取しうるべき放送設備ならびに地方に対し，優秀なる放送事項を供給するに適当なる中継装置を各放送設備間に行う』という事に対し，まず全国的放送網拡張計画が樹立され（略）1926年10月第1回本部理事会に於いて第1号議案として，正式に決議されたことによって明白にされ以後今日に至るまで，終始一貫変える事なく（略）この計画が行われてきた」（小松 1950：2）。

2）東京放送局初代技師長の北村政治郎は，1882年，滋賀県生まれ。東京郵便通信学校を1904年に卒業。同年逓信省電気試験所に就職。TYK式無線電話機を開発。1925年開局した東京放送局へ移り技師長となった。

3）1925年12月の段階では，東京放送局の役職員数164名のうち技術部・放送所合わせて50名程度であった。

4）当時，唯一の国産が東京放送局の1kW予備放送機で，安中電機製のものであった。

5）仮放送と本放送の区別については，あくまで設備が仮施設か本施設かによって区別しているにすぎず，仮放送はすでに正式の免許を受けた放送であった（日本放送協会1951：57）。そのため1943年にこの日を放送記念日と定めている。

6）写真の技術者は，土岐重助の説明では，右から弓削田，宮原，横江氏である（日本放送協会放送技術研究所 1949：24）。

7）図はもともとは逓信省が作成した施設計画表に付けた鉱石式受信機可聴範囲の略図である。この図は地形，状況の影響により，電波は必ずしも実際にこのような図形に伝播するものではないとの説明が加えられていたというが，後日，実際の可聴範囲との差が大きすぎたために，「避難，嘲笑の的となった」（日本放送協会 1951：308）という。

8）初期のラジオ受信機の普及は東京市役所が，「ラヂオ商工業事情概要」で，「最初の100万に達するには6年11か月を費やし，次の100万にはわずかに3年1か月更に次の100万には2年という短時日で到達したという順調ぶり（略）。放送事業の進歩（放送局の増置，聴取料の値下げ，放送技術内容の向上）と受信機の優良化および価格の低下によること甚だ大」（東京市役所 1938：3）とまとめている。

9）東京，大阪，熊本はマルコーニQD13型，広島，仙台，札幌はSTC（スタンダード＝テレホン＝アンド＝ケーブル社）10kW放送機であった。

10）複数のマイクをミックスするというミキシング技術のはじまりは，1928年8月の日活・松竹両映画の俳優と監督の座談会の放送で，東京の輸入した放送機に2個のライツ型マイクが同時に使えるような整合器が付属しており，これがミキシング放送の最初であった（日本放送協会 1951：575）。

11）丸毛登は開成中学で鳥潟右一の後輩にあたり，東京物理学校（現東京理科大学）から1912年に逓信省入省，電気試験所で通信工学の研究に従事したのちに日本放送協会に入った。塩沢茂の著書（1967）にもMHマイク開発の詳細が記されている。

12）当時，東北大学はKS鋼で有名な本多光太郎もおり物性研究では国内では突出しており，その地の利もこの発明に影響を与えていた。

13）東京中央放送局の中山龍次は，国内の放送局舎について，「本邦における現在の放送局舎を見るに，放送事業の各部門中最も遅れている観がある。最大の局舎であるところの東京中央放送局さえその演奏室は極めて狭隘（きょうあい）なるのみならず音響学上より見たる設備もいたって偏弱（略）本邦においても演奏室の完備とまた事務の統一を計るため，出入者に便するため，交通の便利なる位置に適当なる局舎を建設することが急務」（中山 1931）と分析している。

参考文献

●荒川大太郎（1950）「25年前の北村政治郎氏を偲ぶ」『放送技術』第3巻第3号，pp.10-13，兼六館出版
●橋爪紳也他（2006）『内藤多仲と三塔物語』INAX出版
●樋口喜昭（2021）『日本ローカル放送史』青弓社
●小松繁（1950）「放送技術25年の展望」『放送技術』第3巻第3号，pp.1-9，兼六館出版
●久我桂一（1950）「好意的な検定官」『放送技術』第3巻第3号，p.12，兼六館出版
●丸下三郎（2005.4.14）「丸毛登の生涯」『東京理科大学理窓会埼玉支部』，http://risoukai.com/saitama/index.php?page_id=37#_58　2005.4.14=2023.7.22閲覧
●中山龍次（1931）『欧米に於ける放送事業調査報告』p.352，日本放送協会関東支部
●日本放送協会事業部（1931）『昭和五年度第一次聴取者統計要覧』社団法人日本放送協会
●日本放送協会（1951）『日本放送史』日本放送協会
●日本放送協会編（1977a）『放送五十年史』日本放送協会
●日本放送協会編（1977b）『放送五十年史　資料編』日本放送協会
●日本放送協会放送技術研究所（1949）『放送技術』第2巻第4号，pp.24-25，日本放送協会
●日本放送協会放送史編修室編（1965）『日本放送史 上』日本放送出版協会
●塩沢茂（1967）『放送を作った人たち』pp.39-41，オリオン出版
●高橋邦太郎（1955）「放送開始30周年」『放送文化』10（3），pp.10-21，日本放送出版協会
●東京市役所（1938）『ラヂオ商工業事情概要』森元謄写館

樋口 喜昭（ひぐち・よしあき）

東海大学文化社会学部教授。1971年カナダ生まれ。専門は放送の地域性，映像制作。1998年早稲田大学大学院理工学研究科修士課程修了，2016年早稲田大学大学院政治学研究科博士課程修了。博士（ジャーナリズム）。NHK（放送技術），フリーディレクターを経て，現職。
著書・論文に『日本ローカル放送史』（青弓社，2021年）／「初期のラジオ放送にみるローカリティの多面性」『マス・コミュニケーション研究』84（2014年）など。

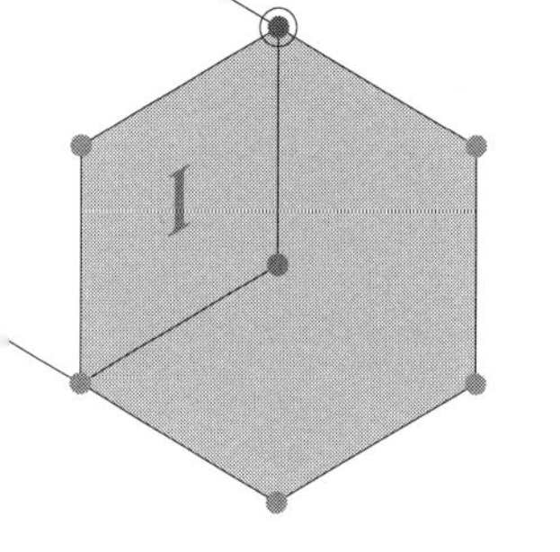

ラジオの戦後復興から黄金時代へ

岡部 匡伸
（日本ラジオ博物館）

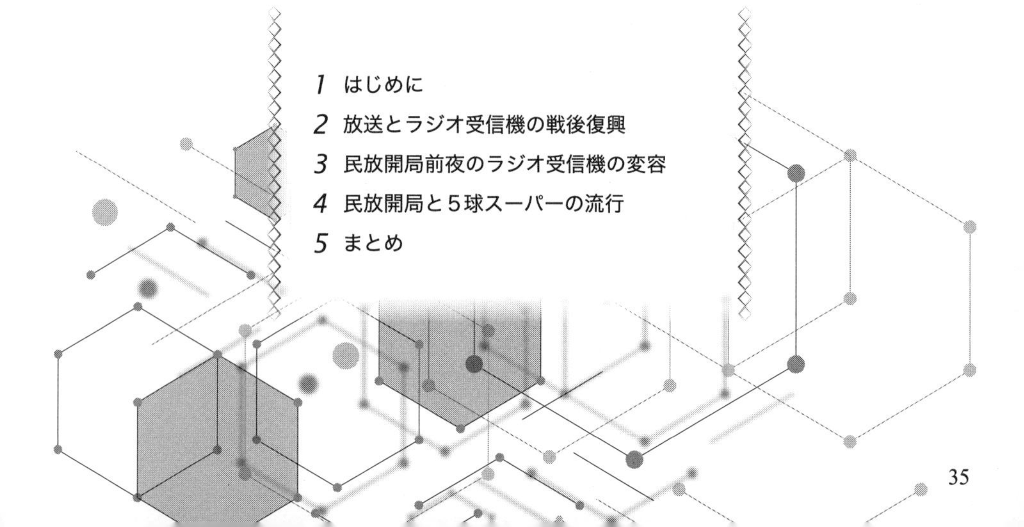

1　はじめに

昭和20年代(1945～54年)[1]の前半は進駐軍による放送の民主化が進んだ復興の時代，後半は電波三法の成立により民間放送が始まり，現代の放送の形ができた時代であった。昭和30年代(1955～64年)に入ってテレビの普及が始まる前の1957(昭和32)年ごろまでが，ラジオがお茶の間の主役だった「ラジオの黄金時代」であったといえる。

このように昭和20年代は，ちょうど真んなかでメディアの状況に戦前からの放送協会の独占から民放との共存という大きな変化が生じた。本稿ではこの10年間を中心に戦時中から高度成長が始まるまでの1940～50年代に，ラジオ受信機の技術や普及にどのようなことが起こったかを時系列に沿って検証していくことで，メディアの変化とハードウェアの変化との関係を探っていく。この時代，日本の家庭用ラジオのハードウェアの技術面では，1955年にトランジスターラジオが量産されるまで大きな進歩はないといってよい。このため，この時代のラジオ受信機の変化は，技術開発によるものではなく，社会状況によりもたらされたものとしてよい。その意味でもメディアと技術との相互関係を見るのに良い時代であるといえる。

2　放送とラジオ受信機の戦後復興

(1) 終戦直後の放送とラジオ受信機

1945(昭和20)年8月15日正午，玉音放送によって多くの国民が太平洋戦争の終結を知った。これ以降，ラジオの戦後復興が始まった。26日以降進駐した連合軍は多くの施設を接収したが，放送協会に対しても31日に放送施設の提供を命令した。2日後の9月2日に戦艦ミズーリ号上で降伏調印が行われ，日本は正式に敗戦となった。18日には禁止されていた短波受信の解禁が命令され，22日にはラジオコード「日本ニ与フル放送準則」が出され，占領下の放送の基準が示された。

このように進駐軍主導で放送の戦後復興が行われた歴史はよく知られているが，これをラジオ受信機の復興という観点で見てみると少し事情が異なってくる。まず短波受信の許可について，GHQの命令が出た18日当日に閣議決定と発表が行われた（無線と実験編集部1946：31）が，閣議了解は9月8日に得られていたという（郵政省編1961：408）。そして年が明けて1946年1月には東京で海外放送を聴けるラジオを集めた「全波受信機[2)]展覧会」が開催され，22社から試作品が展示され，多くの観客を集めた（中山1946：1）。1945年末には，当局と放送協会，業界団体が協議して策定した標準受信機の「仮称 国民型受信機規格」が発表されている（石川1946：3）。いずれもGHQの命令により動いたというには早すぎる動きではないだろうか。この国民型受信機規格は，戦時中の真空管の品種整理案（田尾1942：2-10）および，逓信省が検討していた資材節約型標準受信機規格（平野1942：68）が基になったと考えられる。また，全波受信機については，短波受信が禁止されていた戦前から産業振興の面から許可すべきとの論調があり，戦時中に，電気通信協会が全波受信機輸出調査委員会を設けて検討を続けていた（電気通信協会1939）成果が戦後すぐに花開いたと考えられる。

日本の放送，ラジオ受信機関係者は，GHQの命令を待つだけでなく，自主的にラジオの戦後復興の歩みを始めたといえよう。

(2) ラジオの戦争による被害と復興

戦前の1940（昭和15）年，聴取契約は500万を超え，ラジオの世帯普及率は全国平均で34％，市部では59％になり，かなり普及していた（日本放送協会編1941：279）。戦果のニュースへの関心もあって聴取者は増加し続けたが，民需用の資材は制限され，ラジオの生産は太平洋戦争が始まる1941年末を境に低下しはじめ，同時に聴取者の増加数も減少しはじめた。加えて，大規模な空襲によって全国で聴取者の21％にあたる151万台のラジオが焼失した。この影響もあって1945年の聴取契約者の伸びは対前年比で25％，170万件のマイナスとなった。マイナスとなったのは放送開始から初めてのことだった（日本放送協会編1947：144）。たとえ焼失をまぬかれても真空管などの補修部品の不足のため故障で使えないラジオが多かった。1946年5月にNHK[3)]と文部省が共同で実施した学校放送受信機の実態調査によると，動作状態の悪いラジオが全体の58％あり，その3分の1は全く聴こえないという状態であったという（柿崎1947：6-7）。ラジオを民主化の重要なツールと考えていた進駐軍は同年2月に300万台ものラジオの生産を指示した。失われた分の埋め合わせ＋新規需要分の生産を指示したということだろうが，ラジオの生産台数のピークは1941年の約94万台で，年100万台を超えることはなかった。300万台は，この生産能力が温存されていたとしても，とうてい不可能な要求だった。

生産には困難を極めたが膨大な需要があるという状況で，ラジオの生産は再開した。最大手の松下電器は1945年9月には戦後初のラジオ受信機R-1型の生産を開始した（松下電器産業編1953：74）**（写真1）**。

これは戦前から普及していた最も簡単な4球再生式だったが，短波受信の開放に合わせて海外放送を聴ける全波受信機も続々と発表された**（写真2）**。

1945年8月後半から10月の間の生産量はわずか800台であったが，11月以降生産が本格化し，12月までに1万2,000台ほどのラジオが生産された（日本放送協会編1947：113）。

旺盛なラジオの需要に対して，平和産業への転換を模索していた軍需産業の大企業や，新興の中小企業がラジオ産業に参入し，新製品を市場に投入した**（写真3，4）**。

写真1

ナショナルR-1型　4球再生式
松下電器産業㈱無線製造所　1945年12月

写真2

ビクター5AW-1型「黎明」5バンド5球スーパー　日本ビクター㈱　1946年　ビクターの戦後1号機のひとつ。

写真3

トヨタK-2-C 国民型2号A受信機
トヨタ自動車工業㈱刈谷南工場　1947年
自動車生産を禁止され，平和産業転換のために電装品工場で生産したもの。（この工場は現在のデンソーである）

写真4

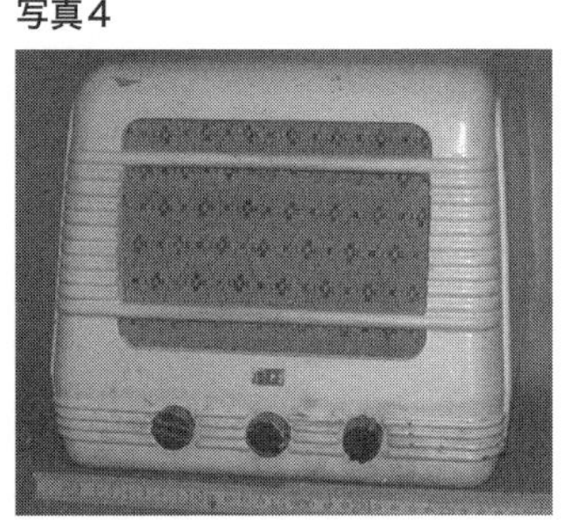

タック（TAC）国民受信機
東京工芸㈱　1947年
ユニークなデザインで新規参入した中小企業の製品だが，長続きしなかった。

(3) 国民型受信機　戦後の標準型ラジオ

戦後すぐに発表された原案を基に標準型ラジオの規格が決められた。これが「国民型受信機」である。この説明の前に，戦前からの日本のラジオの技術水準について述べる。日本では，全国共通の放送協会だけの放送だったために高い選択度も高感度も必要なく，安価ではあるが性能が低い再生式受信機が生産の9割を占め，主流だった。この方式は，検波した高周波信号を入力側に正帰還して加算することで感度を上げることができる。帰還量は調整でき，多いほど感度が上がるが，帰還しすぎると発振してしまう。帰還回路がアンテナに直接つながっていると送信機になってしまい，周囲のラジオに再生妨害を与える欠点がある。

これに対して欧米のラジオは，戦前から多局化や遠距離受信に対応するために，現在でも広く使われているスーパーヘテロダイン式（以下スーパー）が主流となっていた。この方式は受信した電波の信号を直接検波せず，一定の中間周波数に変換してから増幅，検波するため，幅広い帯域の周波数を直接処理するよりも選択度，感度を改善できるが，回路が複雑で技術的に難易度が高く，コストがかかる。

安価なラジオで受信できるように地方局を整備してきた放送協会にスーパーのような高級受信機を普及させる意思はなく，推奨しなかった。再生式受信機のなかでも安価な普及品の「並四」[4)]と呼ばれたラジオは，調整を誤ると再生妨害を起こして周囲のラジオに障害を与えるため，放送協会でも対策に苦慮していたが，それでも妨害を発生しない高級受信機を普及させようとする動きはなかった。このため，戦前期に家庭用の普及型ラジオに大きな進歩はなかった。

戦後の標準型受信機は欧米のようにスーパー受信機とすべきだったが，当時の経済状況，技術水準から実現は不可能なため，高周波1段増幅付きの4球再生式（高一といい，並四よりは高感度で妨害を起こしにくい）を標準と定めた。高一は，戦前は中級機だったので，この時代としては大きな進歩であった。日本通信機械工業会は1946年に9種類の国民型受信機の規格を定めた（結城1947：23）**（表1）**。

1号は戦時中の放送局型第123号受信機と基本的に同じものである。1938年に始まった「放送局型受信機」は，放送協会がナチス・ドイツの「国民受信機」制度を参考にした，安価で高品質なラジオの普及のために，標準化した仕様のラジオを指定したメーカーすべてに製造させる制度に

表1　国民型受信機一覧

名　称	形　式	感度階級	電　源	スピーカー
1号	高一	微電界	トランスレス式	マグネチック
2号A	高一	微電界	トランス式	マグネチック
2号B	高一	微電界	トランス式	マグネチック
2号C	高一	微電界	トランス式	マグネチック
3号	高一	微電界	トランス式	ダイナミック
4号A	高一	微電界	トランス式	ダイナミック
4号B	高一	微電界	トランス式	ダイナミック
5号	並四	弱電界	トランス式	マグネチック
6号	高一	微電界	トランス式	マグネチック

著者作成

よって作られたラジオである。当初は高品質を目指していたが，戦時下の統制に合わせて，資材節約を目的とした戦時型の標準受信機に変容した。放送局型のなかでも第123号は，真空管のフィラメントを直列にすることで金属を多く使う電源トランスを省略したトランスレス式の高一再生式の機種で，戦時中最も多く生産されたラジオとなった。国民型1号は戦時中のような統一規格品ではなく，外観や構造はメーカーが決めることができた（**写真5**）。

写真5

シャープ国民型1号受信機
早川電機工業㈱　1946年
戦時中の放送局型第123号受信機を手直しした戦後の国民型受信機。

2号と4号はヒーター電圧6.3Vの真空管を使う標準的な機種，2号が普及型で4号が高級型である。2号B，Cと3号は変則的なモデルで実例は少なかった。5号と6号は，戦前のヒーター電圧2.5V系の旧型真空管を使うモデルで，原案にはなかったが，真空管の供給状況から追加されたものである。5号は普及型の「並四」，6号が「高一」である。

「並四」ラジオの再生妨害は近所のラジオだけでなく，GHQの通信にも障害を与えたため，「並四」の生産は禁止された。このため1947年に国民型受信機規格が改正されて5号は廃止され，旧式な6号や細かいバリエーションも整理されて1号，2号，3号，4号A，Bの5種類になった（日本通信機械工業会1947：1）。

国民型受信機は戦時中の放送局型受信機の後継として「標準受信機」とされ，放送協会認定[5]を受けたものは免税措置を受けられることになった。この優遇策もあって，1946年から47年にかけて多くの認定を受けた国民型受信機が発売された（**写真6，7**）。

写真6

日立TTB-42型　国民型4号
㈱日立製作所　1946年　平和産業に転換した日立が発売した高級な国民型受信機。戦後認定1号機。

写真7

ナショナル4M-103型　国民型6号
松下電器産業㈱　1947年　旧型真空管を使う国民型受信機。ラジオの大メーカーが多い関西で多く作られた。

(4) 全波受信機とスーパー受信機

短波聴取の解禁を受けて，多くの全波受信機が発売された。戦後すぐの高級受信機は**写真8**のように1940年ごろにアメリカで流行した，ダイヤルが上部角にあるデザインが多かったが，ラジオを高い位置に置く日本の習慣に合わなかったためか，すぐに正面にダイヤルがあるデザイン（**写真9**）が主流となり，一時的な流行に終わった。

全波受信機は高価だっただけでなく，海外放送を積極的に聴取する聴取者は少なく，実際には売れなかった。物資不足のなかで旺盛なラジオ需要にこたえるなら全波受信機よりも，普及品に力を入れたほうがよさそうであるが，当時多くの全波受信機が発売されたのは，実用性というより，高度な製品を作れるというメーカーのステータスであり，戦時中，思うように物が作れなかった技術者にとっても短波が「解放」され，自由に高性能なものが作れるという熱い思いの表れだったのではないだろうか。

1947年9月，日本通信機械工業会（CEMA）は，再生式国民型受信機の上位規格として，中波スーパー受信機の「スーパー級国民型受信機」規格を制定した。この規格ができたことで，従来の再生式国民型受信機は

写真8

テレビアン210号全波受信機 1号C級スーパー　山中電機㈱　1947年ごろ
CEMA規格名を名乗った全波受信機，デザインはアメリカ風。

写真9

ナショナル8A-1型　3バンド8球スーパー　松下電器産業㈱　1946年　松下の全波1号機，額縁状のダイヤルが正面にあるこの形が，その後の国産ラジオの基本形となる。

「普通級国民型受信機」とされた。この規格によって，中波スーパー受信機の基礎が確立された。標準型スーパー受信機は，周波数変換－中間周波増幅－検波増幅－電力増幅－電源整流の５本の真空管で構成されたことから，「５球スーパー」と呼ばれた（**写真10**）。

メーカーの努力もあってスーパー受信機の生産は増加し，1948年中に統計上は再生式受信機の生産数を超えるが，ラジオの生産そのものが少なく，絶対数としてはまだまだ小さかった。

写真10

フタバFKS型　スーパー級国民型受信機
双葉電機㈱　1948年
規格どおりのスーパー級国民型受信機を名乗る普及型５球スーパー受信機。

（5）逓信省型式試験の開始

終戦直後のラジオの品質は極めて低かった。このため，NHKの任意認証制度である放送協会認定に代わって，1948年1月の逓信省令第1号により放送用私設無線電話規則が改正され，市場に出されるラジオ受信機は同年4月1日より逓信大臣の行う型式試験に合格することが必須となった（近藤1948：1）。放送の草創期に実施された型式証明制度の再来である。自家用の自作品は免除されたが，販売するラジオはすべて対象となり，ラジオが付いていれば高級電蓄や拡声装置まで含まれた。この点が普及品のみを対象とした放送協会認定とは異なる。

ところが，最初に一流メーカーから提出された20台の製品がすべて不合格という事態となり，施行期日を2か月延期するとともに検査規格を緩和して仕切り直しとなった。その緩和規格でも合格率は60％であったという（谷村1948：23-24）。今では考えられないが，これが当時の日本製品の現実であった。この制度によって1948年5月から翌年11月までに289機種の試験に合格したメーカー製ラジオに1番から合格番号が付与された**（写真11）**。1949年6月1日に逓信省が電気通信省と郵政省に分割されたため，最後期の合格品には，「電通省型式試験」と表示されたものもある。

写真11

逓信省型式試験合格第145号
ゼネラル5NS-2型　普及型5球スーパー
八欧無線電機㈱　1948年
当時新興メーカーとして急成長しはじめていた八欧無線（現富士通ゼネラル）の普及型5球スーパー。

3 民放開局前夜のラジオ受信機の変容

(1) ドッジ・ライン不況とラジオ産業の淘汰

NHKは1949(昭和24)年に受信施設調査を実施した。聴取者1万件を抽出して訪問調査するという大規模なもので，97％の有効回答を得ている（日本放送協会編1950：354）。これによると，聴取者の92％は再生式受信機を使い，このうち「並四」クラスの割合が半数を超えていた。また，聴取者の約半数は戦前の古いラジオを使用していた。スーパー受信機の生産は増えていたが，全聴取者数に対して5％程度でしかなく，置き換えは進んでいなかった。戦後，多くの地方局で第2放送が開始されていたが，第1，第2放送に加えて進駐軍放送もあった都市部を除けば大半の地域の受信環境は戦前と変わらず，高価なスーパー受信機の選択度は必要なかったのである。

生産が順調に回復したため，1948年10月8日にはラジオおよびラジオ部品の価格統制が撤廃され，自由販売となった。多くの新規参入の効果もあって戦前の生産能力に近い体制に戻ったが，インフレで簡単に買えない価格になり，需要が減少したところに統制の撤廃で生産過剰になって乱売が発生したという負の側面もあった（中島2008：22）。

1949年に入ると，食糧事情の危機的状況はGHQの放出物資の効果などもあって徐々に落ち着きを取り戻してきたが，悪性インフレによる物価の上昇は止まらなかった。このため，同年3月7日，インフレを抑制するため強力な金融引き締めが行われた。GHQ経済顧問として来日したジョセフ・ドッジが勧告したため，その名を取って「ドッジ・ライン」と呼ばれる。これによって日本経済は一気に深刻な不況となり，会社の倒産が相次いだ。しかし，この施策により急騰し続けた物価は安定し，その後の経済復興のきっかけとなった。

ドッジ・ライン不況によって戦後増加し続けたラジオの聴取者数，生産台数とも急ブレーキがかかり，聴取加入数の伸びは半減した。急速なインフレのなかで借入金に頼って経営していたメーカーは，金融引き締めと需要の急減により資金繰りがままならなくなった。

1949年の年頭に50社あったメーカーは1950年に入ると31社になり，同年5月には17社と約3分の1に減った。メーカーが急速に減り，生産台数は半減したが，1社当たりの生産台数に大きな変化はなかった。つまり寡占が進んだということであり，月産1,000台以上生産した松下電器など上位5社のシェアは72%にも上った（日本放送協会編1950：381）。資金力の弱い中堅，中小企業が淘汰されただけでなく，平和産業転換のために戦後参入した大企業のラジオ事業も不振を極め，多くがラジオ部門を分離，整理した。トヨタなど異業種から参入したラジオ事業も1950年までに多くが撤退した（中島2008：24）。

家庭用ラジオ市場は巨大だったが大資本による寡占の傾向が強まった。この淘汰を生き延びた会社には，大手が手掛けないカーラジオなどに転向したメーカー(帝国電波，のちのクラリオン）や，ソニーやカシオのようにラジオに本格的に進出せず，独自の製品を開発した会社があげられる。

(2) 再生式からスーパーへ

ドッジ・ライン不況はラジオ産業の淘汰の引き金を引いたが，単なる不況による企業の淘汰だけではなかった。民放の開局が確実になったという状況が，別の変容をもたらしたのである。単なる不況であれば高級品が売れなくなりそうだが，高級品であるスーパー受信機の台数にはほとんど変化がなく，安価な再生式受信機が激減している（**図1**）。業界の淘汰は旧式なラジオを作っているメーカーを狙い撃ちした形になった。

1949年には，翌年の放送法成立後に民間放送が許可され，都市部ではNHK第1，第2放送，進駐軍放送のほかに1ないし2局の民放が開局する

図1　ラジオ生産台数の推移（通産大臣官房調査）

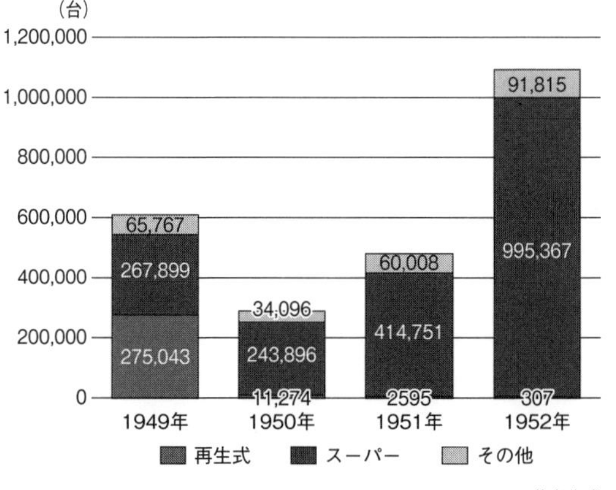

著者作成

ことが確実になった。この状況では再生式受信機では分離が悪く，混信により実用にならないことが予想された。放送法の国会審議のなかでもこの問題が頻繁に取り上げられスーパー受信機への切り替えが議論された。

これらの報道などを通じて，大衆の間に「民放ができたら再生式受信機は使い物にならない」という認識が広まった。実際には広く普及している旧型ラジオを考慮して余裕を持った周波数割り当てを検討していたが，旧式の再生式受信機といっても，新品で5,000円くらいはした。大卒初任給に相当する高額商品だったのである。使えなくなるといわれたら売れるわけがない。地デジが始まる直前の，黄色い警告ラベルが付いたアナログテレビのことを考えてみれば想像がつくだろう。産業合理化審議会通信機部会では，1950年度のラジオ有効需要予測を再生式67％，スーパー他33％と予想していた（無線通信機械工業会1950：29）が，現実は再生式4%，スーパーが96％という，再生式ラジオのメーカーにとって残酷な結果だった。再生式の多くを不況の影響を受けやすい中小企業が生産していたことに加え，民放開局のニュースが，戦前からラジオ市場の主流であった再生式受信機の市場を消滅させた。再生式受信機に打撃を与えたのはこれだけではない。表に出ない最大のライバルが存在したのである。

(3) 組み立てラジオの流行　隠れたトップメーカー

戦災で大量のラジオが焼失し，膨大な需要が生じたが，ラジオや電蓄には高率（ラジオが30％，電蓄に80％：1947年）の物品税が課せられていたため，メーカー製のラジオや電蓄は割高であった。このため，ラジオ商やアマチュアが部品を集めて組み立てればメーカー品の小売値の3分の1程度の原価でラジオを作れた。

ラジオ組み立て向けの部品の小売りも盛んになった。スーパー受信機の需要が増えるなかで，スーパー用のコイル，ダイナミックスピーカー[6)]などの高級部品を手掛ける，新興の部品メーカーが急成長しはじめた。このなかには，現在世界的な電子部品メーカーや，音響・映像機器メーカーに発展したものも多い。

部品を集めて組み立てれば安価にラジオを入手できたが，技術が必要で誰でもできたわけではない。1949年度受信施設調査によると，ラジオを「自作」したという回答は6％程度でしかない。ほとんどの聴取者はラジオを「購入」していたのである。

図1に掲げた生産台数は，実は通産省に登録したメーカーのみである。無線通信機械工業会は大企業を中心とした登録メーカー以外に，中小企業を中心としたほぼ同数の登録外メーカーがあると推定し，登録メーカーと同等の生産規模があると見ていた[7)]。登録外メーカーのなかでも，特に零細なラジオ商や修理業者が自身で，または少数の作業者を集めて家内工業的に組み立てたラジオを，物品税を払わずに販売することが横行し，月産3万～5万台が供給されていたという（無線通信機械工業会1950：9）。部品として専門メーカーからキャビネットが販売され，体裁はメーカー品に近いものが作れた。零細企業の組み立てラジオは，生産台数だけでは，トップの松下電器を超える，隠れたトップメーカーであった（**写真12**）。

写真12

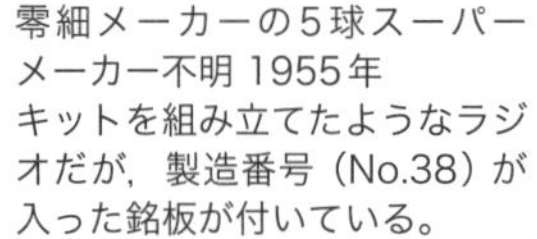

零細メーカーの5球スーパー
メーカー不明 1955年
キットを組み立てたようなラジオだが，製造番号（No.38）が入った銘板が付いている。

5球スーパーの部品代は3,000円程度だったので，手間と利益を乗せても，1万円以上する物品税を払っているメーカー品の半額で売れたのである。5,000円程度というと，ちょうどメーカー品の再生式受信機の価格である。ブランドにこだわらなければ再生式受信機の価格で5球スーパーを買えたのである。当時はメーカーのサービスが未成熟な時代で，ラジオは販売店で修理していた。無名品でも自分で組み立てたものを修理するのだから何の問題もなかった。

4 民放開局と5球スーパーの流行

(1) 電波三法の成立と民放の開局

1950(昭和25)年6月1日，「電波法」「放送法」「電波監理委員会設置法」の，電波三法が成立した。翌年4月21日，民間放送局16局に予備免許が与えられ，9月1日，中部日本放送（名古屋）と新日本放送（大阪，現毎日放送）によって日本初の民間放送が開始された。民放はその後続々と各地に開局して2年後には32局となり，今に続くNHKと民放が併存する体制が始まった。

放送法成立に先立って，1950年3月31日をもってNHKの「放送協会認定」や「ラジオ相談所[8]」，「指定ラジオ店[9]」などの受信機業務は廃止された。NHKの受信機業務は，技術研究所による技術開発および普及啓発や聴取障害対策を中心とする聴取者業務のみが残された。長い間ラジオ業界に影響力を持っていたNHKの機能が急に失われたことは大きな影響があったと思われる。「指定ラジオ店」制度を自治体が肩代わりしたと思われる「長野県指定ラジオサービス店」が存在したことが確認されている（**写真13**）。この制度については看板が発見されたのみで，詳細は不明である。

写真13

「長野県指定ラジオサービス店」看板　木製

(2) スーパー受信機の普及

メーカーは，民放開局にあわせて1万円を切る普及型のスーパー受信機を発売，売り込みに努めた（**写真14**）。

写真14

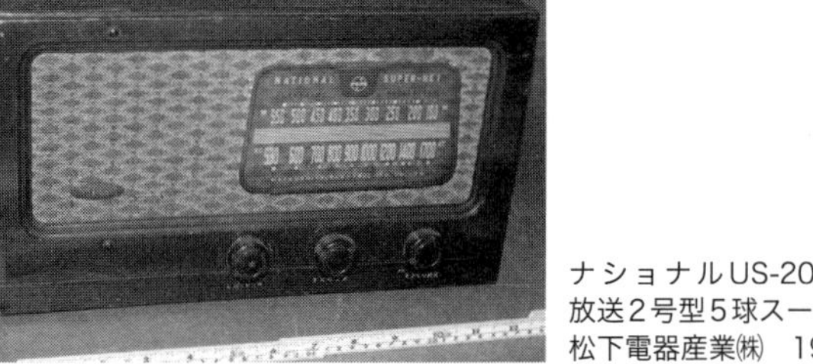

ナショナルUS-200型　民間放送2号型5球スーパー
松下電器産業㈱　1951年

前年に始まった朝鮮戦争の特需による景気回復もあってラジオの生産は図1に示すように回復し，1952年には戦前の水準を超える100万台を記録した。民放の影響でNHKの人気が落ちるということはなく，NHKの新規加入も順調に増え，同じ年に聴取者1,000万を超えた。ラジオの普及率も戦前の最大値の50.4%（1944年）を大きく超えて60%台に達していた。1952年度受信施設調査では，スーパー受信機の割合が32％になっていた（日本放送協会1953：50）。新規販売のラジオはほぼすべてがスーパー受信機になり（図1），再生式受信機は1953年以降統計から消えた。

このころ，まだラジオの輸出はほとんどなく，経済が戦前の水準を超え，「戦後は終わった」といわれるのはまだ数年先のことである。戦前のピークに届かない低い経済水準であっても放送の多様化によってラジオは経済一般よりも早く復興し，戦前には特殊な高級品で，多くても10％程度のシェアでしかなかったスーパー受信機が大量に売れたのである。

部品や回路の標準化が進み，5球スーパーの回路構成にメーカーごとの違いはほとんどなくなった。技術に大きな差がなければ，デザインなどの商品企画力と販売力で差をつけるしかなく，中位以下のメーカーが大資本と競争するのは困難になった。この時代の各社の商品構成を見ると，小型ラジオから高級電蓄まで幅広いラインナップをそろえる大手と，わずかな機種しか持たない中位以下の商品力の差が現れている。高度成長が始まる前の市場は松下（ナショナル），早川（シャープ），東芝，八欧（ゼネラル）の4社の寡占体制だった。その市場に1952年に三洋電機（サンヨー）が，翌年大阪音響（オンキヨー）が進出した。この新規参入組の新製品は対照的で興味深い。サンヨーは量産性の高いプラスチックキャビネットを開発して低価格の小型ラジオ（**写真15**）で参入し，オンキヨーは自社のハイファイ用スピーカーユニットを生かして，音の良い高級ラジオ（**写真16**）で参入した。

写真15

サンヨーSS-52A型　三洋電機㈱　1952-53年

写真16

オンキヨーOS-55型　大阪音響㈱　1953年

この時代の標準的な5球スーパーは，幅40cm程度の木製キャビネットに収められたものだった。真空管は1930年代から変わらない旧式なST管が使われていた。アメリカでは1930年代にGT管への置き換えが始まり，1940年代には小型化したミニチュア管（以後mT管）が実用化された（**写真17**）。これにより安価な小型ラジオが一般的になっていた。

mT管は戦後になって国産化され，ポータブルラジオ用の品種から実用

写真17

真空管のサイズ比較
左：ST管（6ZDH3A），
中：GT管（6SQ7-GT），
右：mT管（6AV6）

化された。1950年代に入ると据置型ラジオ用の品種も発売され，1956年には生産の70%を占めるようになった。

mT管の量産によって真空管式ポータブルラジオの生産が増えるが，電池が高価なために国内では普及せず，多くが輸出された。カーラジオも国産品が出回りはじめるが自動車が普及していないため，絶対数は少なかった。本稿ではポータブルラジオとカーラジオについては省略する。

1951年から53年にかけて，低価格で高性能のラジオの普及を目指して電波技術協会のラジオ受信機調査委員会が，NHK技術研究所の協力を得てメーカー各社にラジオセットの試作を依頼し，研究調査が行われた結果，mT管を使用した5球トランスレススーパー受信機を推奨することになった。

長い間ぜいたく品とされてきたラジオは，やっと生活必需品とされ，1953年に5球以下の中波ラジオについては物品税が5％に引き下げられた。メーカー品のラジオの価格が下がったことで，部品の売り上げばかりが多く，脱税した手作りラジオが横行した市場は改善していった。

電波技術協会の試作品をベースにした小型トランスレススーパー受信機は1955年ごろから本格的に発売されるようになった。これらの小型ラジオのなかには物品税の免税点を切る従来の半額程度の低価格で販売されるものも現れ，「免税ラジオ」と呼ばれた（**写真18**）。

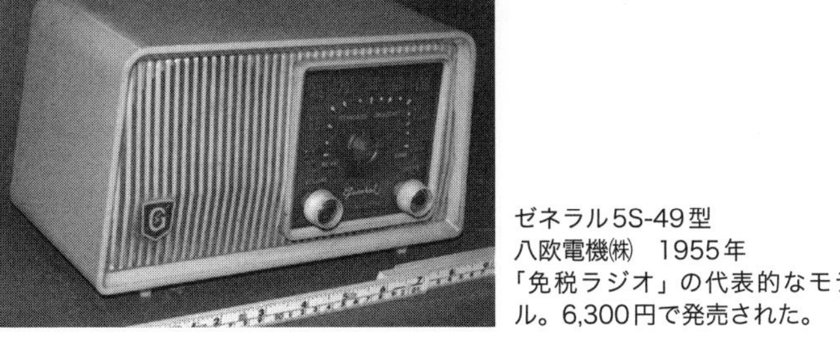

ゼネラル5S-49型
八欧電機㈱　1955年
「免税ラジオ」の代表的なモデル。6,300円で発売された。

（3）民間の短波放送の始まり

1954(昭和29)年8月27日，日本初の民間の短波放送局である日本短波放送（NSB，現ラジオNIKKEI）が開局した。容易に全国放送ができる短波の特性を生かして，中波放送と競合しにくい宗教，株式，教育などの独特なプログラム編成を特徴とした。現代の地上波テレビに対するBS放送のような存在といえよう。昭和20年代最後の年，民放開局後3年目にして，ラジオ放送はより多様性を高めたのである。

NSB開局の翌年，それまで，海外放送を聴く特殊なぜいたく品だった全波受信機の物品税率が2バンド機に限って中波ラジオと同じ5%に引き下げられ，低価格化した。1957年には中波専用と短波付きの生産台数が逆転し，1950年代末には90%が短波付きとなった。

（4）ハイファイ・ブームと高級ラジオの流行

1950年代に入ると高忠実度を意味する「ハイファイ」が流行語になった。しかし，電蓄もレコードも高価でFM放送はまだなく，AM放送は重要な音楽ソースだった。1954年以降，高音質化のために広帯域AM放送が始められた。

1955年以降，ハイファイ・ブームのなかで良い音で放送を聴きたいというニーズに応えるための，豪華な大型ラジオが流行した。「ハイファイ・ラジオ」と呼ばれたこれらの製品は大型スピーカーを搭載するだけでなく，高感度になっているのも特徴である。民放がない，または少ない地方の富裕層に，遠い都会の民放局を聴く需要が発生したためと思われる。戦後，需要を満たすのに精いっぱいだった日本のラジオは，やっと質を追求する時代になったのである（**写真19**）。

写真19

ナショナルUA-720型
松下電器産業㈱ 1957年 3万7,500円
この年の松下の卓上型ラジオの最高級モデル。幅61cmもある。

豪華なハイファイ・ラジオの流行は1957年ごろにピークを迎え，50年代末には終わった。ラジオの聴取契約のピークは1958年である。ラジオの全盛期はテレビの急速な普及によって終わり，聴取者は減少傾向となったが，同時期に持ち運びが容易なトランジスターラジオが急速に普及することで，ラジオの性格がパーソナルなメディアに変わっていったのである。

5 まとめ

ここまで放送に大きな変化があった時代のラジオ受信機について見てきた。1950年代前半，戦前に届かない低い経済水準であっても戦前に普及しなかった高級受信機が大量に売れた。この理由は民放の開局により放送が面白く，多彩なものになったことであろう。特に画一的な全国放送中心だったNHKに対し，各地の民放は地元に密着した放送内容で人気を博した。民放の開局は，多局化した都市部だけでなく，地元に民放のない地方にも，遠方の放送を聴くために高感度，高選択度のラジオの需要をもたらした[10)]。このような好循環の陰で，NHKしかなかった時代に圧倒的なシェアを誇っていた再生式ラジオの市場が短期間で消滅した。まさにコンテンツがハードウェアの生殺与奪の力を持っていたのである。

淘汰される側には死活問題だが，この激変は決して後退ではなく，聴取者の情報量が豊かになるなかで発生したことに注意が必要である。これは現在の放送とネットの関係にも同じことが言える。

では，将来放送はネットに淘汰されるのだろうか。この問いへの答えとして，本稿を終えるにあたって，戦後ラジオの街となった秋葉原に触れたい。終戦直後，国鉄秋葉原駅付近の焼け跡にラジオ部品を売る闇市ができた。高度成長期に入ると露店はガード下に入って独特な部品商街を構成し，元からあったラジオの卸問屋が一般客にテレビなどを安売りする「電気街」ができた。その後，卸問屋は家電量販店に成長し，主力商品がオーディオ，ビデオ，パソコンなど時代に合わせて変化し，最近はゲームなどのコンテンツが主力となっている。この街はいつの時代でも新しいものを求める若者で活気にあふれている。放送はすでに新しいメディアではないが，秋葉原のように常に変化しながら人々のニーズをとらえることができれば，その価値が失われることはないだろう。現にラジオは1960年代後半に番組編成を総合編成から聴取者別編成に変更したことで，テレビにお茶の間から追い出されてもパーソナルなメディアになり，現代まで生き残ることができたのである。

注

1）本稿では1945年8月15日からを「昭和20年代」として扱う。

2）All Wave Receiver の訳語で，本来は，30MHzまでの短波帯全部を受信できるラジオを示すが，中波に加えて，海外放送を受信できる短波帯を備えたラジオを全波受信機またはオールウェーブと呼ぶことが多かった。

3）NHKの略称が決められたのは1946年3月からである。本稿ではこれ以前の時代についての記述の場合，「放送協会」と表記した。

4）受信した信号を再生検波して増幅するだけの簡単な回路のラジオが1930年代から普及した。検波に増幅が2段，電源の4本の真空管で構成される安物ということから，業界の俗語として「並四」と呼ばれた。検波回路がアンテナに直接つながっているため，妨害を起こしやすかった。

5）放送協会は，ラジオおよび部品の品質向上のために，1928年からメーカーが提出したサンプルを試験し，合格した製品に認定を与える任意認証制度としての「放送協会認定制度」を始めた。認定制度はカテゴリや試験規格を改正しながら戦後まで続いたが，1948年の逓信省型式試験制度開始以後は受信機の認定がなくなって部品のみとなり，放送法成立にともなって廃止された。

6）現在広く使われている可動コイル型のスピーカー。戦前までは電磁石で励磁するフィールド型が主流で，高価だったため，性能が劣る可動鉄片型のマグネチック・スピーカーが主流だったが，戦後，戦時中に開発された永久磁石の技術が民間に転用されて，パーマネント型が発売されるようになって普及した。

7）参考文献（無線通信機械工業会1950：9）による。登録外メーカーの規模については，業界の調査や真空管の生産数などから推定したものと思われる。

8）放送が始まったころのラジオの品質が低く，故障による聴取廃止が増えたため，放送協会は一般聴取者のラジオの故障診断や点検，ラジオ商や修理業者の指導のために技術者を常駐させたサービスセンターを設置した。1948年には全国で96か所の相談所があり，36万件の相談を処理していた（日本放送協会編1949：253）

9）放送協会が一定レベルの技術力と設備を持ったラジオ商を推奨するために指定したもので，1948年には全国で3,407軒あった（日本放送協会編1949：254）。単に優良店の推奨というだけでなく，相談所と同等の業務を安価な料金で取り扱い，ラジオ相談所を補完する役割もあった。

10）長野市在住の70代の男性の証言によると，地元局で放送されない野球のカードが東京で放送されるというようなときは，自宅の古いラジオで東京の放送を聴けないので，高級ラジオがある家に行って東京の野球放送を聴くことがあったという。各地の民放が地元のチーム中心のカードを放送する野球は相手チームのファンにも遠くの局を受信しようとするきっかけになったのである。テレビがある家に集まって見たというテレビ草創期の話は有名だが，民放草創期に，地方ではラジオをほかの家に聴きに行くということもあったのである。

参考文献

●電気通信協会（1939）『電気通信』 第2巻第6号
●平野善勝（1942）「有線放送用標準受信機制定に対する参考受信機」『無線と実験』第29巻第7号
●石川武三郎（1946）「全波・短波受信機の解禁について」『無線と実験』第33巻第2号
●柿崎守彦（1947）「学校放送受信機の現状」『電波科学』復刊第1号
●近藤善三郎（1948）「ラジオ受信機の型式試験について」『無線と実験』第35巻第4号
●松下電器産業編（1953）「試練に立つ」『創業三十五年史』第6章　松下電器産業
●無線と実験編集部（1946）「ラヂオ受信機規格決定」『無線と実験』第34巻第6号
●無線通信機械工業会（1950）「1950年度ラジオ工業調査資料」無線通信機械工業会
●中島祐喜（2008）「ラジオ産業における生産復興の展開」『経営論集』71号
●中山龍次（1946）「新日本建設の先駆」『無線と実験』第33巻第3号
●日本放送協会（1953）「昭和27年度受信施設調査」『テレビラジオ年鑑』1954年版　テレビラジオ新聞社
●日本放送協会編（1941）『ラジオ年鑑』昭和17年版　日本放送出版協会
●日本放送協会編（1947）『ラジオ年鑑』昭和22年版　日本放送出版協会
●日本放送協会編（1949）『ラジオ年鑑』昭和24年版　日本放送出版協会
●日本放送協会編（1950）『ラジオ年鑑』昭和25年版　日本放送出版協会
●日本通信機械工業会技術部（1947）「新規格国民型ラジオ受信機の解説」『電波科学』復刊第7号
●谷村功（1948）「放送聴取用受信機型式試験の現状」『無線と実験』第35巻第10号
●田尾司六（1942）「受信用真空管の整理」『無線資料』第7巻第12号
●結城義雄（1947）「国民型受信機（其の一）」『無線と実験』第34巻第1号
●郵政省編（1961）「放送の監督」『続逓信事業史（六）』第7章第4節　郵政省

岡部 匡伸（おかべ・ただのぶ）

日本ラジオ博物館 館長。1986年アキュフェーズ株式会社入社，現職。技術部勤務。
2007年より同社勤務のかたわら，「日本ラジオ博物館」を主宰。
主な論文：
『生産統計，聴取者統計に見るラジオ受信機普及状況』電気学会 電気技術史研究会　HEE-97-1　1997年／『ゾルゲ事件で使用された無線機の復元』電気学会　電気技術史研究会　HEE-99-19　1999年／“The History of Japanese Radio（1925-1945）” AWA Review Vol.24 2011

「ラジオ塔」という メディア遺構

丸山 友美（静岡大学）

1. ラジオ塔とは何か

戦前から戦後にかけて家庭に広く普及し，今ではすっかりオールド・メディアになったラジオは，戦前・戦中の一時期においてその居場所は，家の外にもあった。街頭に置かれ受信機を備えた灯籠のような建造物を，人々は「ラジオ塔」と呼んだ。ラジオ塔は，『日本放送協会史』の説明に従えば，「日常公衆の利用に便し，周知宣伝に資すると共に，非常時に於ける放送当事者と一般大衆との連絡機関として警報その他の特殊放送を伝達すべき重要使命」（社団法人日本放送協会編 1939：357-358）を担うメディア技術だった。現存するラジオ塔の多くは，すでにその機能を失っている。2017年に発見された東大阪市の一基を見に出かけたのをきっかけに（**図1，図2**）[1)]，筆者はこのメディア遺構の調査に着手した。

本コラムは，これまでに筆者が発表した三つの論稿（2021，2022，2023）を踏まえつつ，ラジオが私たちの生活に普及するまでの過程をラジオ塔という技術から描出する。まずは，大阪・天王寺公園にラジオ塔が建設された理由を説明する。次に，ラジオ塔が全国化していく経緯を論じる。最後に，市民がラジオ塔の建設と寄付にまい進した過去を

図1　2017年に大阪府東大阪市で発見された大和公園のラジオ塔
（2017年8月30日筆者撮影）

図2　兵庫県明石市中崎遊園地のラジオ塔
（2017年8月31日筆者撮影）

紹介する。

2. BK発のラジオ塔

日本に現存するラジオ塔は，一幡公平がまとめた『ラヂオ塔大百科2011-2014』（2014）や『ラヂオ塔大百科2017』（2017）において確認することができる。一幡によれば，ラジオ放送事業が開始したこのころはラジオ受信機が高価だったことと，受信に際して聴取料の支払いが必要だったこともあってラジオは思うように普及せず，その打開策として「誰でも自由にラジオ放送を聞くことのできる施設として」（一幡 2014：4）ラジオ塔は開発されたという。ラジオが思うように普及しなかった放送事業初期の様子は，山口誠（2008）も論じている。山口は，日本放送協会が事業開始の1925（大正14）年から聴取加入者100万を達成した1932（昭和7）年までに7年も費やした原因に，聴取契約を解く「廃止者の数が影響」（山口 2008：227）したと指摘する。この時期，廃止理由の上位を占めたのは「転居（含帰郷）」と「家事都合」，そして「受信機故障」（日本放送協会総合放送文化研究所放送史編修室編 1969：28）などだった。

無論，日本放送協会は，ただ手をこまねいていたわけではない。特に，関西支部（以下BK[2]）の計画部は，宣伝活動が重要であることを強く自覚していた（日本放送協会総合放送文化研究所放送史編修室編 1969：34）。1928年10月に総務部企画課へ改編されるこの部局の仕事は，人々に「ラジオとともにある生活」をけんでんすることで放送事業に対する理解を深めることと，ラジオ受信機器を広く普及させることだった。そのために彼らは，個別訪問してラジオに関する聴取者の意見を集めたり，受信機器の普及や維持のために講習所やラジオセット組立練習所を設置したり，人の集まる場所に高声機（大拡声機）を設置して放送を聴取できるよう拡大受信に取り組んだり，各種印刷物を掲示・配布したりした（日本放送協会総合放送文化研究所放送史編修室編 1969：35-38）。その内の一つだった拡大受信を発展させ，一般聴取者がスイッチを押せばいつでも自由に放送を聴取できるようにしたのが「常設拡大受信設備」（日本放送協会総合放送文化研究所放送史編修室編 1969：176）として1930年6月に大阪・天王寺公園の旧音楽堂跡に完成したラジオ塔だった（**図3**）[3]。

ラジオ塔は，放送があるときならば誰でも番組を自由に聴取できる常設型の拡大受信設備として構想された。それまでの拡大受信は，人のよく集まる場所に高声機（これも拡大受信装置と呼ばれた）を設置して放送中の番組を公開聴取させる試みとして行われた。それは企画課のスタッフがいつ・どこで・どのプログラムを実施するか決めており，聴取者の反応や番組に応じて場所を移動した。これに対し，「常設拡大受信設備」として考案されたラジオ塔は据え置きで，一般聴衆が付属のスイッチを一度押せば10分程度放送が流れいつでも自由に番組を聞ける点で違いがあった。

このようにBK企画課で考案されたラジオ塔は，1932年の聴取加入者100万突破を祝う日本放送協会の記念事業に組み込まれ，全国展開の緒に就く。だがラジオ塔は，この事業を通してすぐに，ナショナルで均質的なものとして消費されるようになったわけではなかった。むしろ，BK以外の支部管内に新設されたラジオ塔も，ローカルで固有な経験を有する技術として人々の前に現れていた。

3. 全国で建設が始まるラジオ塔

次は，記念事業の一環で，関東支部（以下AK[4]）管内の横浜・野毛山に1932（昭和7）年に完成したラジオ塔を見ていこう（**図4**）。同年

図3 「BK自慢の我国最初のラヂオ塔」(1930年6月6日『日刊ラヂオ新聞』1面)

図4 横浜市西区野毛山公園のラジオ塔(2019年11月24日筆者撮影)

7月12日発行の『横浜貿易新報』7面上部の記事の見出しには，読者の目を引く言葉が並ぶ。いわく，「横浜に放送局を設置」して「ラヂオ大衆化を計画」していると「JOAKから秘密に提案」があり，これに横浜市当局は「会議所等とともに実現促進運動を」行うつもりでいる。記事によれば，東京から近すぎることを理由に逓信省が二の足を踏む横浜放送局の開局に対し，AKはその計画を明かして横浜市に協力を求めてきたという。それは横浜市にとって魅力的な申し出だったから，村山昭一郎助役を中心に商工会議所などを巻き込んで実現促進運動に着手するという報道だった。

そもそも横浜はラジオに対する関心が初期から高い地域だった。1925年，AKがラジオ本放送を始めたこの年の8月末，横浜市内で聴取加入を申し込んだ市民は1,633件という少なさだったが，1年後には3倍以上の5,815件にまで増加した（百瀬 2010：1）。当時の現住戸数から鑑みれば，その割合は6%にとどまっており（百瀬 2010：1），加入していない市民のほうが大多数だった。市内全体の聴取加入率は高くなかったが，1年で聴取加入者数が自然に増えていることを思えば，横浜で放送事業の宣伝を実施する意義は十分にある。

だが，電波行政を統制する逓信省は難色を示し続け，横浜放送局の設置はなかなか承認されない。そんな状況を打破したいAKは，次の提案を横浜市に持ち掛ける。それが横浜公園にラジオ塔を建設するという計画だった。同年8月5日発行の『横浜貿易新報』7面には，「横浜公園へラヂオ塔建設 放送局の申出に市当局も大乗気」という見出しで，横浜放送局設置に関する続報が掲載されている。そこでは横浜に放送局を新設すべく交渉を続けるなかで，AKが横浜市にラジオ塔の寄付を申し出たことが報じられている。その候補地に，横浜市は「公園に対する施設の分散主義をとってゐる関係から」野毛山公園を推すが，AKは「人出の少い野毛山よりも横浜公園の児童遊戯場あたりが一番いゝ」と希望しており，両者で建設場所の調整が行われる様子が記録されている。

次に関連記事が掲載されるのは同月27日発行の同紙3面だが，ここには横浜放送局開局に関する記載は一切ない。主題はラジオ塔の設置場所が野毛山でほぼ確定したことと設計計画が完成したことである。AK企画課の意向とは異なり，結果的に横浜のラジオ塔は野毛山公園に建設され，1932年11月20日に「横濱新名物の一つ」としてハマっ子の前に現れた（「野毛山の放送塔あす愈々除幕」『横浜貿易新報』1932年11月19日7面／「早慶戦と濱自慢に ラヂオ塔初見参」『横浜貿易新報』1932年11月21日5面）。日本放送協会の記念事業の一環でラジオ塔の建設は全国一斉に開始した。しかし，野毛山のラジオ塔建設をめぐる交渉過程から明らかなように，そこでは決して均質的で凡庸な建設計画が遂行されたわけではなかった。ここから推測されるのは，ラジオ塔は「公衆の聴取便宜の増進を計ると共に[放送]事業周知宣伝の一助」（日本放送協会編 1933：71）となるよう標準化された建造物だったわけではなく，企画課と建設地域の自治体とが話し合って場所と形を決めるローカルで固有な経験を有する技術として人々の前に現れていたということである。

4. 市民の建設したラジオ塔

こうして全国に普及しはじめたラジオ塔は，1938（昭和13）年から1939年ころに展開される「一戸一受信機」キャンペーンにおいて，「国民に重要放送を“必聴”させるため」の「各種施設」の一つと定義し直された（日本放送協会放送史編修室 1965：306, 324）。ラジオ塔は「神社・寺院・役場・市場・郵便局」に加え，1938年からは「駅・渡船場など」にも建設されるようになり，「警報その他の伝達放送に一役を買う」（日本放送協会放送史編修室 1965：481-482）ものとして消費されるようになった。こうしたラジオ塔の意味変容からうかがい知れるのは，どこに建設するのか，どんな形にするのかと各支部の企画課と自治体が対話する過程より，その数が重視されるようになったことだろう。

ラジオ塔が急増する1940年代，興味深いのは，その建設に市民が参加した足跡を確認できることだ。愛知県名古屋市東区にある「市政資料館」には，戦中に名古屋市に寄付されたラジオ塔に関する公文書が10件保存されている（丸山 2023：7）。注目したいのは「道徳新町自治連合会代表外１名より道徳公園へラジオ塔」（簿冊ID6492，索引番号81，連番1）という公文書である**（図5）**。

ここには市民が記した「寄附採納願」と「趣意書」**（図6）**，そして「道徳公園ラヂオ塔新設工事仕様書」がつづられている。この「趣意書」には，ラジオ塔を寄付するに至る経緯が書かれている。紙幅の関係から筆者による大意を記す。「中国大陸が大和民族の第二の郷土になる日が近いにも拘らず，第二国民の体格の貧弱ぶりが目に余る。これをきっか

図5　現在の道徳公園にはラジオ塔の台座と思われる遺構だけが残る（2019年2月3日筆者撮影）

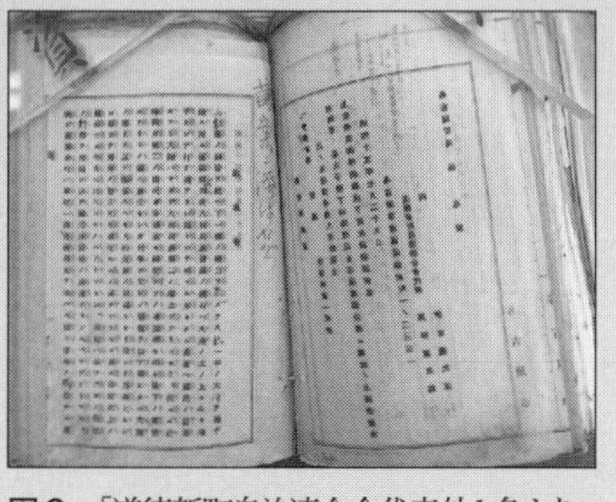

図6　「道徳新町自治連合会代表外1名より道徳公園へラジオ塔」より「趣意書」（2022年11月18日筆者撮影）

けに国運が悪化するのを見逃さず，国民は体位向上を図って民族発展の基礎を築くべきである。手始めに，道徳新町では早朝のラジオ体操の会を開くことにした。皇太子殿下御降誕記念事業の一環で道徳公園が新設されるので，ここを利用する。また1940年は皇紀2600年という記念の年でもあるので，これを祝して公園にラジオ塔を建設・寄付することを決議した。工費予算は600円である。敷地をご指定いただいた上，建設の許可を賜れれば幸いである」

このように市民の記したラジオ塔建設の趣意書を理解するとき，その目的が，当初のそれと大きく変わっていることに気づく。最初期，ラジオ塔は聴取加入契約を廃止する数を抑制するため，BK企画課の人々が放送事業の宣伝とラジオ受信機の普及を目指して開発したものだった。やがて，そのアイディアは日本放送協会の聴取加入者100万突破の記念事業に組み込まれ，全国で一斉に建設されるようになった。すでに見たようにその試みは，各支部の企画課と建設候補地の自治体が交渉して場所と形を決めていた。残念なのは，そのようなラジオ塔の固有性や雑多性が，ラジオ体操を通じた国威発揚や「一戸一受信機」キャンペーンと結び付けられたことで，収れんさせられてしまったことだろう。

注

1）「ラジオ塔が新たに東大阪で発見　地域のつながりや防災に有用，専門家「コミュニティーの中心になる」」『The Sankei News』（https://www.sankei.com/article/20170517-IDKF66TXFVOJZFVUCHGZONUGMI/，2023年7月31日アクセス）。このときの調査の記録は「大阪調査を実施しました！」『JOBKのメディア史研究会HP』（https://jobk-mediahistory.com/articles/28，2023年6月30日アクセス）にて公開している。

2）本コラムで記載する「AK」や「BK」，そして「CK」は，もともとは放送局のコールサイン「JOAK（東京）」「JOBK（大阪）」「JOCK（名古屋）」に由来するが，これをもじって，放送局の呼称として用いられている。

3）「BK自慢の我国最初のラヂオ塔」『日刊ラヂオ新聞』（1930年6月6日1面）

4）2）を参照。

引用・参考文献

●一幡公平（2014）『ラヂオ塔大百科2011-2014』タカノメ特殊部隊
――――（2017）『ラヂオ塔大百科2017』タカノメ特殊部隊
●丸山友美（2021）「関西に残るメディア遺構――JOBKの建設したラジオ塔」『福山大学人間文化学部紀要』21：13-25
――――（2022）「関東に残るメディア遺構――JOAKの建設したラジオ塔」『福山大学人間文化学部紀要』22：15-27
――――（2023）「東海に残るメディア遺構――JOCKと市民の建設したラジオ塔」『福山大学人間文化学部紀要』23：1-15
●百瀬敏夫（2010）「昭和初期のラジオに関する一，二」横浜市史資料室編『市史通信』8,1-4
●日本放送協会編（1933）『ラヂオ年鑑 昭和８年』日本放送出版協会
●日本放送協会放送史編修室（1965）『日本放送史・上』日本放送出版協会
●日本放送協会総合放送文化研究所放送史編修室編（1969）『放送史料集１大阪・事業成績報告（1）』部内資料
●社団法人日本放送協会（1939）『日本放送協会史』非売品
●山口誠（2008）「放送とオーディエンスの関係を再考する――新たな放送モデルと公共性へのメディア史的試論」『放送メディア研究』5,221-249
●『横浜貿易新報』「横浜に放送局を設置 ラヂオ大衆化を計画」（1932年7月12日7面）
――――「横浜公園へラヂオ塔建設」（1932年8月5日7面）
――――「ラヂオ塔建設 敷地位置は野毛山か」（1932年8月27日3面）
――――「野毛山の放送塔あす愈々除幕」（1932年11月19日7面）
――――「早慶戦と濱自慢に ラヂオ塔初見参」（1932年11月21日5面）

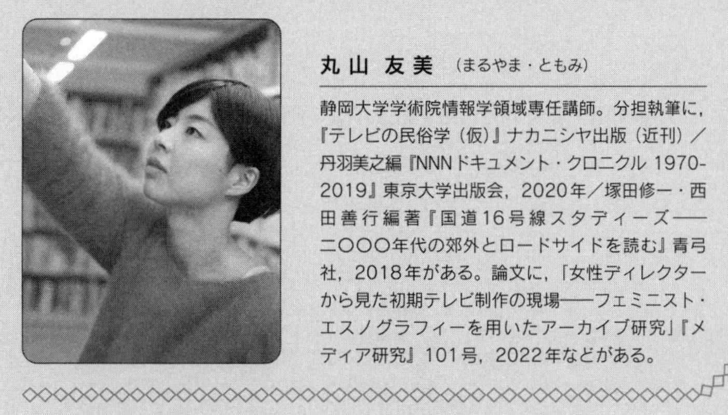

丸山 友美（まるやま・ともみ）

静岡大学学術院情報学領域専任講師。分担執筆に，『テレビの民俗学（仮）』ナカニシヤ出版（近刊）／丹羽美之編『NNNドキュメント・クロニクル 1970-2019』東京大学出版会，2020年／塚田修一・西田善行編著『国道16号線スタディーズ——二〇〇〇年代の郊外とロードサイドを読む』青弓社，2018年がある。論文に，「女性ディレクターから見た初期テレビ制作の現場——フェミニスト・エスノグラフィーを用いたアーカイブ研究」『メディア研究』101号，2022年などがある。

ラジオを用いた〈メディア遊び〉の系譜

溝尻 真也 （目白大学）

1　アマチュアたちと自作の文化

日本でラジオ放送が始まった日は，一般的に1925（大正14）年3月22日とされている。この日の午前9時30分，NHKの前身である社団法人東京放送局が芝浦の仮送信所から「第一声」を発信したことから，1943年，NHKはこの日を放送記念日として制定している。

ラジオを「放送局から発信される番組を聴取する音声メディア」とするなら，日本のラジオの始まりはこの日であるといえるだろう。しかしラジオの楽しみ方は必ずしも番組の聴取のみにはとどまらない。本稿では番組聴取とは異なる，メディアをめぐる技術や知識を獲得し使いこなす楽しさを求めて行われる営みを〈メディア遊び〉と定義し，ラジオを用いた〈メディア遊び〉がどのように変遷してきたのかを概観してみたい。

1920年代前半にアメリカから日本にもたらされた無線技術は，当初は無線電話と呼ばれ，有線電話の延長上にある技術として位置づけられていた。この新しいメディアとしての無線電話の魅力にとりつかれた人びとのなかには，素人の無線研究家すなわちアマチュアたちもいた。既製品の無線機器がまだ流通していないなか，彼らは自身で部品を調達し機器を組み立てては見知らぬ他者とのコミュニケーションを楽しんでいたのである。

一方，放送メディアとしてのラジオに目を向けると，1920年代前半の段階でラジオを放送する主体は必ずしも現在のような放送局に限定されておらず，その楽しみ方も番組聴取のみを前提としたものではなかった。例えば1922年ごろから新聞社によるラジオ放送の公開実験が盛んに行われるようになったが，このときラジオ受信機は「線がないのに遠くの声が聞こえる不思議さ」（竹山2002：17）を体験する一種のアトラクションとして博覧会場や百貨店などに設置されていたという。これらの公開実験は人びとのラジオ熱を高め，その後のラジオ放送開始の機運を醸成した。

こうしてラジオ熱が高まるなか，アマチュアたちはより遠くの電波を高音質で受信するための機器の自作に没頭した。ポスカンザーの推計によると，1925年にNHKの定時放送が始まる直前の段階で，ラジオを趣味にしているアマチュアは全国に5万人ほどいたという（ポスカンザー1996：100）。『無線と実験』（1924年創刊）などのラジオ雑誌も流通しはじめ，ラジオに関する知識の流通およびアマチュア同士のコミュニケーションを媒介する役割を担った。3か月もの間失敗を繰り返したのち初めてラジオ受信機の自作に成功したときの感動がつづられた『無線と実験』への読者投稿には，当時のアマチュアたちの感覚を生き生きと見て取ることができる。

> 「今日も駄目かなー」と思ひながら鉱石の粗面な所へ針金の先端を入れたのでした。／其の時其の時かすかに音楽のようなものが入ってきました。／二人で見合す顔と顔ニッコリともせず耳をうたぐっていたのでした。／（…）我親愛なるクリスタルセットよ，汝がある為に僕等が如何に苦労せしか。又如何に今後なぐさめらるるであろうか。実に変化ありし六月九日，永久に忘れてはならない日であらねばならないと僕は考へた。（『無線と実験』1924年11月号：148-149）

黒田勇は当時のラジオ熱について「ラジオファンであることは，ラジオ番組を聴くこと以上に，最新の科学技術の恩恵をこうむっているという満足感，そして最新の技術に関しての知識をもっているというフロンティア的な満足感もともなっていた」（黒田1999：133）と論じた。1920年代前半のアマチュアにとってラジオとは，最新の技術を駆使して機器を自作する楽しさと，自作した機器で遠くの他者とコミュニケートする楽しさが重なる領域での〈メディア遊び〉を可能にする装置でもあったのである。

2 〈メディア遊び〉としてのラジオ受信機自作の展開

戦前のアマチュアたちに機器の自作や無線コミュニケーションが〈メディア遊び〉として経験されていた一方，ラジオ雑誌は科学技術の知識を広め国家に必要な技術者を養成するためにはアマチュアたちによる無線実験が不可欠であることを強調した。それは電波利用に対する国からの統制が厳しくなるなか，自分たちの〈メディア遊び〉を守るために彼らが主張した論理でもあったが，彼らの必死の抵抗にもかかわらず太平洋戦争開戦までにアマチュアによる無線発信や遠距離受信は全面的に禁止された。こうして戦前のアマチュアたちによるラジオを用いた〈メディア遊び〉は縮減し，ラジオの役割は番組を聴取することのみへと一度は収れんしていった。

しかし戦後になると，ラジオを用いた〈メディア遊び〉は再び盛り上がりを見せることになる。ラジオは数少ない情報源であると同時に貴重な娯楽メディアでもあったが，極度の物資不足のなか既製品のラジオもまた不足していたため，多くのラジオ受信機が自作された。それに伴い受信機自作に〈メディア遊び〉の楽しみを見いだす人の数も増えていった。

戦前から続く『無線と実験』に加えて，戦後は『ラジオ技術』（1947年創刊），『初歩のラジオ』（1948年創刊），『模型とラジオ工作』（1952年創刊）など複数のラジオ雑誌が創刊された。子ども向け科学雑誌『子供の科学』に掲載された工作記事をジャンル別に分析した辻・塩谷（2018）によると，同誌の工作記事全体に占める「ラジオ・無線機」が登場する記事の割合は，艦船，飛行機，鉄道といった他ジャンルと比べて高く，特に戦後は早い段階から安定した出現回数を記録していた（辻・塩谷2018：21）。

また戦後はラジオ受信機自作の初心者に向けて，組み立て方法が載った説明書と必要な部品をセットにしたキットが広く販売されるようになり，手軽に自作する楽しさを体験できるようになった。さらに1951年に始まった中学校の職業・家庭科（1962年以降は技術・家庭科）ではカリキュラムのなかにラジオ受信機製作が盛り込まれ，学校の授業でも自作の楽しさを体験できる状況が整備された。

3 拡大する〈メディア遊び〉：アマチュア無線，オーディオ，マイコン

一方，戦前のアマチュアたちが行っていた無線コミュニケーションは，戦後になるとアマチュア無線趣味として拡大した。1952年7月に個人による電波の送受信が解禁されると，免許を取得したアマチュア無線家たちが無線を介した双方向コミュニケーションを楽しむようになる。解禁後1962年までの10年間で約2万局のアマチュア無線局が開局し，1994年にピークとなる136万局を記録するまでその数は増え続けた（総務省総合通信基盤局2023：12）。アマチュア無線家には無線機器を自作する者もおり，その多くはラジオ受信機自作からさらに複雑な無線送受信機自作へと自身の〈メディア遊び〉をステップアップさせたアマチュアたちだった。

ラジオ受信機自作はほかにもさまざまな趣味への入り口になった。1950年代後半以降人気を博したオーディオ趣味もその一つである。プレーヤー，アンプ，スピーカーなどを組み合わせて理想的な高音質での

レコード再生を目指すオーディオ趣味は，電気や音響の知識が必須になる。ラジオ受信機自作を通してこれらの知識を学び，さらなる高みを目指した人の多くがオーディオ趣味に熱中した。オーディオマニアは原音に忠実なレコード再生を目指して機器の構造や組み合わせを試行錯誤するが，その忠実であるべき原音は聴き手自身の想像のなかにしかないものである（増田・谷口2005：203）。明確なゴールが存在しないオーディオ趣味は，マニアにとってどこまでも追求し続けることができる終わりなき〈メディア遊び〉だった。

1957年に実験放送が始まり1970年に本放送が開始されたFM放送は，〈メディア遊び〉としてのラジオ受信機自作とオーディオ趣味が交錯する地点に成立した放送メディアだった。当初，国は文化・教育振興のための電波としてFMを活用することを企図していたため，NHKのFM実験放送ではクラシック音楽が中心的に放送され，民間FM実験局（東海大学超短波放送実験局，現FM東京）では通信制高校の生徒に向けた教育番組と，やはりクラシックを中心とした音楽番組が放送されていた（松前1996：25-26）。しかし既製品の受信機が普及していない実験放送の段階でFMを聴取できた人の数は少なく，リスナーの多くは受信機を自作することができるラジオ愛好家やオーディオマニアだったという。

AMよりも高音質でしかも音楽番組を長時間放送してくれるFM実験放送は，オーディオマニアの間で話題となった。放送局もこうした熱心なリスナーを次第に意識するようになり，自ら音楽メディアとしての役割を担うようになる。結果的にFMは無料で高音質の音楽が楽しめる放送メディアの位置を確立し，1970年代以降はラジカセを用いたラジオ番組のテープ録音，すなわちエアチェックの格好の対象になった。

ラジオ受信機自作はその後のマイコン文化にも接続している。1970年代後半から80年代前半にかけて，個人でコンピューターを所有しゲームなどを楽しむマイコン文化が開花した。1969年に創刊された老舗の『bit』を筆頭に1970年代にはコンピューター雑誌も次々と創刊されたが，コンピューターのシステム構成がまだ自明のものではなかったこの時期，こうしたコンピューター雑誌にはディスプレーやキーボードを自作するためのノウハウが掲載されていたという。当時のマイコンは「自作技術と財布との相談において自分で選択し獲得してゆくもの」（野上2005：80）だった。

そして初期のコンピューター雑誌はラジオ雑誌との親和性も高かったという（野上2005：84）。前述した『無線と実験』は1956年9月号から「エレクトロニクス技術」という副題を掲げオーディオを中心とした電子技術雑誌として自らを位置づけるようになり，さらに1970年7月号からは「stereo technic」へとその副題を変化させている。これらの変遷を鑑みると，ラジオ受信機自作に内包されていた電子技術を用いて機器を組み上げる楽しみが，ラジオからオーディオへ，そしてマイコンへと拡大していったのが1950年代から80年代の流れだったといえるのではないか[1)]。

4 〈メディア遊び〉が放送史に果たす役割

ラジオは電子技術を前提に成立したメディアであり，利用者の日常に密着しながら生活空間に浸透したメディアでもある。その意味でラジオは生活者と電子技術との接点として機能したメディアだった。ラジオは装置を自作する楽しみを享受する〈メディア遊び〉の一つとして経験されるとともに，アマチュア無線やオーディオ趣味，マイコン文化など，より専門的な技術を必要とする〈メディア遊び〉への入り口としても機能した。

これらの〈メディア遊び〉は，戦後日本の電子工業を支える技術者を育成する役割も果たした。1960年代には日本製のトランジスターラジオが，そして1970年代にはラジカセが日本を代表する電子製品として欧米諸国へ輸出されたが，こうした製品を開発・生産する技術者の多くが，少年時代にラジオ受信機自作を経験していたといわれている（高橋2011：2）。

放送技術の歴史的変容は，ラジオやテレビの在り方を強く規定してきた。そうした「大文字の放送技術史」から見れば，ユーザーによるテクノロジーとの戯れ＝〈メディア遊び〉の歴史はあまりにも小さな存在に見えるかも知れない。しかし，少なくともラジオの歴史は〈メディア遊び〉とともに始まり，その後もラジオは〈メディア遊び〉の楽しみとセットで受容されてきた。そしてラジオを用いた〈メディア遊び〉は，隣接領域に多様な文化を生み出してもきた。ユーザーの立場から技術の歴史を振り返るとき，この〈メディア遊び〉という視点はわれわれに重要な示唆を与えてくれる。

注

1）ただしラジオが可能にする〈メディア遊び〉は，機器の自作に端を発するものだけに限られるわけではない。例えば1970年代に流行したBCL（Broadcasting Listener）と呼ばれるラジオ番組の遠距離受信や，1980年代前半に起きた，個人が開設する微弱電波を用いたラジオ局（ミニFM局）の流行なども，ラジオを用いた〈メディア遊び〉として位置づけることができるだろう。

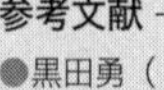

参考文献

- ●黒田勇（1999）『ラジオ体操の誕生』青弓社
- ●増田聡・谷口文和（2005）『音楽未来形：デジタル時代の音楽文化のゆくえ』洋泉社
- ●松前紀男（1996）『音文化とFM放送：その開発からマルチ・メディアへ』東海大学出版会
- ●野上元（2005）「『マイコン』と『パソコン』のあいだ：パソコン雑誌『I／O』にみる，早期採用者たちにおける情報技術の私有化について」『社会情報学研究』9（2），日本社会情報学会事務局：73-86
- ●ポスカンザー，デボラ・R（1996）「無線マニアからオーディエンスへ：日本のラジオ黎明期におけるアマチュア文化の衰退と放送文化の台頭」（古賀林幸訳）水越伸責任編集『20世紀のメディアⅠ：エレクトリック・メディアの近代』ジャストシステム：93-115
- ●総務省総合通信基盤局（2023）「ワイヤレス人材育成のためのアマチュア無線の活用等に係る制度改正案（要旨）」
- ●高橋雄造（2011）『ラジオの歴史：工作の〈文化〉と電子工業のあゆみ』法政大学出版局
- ●竹山昭子（2002）『ラジオの時代：ラジオは茶の間の主役だった』世界思想社
- ●辻泉・塩谷昌之（2018）「男性的趣味の形成と変容：戦前／戦中／戦後の『子供の科学』の内容分析から工作趣味，鉄道趣味を考える」『中央大学文学部紀要 社会学・社会情報学』28，中央大学文学部：1-27

溝尻 真也（みぞじり・しんや）

目白大学メディア学部准教授。

主な著書 『ビデオのメディア論』青弓社，2022年（分担執筆）／『スクリーン・スタディーズ：デジタル時代の映像／メディア経験』東京大学出版会，2019年（分担執筆）／『メディア社会論』有斐閣，2018年（分担執筆）／『メディア技術史【改訂版】：デジタル社会の系譜と行方』北樹出版，2017年（分担執筆）

第II部

テレビの発達

日本でテレビ放送が始まったのは，戦後，1953(昭和28)年のことである。しかし，研究の歴史は古く，ラジオ放送が始まって間もない1926年には，浜松高等工業学校の高柳健次郎が世界で初めて電子式ブラウン管に映像を表示させた。日本放送協会は1930年に技術研究所を設立し，高柳を迎えて1940年に予定された東京オリンピックを目標にテレビ研究を行い，テレビは実用化の一歩手前まで進んだ。しかし，日中戦争が拡大するなか，オリンピックは返上され，太平洋戦争下，研究は中断された。

戦後，テレビ研究が再開されると，アメリカ方式を導入して早期の実用化を図るか，国内の技術を優先するかをめぐって論争が起きた。このときは日本テレビが主張するアメリカ方式で規格が統一されたものの，開局はNHKが先んじ，1953年2月，東京でテレビの本放送を開始した。日本テレビは同年8月に，民放初のテレビ局として開局している。その後，1950年代後半になると，大量の放送局免許交付によってNHKと民放の放送網は全国に広がった。

テレビは，日本の経済成長と価格の低下によって，冷蔵庫，洗濯機とともに三種の神器として家庭に浸透し，皇太子ご結婚のテレビ中継が行われた1959年にはNHKの受信契約数が200万件を超えた。1960年には，カラーテレビの本放送がアメリカと同じNTSC方式で始まり，1964年に開催された東京オリンピックは，テレビ技術を大きく発展させる契機となった。大会では，開会式や閉会式のほか，バレーボール，体操など8競技がカラー放送され，競技をVTRで収録して再生するスローモーションVTRや，帽子に装着して口元の声を拾う中継用接話マイクなど新しいテレビ技術が一斉に登場した。オリンピック史上初の衛星中継も行われた。

1971年には，NHK総合が全時間，カラーでの放送となった。翌年にはカラーテレビの受信契約数が1,179万件に達し，白黒テレビと逆転した。カラー化と並行して，ENGなどの取材システム，番組の制作・中継システムなどの革新が進み，番組の充実を支援した。テレビが人々の生活に溶け込み，人気ドラマ，音楽，タレントなどが流行の発信地となった。

1984年には，世界初の本格的な衛星放送が始まった。これによってテレビの難視聴地域の問題が解消されるとともに，1989年に衛星放送の本放送が始まると，チャンネル数の拡大によって番組の多様化も進んだ。さらに，放送のサービスを多様化させる技術開発も進んだ。テレビの音声多重放送，聴覚障害者に配慮した文字放送などの研究が進み，それらはデジタル技術と結びついてデータ放送へと発展していった。

テレビの普及と並行して，次世代のテレビに向けた研究も進んだ。NHKは，立体テレビなど多くの選択肢のなかから，高精細度テレビ（HDTV）に焦点を定め，研究・開発を進めた。1983年には，衛星放送のアナログ伝送の圧縮方式であるMUSE方式を開発し，1989年には，衛星放送でMUSE方式によるハイビジョン放送の実験放送が始まった。

一方で，技術がアナログからデジタルに転換していくなかで，放送技術の開発でも対応が迫られた。アメリカやヨーロッパでデジタル放送に向けた規格の統一化の動きが進むなか，国内でもアナログのMUSE方式に代わる新たなデジタル方式の開発が行われた。研究開発は，デジタルハイビジョン映像を中心に，データ放送などを加えた統合デジタル放送（ISDB）として結実し，2000年には衛星放送で，2003年には地上放送でデジタル放送が始まった。

第Ⅱ部「テレビの発達」では，戦後のテレビの普及にあたって，どのような点が技術的な課題となり，それがどのように解決されていったのかを多角的に検証する。テレビがほぼすべての家庭に普及し，メディアとしての成熟期を迎えて以降は，技術開発の焦点が，衛星放送の実現やテレビの高品質化，デジタル転換への対応に移ったことから，それぞれの論点ごとに技術開発の歴史を振り返る。

■ 年表

1950年	放送法・電波法施行
1952年	白黒テレビ標準方式決定
1953年	NHKがテレビ本放送開始 民放テレビ開局
1955年	ケーブルテレビ開始
1958年	NHKの放送でVTRを初めて使用
1959年	教育テレビ放送開始 皇太子ご成婚パレード，各局がテレビで実況中継
1960年	カラーテレビ本放送開始
1963年	初の日米間テレビ衛星中継実験に成功
1964年	東京オリンピック放送 高精細な次世代テレビ（のちのハイビジョン）の開発開始
1969年	NHK-FM本放送開始
1971年	NHK総合テレビ全時間カラー化
1978年	日本初の実験用放送衛星「ゆり」打ち上げ
1982年	テレビ音声多重本放送開始
1984年	衛星試験放送開始
1985年	文字多重放送開始
1989年	衛星本放送開始 ハイビジョン定時実験放送開始
1994年	ハイビジョン実用化試験放送開始
1995年	超高精細映像の研究開始
1999年	地上デジタル放送日本方式（ISDB-T）の規格化
2000年	BSデジタル放送開始
2003年	地上デジタル放送開始
2006年	ブラジルがISDB-Tの採用決定

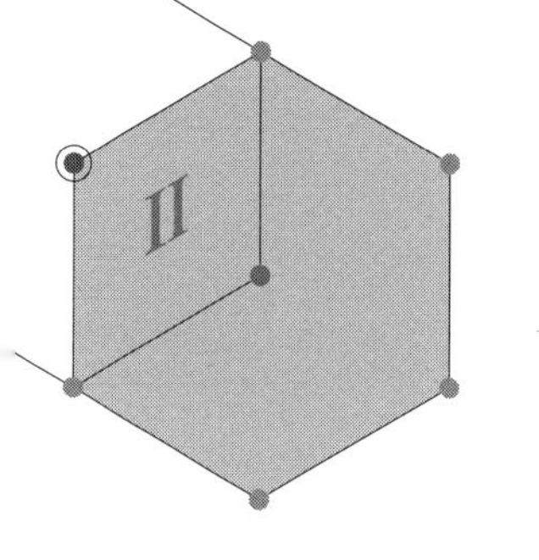

テレビ放送規格の決定まで
～メガ論争とは何だったか～

村上 聖一

（NHK放送文化研究所）

1 はじめに

日本でテレビの本放送が開始されたのは，終戦から7年半が経過した1953(昭和28)年2月のことである。もともと日本でのテレビ開発は1920年代から始まり，1930年代後半には実用化のレベルに達していたが，戦争の拡大によって開発は中断を余儀なくされた。そして，終戦後もGHQが一時，テレビ研究を禁止したことで，技術開発で欧米に後れをとった[1)]。そうしたなか，1950年前後になると，戦前から放送が開始されていたアメリカでテレビの普及が進むとともに，ヨーロッパでもテレビ放送の再開が相次いだことで，日本でもテレビ放送が待望されるようになった。

テレビ放送開始に向けた動きが活発化するなかで，日本国内では，アメリカの技術を導入して早期に放送を開始するか，あるいは，戦前からの研究を基礎にあくまでも国産技術の実用化を目指すかという対立が先鋭化した。その過程で起きたのが，1951年から1952年にかけての「メガ論争」である。論争では，テレビ用の周波数帯幅をめぐり，アメリカ方式の6メガを採用するか，NHKや国内メーカーが主張する7メガを採用するかで激しい議論になった。以下では，テレビの規格（標準方式[2)]）の決定にあたり，何が争点となり，どのような議論が行われたのかを振り返ることにしたい。

論争の経緯を整理すると，放送行政を所管していた電波監理委員会（独立行政委員会として1950年設立）が1951年10月，白黒テレビの標準方式について，周波数帯幅を6メガとする案をまとめ，関係者からの聴聞手続きののち，1952年2月に原案どおり決定した。これに対しては，7メガを主張するNHKや国内の電機メーカーが異議申し立てを行ったものの覆らず，同年6月に6メガ方式が確定したというものである。決着後は，各社ともアメリカと共通の6メガ方式で開局に向けた準備を進め，1953

年2月にNHK，半年後の8月に日本テレビが本放送を開始した（**表1**）。

アメリカ方式の採用による決着は，基本的には国産技術を基礎に開発が進められてきた放送の歴史のなかでは例外的なものであり，それゆえ，これまでにもしばしば論じられてきた[3)]。そのなかでは，戦前から開発を続けてきたNHKの動きやテレビ受像機の開発を進めていた電機メーカーの主張，アメリカの支援を背景にテレビ放送網を築き上げようとした日本テレビのねらいなど，さまざまな関係者の動向が明らかにされている。他方，メガ論争の過程では，技術論に加えて，テレビ放送の目的は何か，家庭向けだけではなく教育での活用も考慮して規格を選択すべきではないか，といった議論もなされているが，そうした議論の多様性については十分に触れられてこなかった面がある。本稿では，そうした点にも注目しつ

表1 「メガ論争」の経緯

年	月日	内容
1951年	9月4日	「日本テレビ放送網」設立構想発表
	10月2日	日本テレビがテレビ局開設の免許申請
	10月23日	電波監理委員会,「白黒式テレビジョン放送に関する送信の標準方式案」を作成（周波数帯幅 6メガサイクル，画像数毎秒30枚，走査線数525本）
	10月27日	NHKがテレビ局（東京・大阪・名古屋）開局の免許申請
1952年	1月17日～19日	「白黒式テレビジョン放送に関する送信の標準方式案」に関する聴聞
	2月16日	電波監理委員会が白黒テレビの標準方式を決定（周波数帯幅 6メガサイクルなど原案と同じ）
	3月19日，26日	標準方式決定に対し，無線通信機械工業会やNHKが電波監理委員会に異議申し立て
	4月15日～5月2日	異議申し立てを受けた標準方式に関する再聴聞（通算8日間にわたって開催）
	6月10日	電波監理委員会，NHKや無線通信機械工業会の異議申し立てを棄却
	7月31日	電波監理委員会が日本テレビに予備免許
	12月26日	NHK（東京テレビジョン局）に予備免許
1953年	2月1日	NHKがテレビ本放送開始
	8月28日	日本テレビがテレビ本放送開始

（出典）電波監理委員会聴聞記録，『放送五十年史』，『20世紀放送史』

つ，電波監理委員会の聴聞記録など当時の資料を基に，改めてどのような議論がなされたのかを振り返ることにしたい。

2 テレビ規格をめぐる議論の発端

(1) 技術開発の経緯と「正力テレビ構想」

メガ論争の検討に先立ち，それまでの日本でのテレビ開発の歴史を簡単に振り返る。まず，浜松高等工業学校の高柳健次郎が1924(大正13)年，本格的な研究に着手し，ラジオ放送が始まった翌年の1926年には，早くもブラウン管上に「イ」の字を映し出すテレビ伝送実験に成功した。以降，テレビ技術の開発は，1930(昭和5)年に設立された日本放送協会技術研究所などで続けられ，1940年に東京で開催が予定されていたオリンピック大会ではテレビによる実況放送が行われる予定だった。しかし，日中戦争が拡大するなか，政府は東京オリンピックの中止を決定し，その後，日本が太平洋戦争に突入したことで，テレビ研究は中断を余儀なくされた[4)]。

終戦直後，テレビ研究の再開に向けた動きが進んだが，占領当局(GHQ）は1945年12月，逓信院の電気試験所に対し，テレビ研究を禁止する覚書を出した。テレビ研究を軍事研究の一環と見なすとともに，ラジオや電話も不十分ななかでテレビ開発を行うのは時期尚早との見方があったためである。しかし，関係者の努力やアメリカの技術者の協力もあって，翌1946年6月，GHQは，NHKの技術研究所に対して研究を再開してもよいと伝え，電気試験所に対しても同年7月に禁止を解除したことで，日本国内でのテレビ研究が再開された[5)]。

NHK技術研究所では，戦前の走査線数441本，画像数毎秒25枚の規格を踏襲して開発を進め，1948年6月には，戦後初の有線によるテレビ公開実験を行った。こうして国内のテレビ研究が活発化するとともに，テレビの標準方式を統一しようとする動きが起こり，メーカーで作る無線通信機械工業会は1948年4月，アメリカ方式に準じて，441本方式よりも鮮明な画像が得られる走査線数525本，画像数毎秒25枚の暫定標準方式を決定した[6)]。NHKは1950年に無線によるテレビの公開実験を開始し，翌1951年4月には，1953年度から本放送に入ることを目標に実験放送と試験放送を行うことを決定した[7)]。

一方，この時期，日本でのテレビ放送開始に向けて，もう一つの動きがアメリカから伝わってきた。三極真空管やトーキーの発明で知られるアメリカのド・フォレストが，日本でテレビ放送を事業化したいと旧知の皆川芳造（のちに日本テレビ取締役）に共同出願を勧める手紙を送った。皆川は，日産コンツェルンを興した実業家，鮎川義介に相談し，1948年の年末，鮎川の仲介で，その計画は読売新聞社社長などを務めた正力松太郎のところに持ち込まれた。もっとも，正力は当時，公職追放の身で，テレビの事業化に直ちに乗り出すことができる状況ではなかった。このため，鮎川や皆川はアメリカの国務省やGHQに正力の追放解除を働きかけたが，GHQは1949年11月，正力の追放解除は不可との判断を示した。この時点で，日本における民間テレビ構想はいったん挫折した[8)]。

しかし，1951年8月に追放が解除されると，正力は改めて，アメリカの技術を導入してテレビ放送網を日本国内に広げることを計画し，同年9月，「正力テレビ構想」を発表した。構想では，▷第1期として，東京都内に映像10キロワット，音声5キロワットの送信機を備えた中央送信所を6か月以内に建設し，放送を開始する，▷第2期として，大阪と名古屋で同様の計画を実行し，放送を開始する，▷第3期として1年以内に全国の22か所に送信所や中継施設を設けて全国テレビネットワークを完成する，としていた。この構想の特徴は，全国の山頂をマイクロ波でつなぎ，テレビ放送だけでなく，ファクシミリや電話など広範な通信網の整備を目指した点にあった[9)]。正力は，社名を「日本テレビ放送網」とし，同年10月2日，電波監理委員会にテレビ局開局の免許申請を提出した。こうした動きにNHKや民放ラジオ各社は強い衝撃を受けた。そして，NHKは，テレビ放送開始に向けた準備を急ぎ，10月27日，東京，大阪，名古屋のテレビ局と7つの中継局の開局のため，電波監理委員会に免許の申請を行った[10)]。

(2) 焦点となった周波数帯幅

日本テレビとNHKとの間でテレビ放送の先陣争いが起きるなか，焦点となったのがテレビ1チャンネル当たりの周波数帯幅である。正力率いる日本テレビは6メガサイクル（以下，6メガと表記）を主張した。日本テレビは，6メガがアメリカのテレビ方式と同じであり，スタジオ機器から送受信機まですべて導入することでアメリカとの技術や番組の交流が可能となり，早期に放送を開始できると主張した。これに対して，NHKは，テレビ開発は国内の技術や受像機の生産能力の発達を見極めつつ，漸進的に進めるべきであり，「天然色テレビ」（カラーテレビ）の到来に備えるためにも，より多くの情報量を盛り込める7メガが妥当であると主張した。

こうした対立の一方で，1950年に施行された放送法や電波法には，テレビの標準方式に関する具体的な条文はなく，その決定は，放送法施行と同時に発足した電波監理委員会に委ねられた[11)]。仮に，標準方式が統一されず，放送局がそれぞれ異なる規格で電波を送出した場合，視聴者は，放送局にあわせて別々のテレビ受像機を持たなければならなくなる。当時，アメリカはNTSC方式（周波数帯幅6メガ）で統一されていたが，ヨーロッパではSECAM方式とPAL方式が併存しており，日本としてはそうした規格の併存は避けたいところだった[12)]。

電波監理委員会は，海外視察などを通じて欧米先進国の状況を調査し，1951年10月，「白黒式テレビジョン放送に関する送信の標準方式案」を作成した。骨子は，①テレビの画像・音声を送る周波数帯幅は6メガ，②同期信号は電源の周波数に対して非同期，③画像数は毎秒30枚，④走査線数は525本，の4点で，②を除けば，アメリカのNTSC方式と同じで，日本テレビの主張に沿ったものだった[13)]。技術導入をめぐる状況について，電波監理長官（委員会の事務方トップ）の長谷慎一は当時の座談会で，「今は何も国粋的に考える必要はないので，どっちが経済的か，又やろうと思うことがより早く出来るかそういう観点からやれば良い。（中略）いつまで経っても，何年も追いかけているようでは仕様がないので，その点はおおらかに考えていいのではないか[14)]」と述べている。

ところが，委員会案が公開されると，NHKや電機メーカー，技術開発を続けてきた研究者から反発の声が上がった。日本テレビの社史によると，全国の教育団体，婦人団体，地方公共団体，ラジオ商組合，農業組合，労働組合などによる陳情文の間断なき波状攻撃が行われ，電波監理委員会，首相官邸，国会などに次々に山積みになったという[15)]。一方，日本テレビは，正力松太郎の指示で，幹部一同，早朝から電波監理委員会の幹部の自宅を訪問し，技術的に最高の映像を出しているのはアメリカの6メガ方式だとして，アメリカ方式の採用の説得を続けた[16)]。当時の状況について，電波監理委員会の委員長を務めた網島毅は，「純粋の技術問題以外に各種の利害関係が絡んだ極めて判断が難しい問題で，他の委員の方々と相談して多数決で決めたらいいのではないかと思っていた[17)]」とのちに述べている。6メガ派と7メガ派の対立が激しさを増すなか，電波監理委員会は，標準方式を決定するため，電波法に基づく聴聞を開催することになった。

3 メガ論争の舞台となった「聴聞」

(1) 電波監理委員会の聴聞

聴聞は，行政庁の一方的な権利行使によって不当な結果が生じることがないよう，広く利害関係者や学識経験者の意見を聞いて結論を出すための制度で，終戦後の行政民主化の過程で新設された[18)]。聴聞の審理官は電波監理委員会によって指名され，審理官が提出する調書と意見書を基に，電波監理委員会が最終的な決定を行う。調書や意見書は公開され，結論が妥当なものかどうかを国民が判断できる点が制度の特徴である[19)]。

テレビの標準方式をめぐる聴聞は，東京・青山の電波監理委員会で1952(昭和27)年1月17日から3日間開催された。聴聞には利害関係者11人と，参考人として招かれた6人のあわせて17人が意見陳述を行った**(表2)**。聴聞の内容は，標準方式を定めるための専門的な議論が中心だったが，その模様が公開され，報道されたことで，「メガ論争」として注目を集めた[20)]。

このうち，6メガ案を支持したのは，日本テレビとテレビ技術者の八木

表2　第13回電波監理委員会聴聞の関係者（1952年1月）

	担当・社名など	氏名（代表者）
利害関係者[21)]	日本テレビジョン放送協会	坂本弘道
	神戸工業	高尾繁造
	全日本放送	河端作兵衛
	東京芝浦電気	石坂泰三
	日本コロムビア	秦米造
	日本テレビジョン放送網	正力松太郎
	日本電気	渡辺斌衡
	日本ビクター	橘弘作
	日本放送協会	古垣鉄郎
	松下電器産業	松下幸之助
	無線通信機械工業会	楠瀬熊彦 高柳健次郎（代理人）
参考人	日本放送協会技術研究所音響研究部長	島茂雄
	工業技術庁標準部長	鈴木平
	通商産業省通商機械局長	玉置敬三
	法政大学教授	千葉茂太郎
	静岡大学教授	堀井隆
	日本学術会議会員	八木秀次

（出典）電波監理委員会「第十三回 電波監理委員会聴聞資料 事案 白黒式テレビジョン放送に関する送信の標準方式案」

秀次である。日本テレビ発起人の清水與七郎は意見陳述で，各国でテレビの規格を統一しようと努力しているなか，日本が新たな方式を加えるのは好ましくないと述べた。また，7メガの独自方式を採用した場合，番組の国際交流に支障を来すうえ，機器の輸出にも影響すると主張した。さらに，周波数帯幅を狭くしたほうがチャンネル数を増やせる点や，6メガ案がカラー放送への移行にも十分配慮している点にも言及した[22)]。

一方，それ以外の関係者は電波監理委員会の原案に反対した。NHK副会長の小松繁は，アメリカでは6メガ方式でカラーテレビの実用化を図ろうとしているが困難に直面しているとして，十分考慮する必要があると主張した。そのうえで，標準方式をいったん決定すると，その後の変更は容易ではないことから，今回は決定を急がず，6メガ案はまず試験放送に適用し，その実績を見極めたうえで正式な標準方式を決めるべきだとした[23)]。また，電機メーカーで作る無線通信機械工業会も，白黒テレビのみを考慮して規格を決定したアメリカでは，カラーテレビの実用化が難航しているとして，これから規格を決定する日本では，カラーテレビに移行する場合のことを十分考慮して標準方式を決定すべきと主張した[24)]。さらに，戦前からテレビ研究を続けてきた高柳健次郎は，日本の東西で周波数が分かれる電力や，狭軌を採用した鉄道のように，その時々の思いつきや便宜で標準方式を決めた場合，将来に禍根を残すとして，標準方式は暫定的なものとし，十分な調査研究ののちに最終的な決定を下すべきと述べた[25)]。

こうした主張に対しては，八木アンテナの発明者として知られる八木秀次（6メガ案支持）が，「日本の技術界，研究界の人が，七メガでなければできませんというような泣き言をいわれるのは，私は技術家の先輩として実に心外である」などと述べ，原案どおり進めるよう強く主張した[26)]。こうした議論の様子について，聴聞を取材した電波タイムス社の阿川秀雄は，「あるときは検事と被告のように，またあるときは歌舞伎の『勧進帳』，たとえば安宅の関における“富樫と弁慶”の聴聞の場をしのばせるような情景が展開され，満場を緊迫させ，また手に汗にぎらせる場面が次々に繰り展げられた[27)]」と記録している。議論の構図を整理したのが**表3**である。

表3　テレビ規格をめぐる議論の構図

賛　否	関係者	理　　由
原案に賛成	日本テレビ，八木秀次	・アメリカの設備を一部改造すれば，日本で直ちに使用でき，テレビの早期普及を図ることができる ・日本でテレビの早期普及を図ることが，エレクトロニクス産業の復興に有益 ・アメリカの6メガの画質はヨーロッパの7メガの画質に見劣りしない
原案に反対	NHK	・日本のテレビ放送の技術はNHKが開発中 ・標準方式はカラーテレビの発展を阻害するものではあってはならず，現段階で白黒テレビのみを考えた技術方式を決定するのは危険
	民放ラジオ事業者	・民間ラジオ放送の経営の先行きが不明ななか，さらにテレビ放送の計画を立てる余裕はない ・テレビは，ラジオ放送の成果を見てから考えるべき
	高柳健次郎	・時間をかけて研究を完成させ，テレビは日本国産の技術で行うべき ・7メガを採用したほうが送受信装置としては技術的に簡単となり，カラーテレビでも画面の精細度が高くなる
	電機メーカー	・アメリカと同一方式を採用すれば，中古品を含め，アメリカ製のテレビ受像機が日本に流れ込み，日本の電子産業にとって大きな打撃になる

（出典）網島毅（1992）『波濤 電波とともに五十年』を基に整理

（2）聴聞を受けた電波監理委員会の判断

聴聞から約半月が経過した2月4日，聴聞の主任審理官を務めた柴橋国隆から意見書が電波監理委員会に提出された。意見書は，周波数帯幅（6メガ／7メガ）の適否について，聴聞で行われた各当事者の主張や提出された証拠によっては判定困難とし，さらなる検討を委員会に求めた[28)]。意見書はまた，「広く各方面の意見を求め，関連するすべての問題について慎重な検討を遂げ，ただに電波監理的見地からするのみならず一層高い国家的見地から基本方針を定めるのが最も賢明である[29]」とも指摘した。

このため，電波監理委員会は，周波数帯幅の問題について，テレビ放送の時期尚早論やアメリカの技術導入の是非をめぐる議論とあわせて，改めて検討を行った。このうち，時期尚早論は，アメリカでは既に広くテレビが普及し，ヨーロッパでも戦前にテレビ放送が始まっていたとして退けられた。また，アメリカの技術導入の是非に関しても，戦争によって日本のテレビ開発が停滞し，欧米の技術に一歩譲る状況にあったことから，日本独自の技術を採用すべきとする議論にはならず，結局，焦点は6メガ，7メガをめぐる問題になった[30]。

この選択をめぐっては，電波監理委員会は，白黒テレビに関しては6メガで十分な画質が確保できると判断した。また，聴聞では，カラーテレビでは7メガのほうが有利とする主張もなされたが，電波監理委員会は，「わが国における天然色方式の画の品位をいかに選ぶかの判断に当っても，実績を持つ米国のそれにならうことがより現実的であると考えるのである[31]」と判断した。アメリカでは，6メガ方式で白黒テレビと両立性のあるカラーテレビが研究されており，将来，カラー放送が始まった場合でも白黒テレビをそのまま使い続けられる点も考慮された[32]。

また，6メガ，7メガの選択をめぐっては，技術面での適否に加えて，国内産業の保護という論点も存在したが，電波監理委員会は，問題を決定するうえで考慮すべき事項にはならないとした。国内の電機メーカーにとっては，アメリカと同様の規格を採用することでアメリカ製のテレビ受像機が安い価格で大量に輸入されれば，大きな打撃を受けるのではないかという懸念があったが，委員会としては，あくまでも技術的な観点から判断を行ったことになる。委員の意見の大勢は，「この問題はわが国の機器製造業者や販売業者の努力如何に関係する問題であって，日本の機器が高品質で安価であるならば米国へ逆に輸出することも可能となるであろう[33]」というものだった。こうして電波監理委員会は2月16日，白黒テレビの標準方式を原案どおり6メガ方式とすることを決定した[34]。

4 異議申し立てと決着

(1) 再聴聞での多様な議論

しかし，電波監理委員会が標準方式を決定したのちも，テレビ規格をめぐる議論は決着しなかった。国会でも，参議院電気通信委員会で，決定に不満を持つ委員の発議で1952(昭和27)年3月4日と6日，関連の質疑が行われた。質疑には，日本テレビとNHKの関係者や，技術者の八木秀次，高柳健次郎が招かれ，聴聞と同様の議論が繰り返された。こうしたなか，3月19日，無線通信機械工業会が電波法に基づき，決定に対する異議申し立てを行い，3月26日にはNHKもそれに続いた[35)]。いずれもテレビの周波数帯幅は7メガが適当であるとして決定の変更を求めたものである。

これを受けて，1月に続き，再度の聴聞が4月15日から5月2日にかけて，通算8日間にわたって開催されることになった。1月の聴聞では参考人はテレビ技術の専門家に限られたが，再聴聞には多様な分野の有識者や教育関係者が出席し，参考人は28人に上った（**表4**）。そこでは，技術論に加え，テレビ放送の目的や想定される視聴形態をめぐって幅広く議論がなされた[36)]。テレビが主に家庭で視聴されるか，あるいは集団視聴にも利用されるかといった用途によって，求められる画質にも違いが生じ，それが周波数帯幅の問題とも関係するとの見方があったためである。以下，参考人の意見を見ていく。

このうち，物理学者で随筆家としても知られる中谷宇吉郎は，家庭向けではアメリカで実用化されている解像度で十分だが，教育用や公共用としてテレビを使うのであれば，分解能が大きいものがよいのではないかと主張した[37)]。そして，アメリカの例から見て，家庭にテレビが入るのは子どもには好ましくなく，テレビは教育用として20〜30人で見られるようにするのが望ましいと述べた[38)]。

表4　第14回電波監理委員会聴聞の参考人[39]

	担当・社名など	氏名（代表者）
参考人（4/24出席）	日本放送協会技術研究所電子管研究部長	山下彰
	日本学術会議会員	八木秀次
	日本放送協会技術研究所テレビジョン研究部副部長	塩見多津一
	日本テレビジョンアマチュア研究会理事長	笠原功一
	東北大学教授	宇田新太郎
	法政大学教授	千葉茂太郎
	ラジオ東京・朝日放送技術顧問	伊藤豊
	国家地方警察本部通信監	小野孝
参考人（4/26出席）	北海道大学教授（物理学）	中谷宇吉郎
	お茶の水大学教授（教育心理学）	波多野完治
	東京工業大学教授（金属工学，評論家）	桶谷繁雄
	大映社長	永田雅一
	東京工業大学教授（心理学）	宮城音弥
	科学研究所員（音響・色彩学）	田口卯三郎
	青山中学校教諭	岩本時雄
	南山小学校教諭	高萩龍太郎
	板橋第三中学校教諭	日比野輝雄
参考人（4/28出席）	日本放送協会技術研究所長	田辺義敏
	東京大学文学部講師（文芸評論家，社会評論家）	中島健蔵
	日本電気玉川事業部無線技術課長	田中信高
	日本コロムビア取締役技師長	須子信一
	映画監督	山本嘉次郎
	元電波監理委員会委員	上村伸一
	日本電気玉川事業部真空管工場長	大沢壽一
	松下電器産業ラジオ工場技術部長	久野古夫
	東京芝浦電気通信機技術部長	下村尚信
参考人（5/1出席）	日本ビクター取締役技師長	高柳健次郎
参考人（口述書）	通商産業省通商機械局電気通信機械部無線課長	荒居清蔵

（出典）電波監理委員会「第十四回 電波監理委員会聴聞調書（その1）事案『白黒式テレビジョン放送に関する送信の標準方式』決定に対する異議申し立てについて」

また，教育心理学が専門の波多野完治も，「相当テレビジョンに助力をあおがなければ，日本の視聴覚教育というものは発展しない段階である[40]」

と述べ，日本では一つのクラスで70人，80人に及ぶところも少なくなく，そうしたなかでテレビを視聴させるためには，「画面を大きくしなければならないことから言って，絵の画面がはっきりしていることが望ましい[41]」と述べた[42]。さらに，3人の小中学校の教諭も意見を述べ，NHKの実験放送を学校のテレビ受像機で受信した際の状況を報告したうえで，テレビ画面が小さく鮮明度も十分ではないとして，より大きな画面で見られるよう品位の高い放送を行うべきと主張した[43]。

これに対して，大映社長の永田雅一は，アメリカでテレビの普及状況を視察した経験をもとに，6メガ方式での早期開始を求めた。永田は，「高度な芸術性を持ったところの映画というものは劇場で鑑賞し，そうして家庭においてはテレビジョンにおいて鑑賞し楽しんで行く，こういう傾向になって行って，そうしてそのセットは，まず大きさというものは十二インチからたかだか十四インチ程度のものでいいのではないか[44]」と述べた。

このように再聴聞では，テレビは家庭で見るものか，集団で視聴するものか，あるいは，娯楽を主な目的にするか，教育にも用いるか，といった多様な議論が行われた。そして，テレビを教育目的などにも活用すべきと考える参考人の多くは7メガを支持した。テレビ放送をめぐっては，戦前の開発段階では，遠くの人とやり取りをする通信としての用途，大画面を多くの人々で視聴する映画的な用途，家庭で視聴するラジオ的な用途など，さまざまな可能性が模索されていたが[45]，再聴聞の議論は，そうしたテレビの目的・用途をめぐる論点にまで及んだことになる。

(2) 異議申し立て棄却とテレビ放送の開始

再聴聞を受けて電波監理委員会は改めて審議を行ったが，6メガ方式を変更する必要はないとの結論に達し，6月10日，異議申し立てを棄却する決定を行った。決定では，テレビの目的について，「各家庭に普及され，家族団らんのうちに，マス・コムミュニケーションとしての効用をあげ，報道，教養，文化，娯楽等に貢献すべきもの[46)]」と位置づけ，「映画その他とともに集団用又は学校教育用等のためにも広く利用されることは望ましいのであるが，むしろこれ等は，その主目的に付随された用途として考慮されるべきもの[47)]」とした[48)]。そして，家庭向けという目的を達成するうえでは，6メガを7メガにしたところで格段の向上を期待できるとは考えられないとした。さらに，カラーテレビへの移行に関しても，「最近のカラー・テレビジョン技術の目ざましい発展からみて，今日の技術の断面のみに基いて将来のカラー・テレビジョン技術を予測し断定することは危険[49)]」と述べ，7メガにすることでカラーテレビへの移行がより円滑かつ経済的に進むとは考えられないと述べた[50)]。

このように電波監理委員会は，テレビの主な用途は家庭での利用と位置づけたうえで，その目的を達成するためには，技術的には6メガ方式で十分であると結論づけたことになる。6メガ方式での放送が既にアメリカで確立され，テレビの普及が進んでいたことを考えれば，電波監理委員会としては，あえて開発途上の7メガ方式を採用し，テレビ開始を先延ばしする判断をする理屈は立てにくかったと言えよう。異議申し立ての棄却によって，「メガ論争」はようやく終結し，焦点は，テレビ放送の開始に向けた手続きの問題に移った。

その後の展開を簡単に見ておくと，メガ論争の決着以降もテレビの開局をめぐる激しい競争が続いたが，1952年7月31日，電波監理委員会廃止の日に日本テレビに対する予備免許の交付が決まった。しかし，日本テレビは，アメリカからの機器類の輸入が遅れたことで開局できない状態が続き，この間，準備を先行させたNHKが1953年2月，東京でテレビを開局させた。日本テレビが開局したのは，その半年余り後の同年8月のことである。もっとも，NHKも当初，国産の技術のみでは対応できず，輸入品に多くを依存しての放送開始だった[51)]。

こうしてアメリカの技術を導入して始まったテレビ放送だが，その後，国産技術が急速に進歩し，1950年代末には，日本製の白黒テレビ受像機がアメリカに輸出されるようになった[52)]。国内メーカーへの打撃になるという当初の懸念とは異なり，アメリカと同一の規格を採用したことで輸出が拡大し，日本の技術の向上と産業の発展に寄与したと言える[53)]。そして，カラーテレビの開発が焦点になると，NHK放送技術研究所や国内の電機メーカーはアメリカのNTSC方式に沿って研究を進めた。

一方，1社でテレビの全国ネットワークを構築しようとした「正力構想」は修正を余儀なくされた。中核であるマイクロ回線の整備に対して日本電信電話公社（電電公社）が強く反発し，テレビ進出を目指していた各地の民放ラジオ各社や新聞社も正力構想に反対したことで，1社で全国をカバーする当初の計画は実現不可能となった[54)]。各地で誕生した民放テレビ局はネットワークを組む形で発達し，NHK・民放の二元体制のもとでテレビ放送が発展していくことになった。

5 おわりに ～メガ論争とは何だったか

ここまで見てきたように，メガ論争の背景には，アメリカの進んだテレビ技術を一挙に導入して全国的なテレビ放送網の実現を図ろうとした正力らの構想と，日本の過去のテレビ研究の成果や国内メーカーの生産体制，経営的な見通しなどを考慮しながら漸進的にテレビを導入しようとしたNHK・メーカーの構想との対立があった。そして，戦後のテレビ放送事業や受像機製造をめぐる主導権争いという面もあったことから論争が過熱することになった。このため，メガ論争は，単に技術規格としての妥当性を判断するといった議論にとどまらず，テレビ放送の目的は何か，その視聴形態はどのようなものかといった論点にまで拡大した。

最終的に，電波監理委員会は，技術的な観点から6メガ案を採用するに至ったが，決定にあたっては，テレビの主目的は家庭用であり，集団視聴は付随的なものとする判断が存在していた。もちろん，これによってテレビの用途が限定されたわけではないが，テレビというメディアをどのような方向に発展させていくか，という基本的な考え方が政策担当者によって示された点で，メガ論争はテレビ放送の標準方式を決める以上の役割を果たしたとも考えられる。

また，電波監理委員会が公開での討論のもと，NHKや電機メーカーの主張を退け，日本テレビ1社が主張していた方式で決着させたという点でも，メガ論争はその後にはない特徴を持っている。そうした判断が可能になった背景には，電波監理委員会の政権からの独立性や，政策決定過程の透明性が確保されていた面があった。もちろん，当時は占領下だったことから，アメリカ政府の思惑が決定に影響した可能性はあるが[55]，そうした点を考慮したとしても，公開の場でテレビというメディアのあり方が幅広く議論され，規格の決定を正当化する根拠となった点で，行政委員会である電波監理委員会が果たした役割は大きかった。

こうしてメガ論争は，さまざまな関係者を巻き込んだ議論になったが，その後のテレビの発展を見るかぎり，決定がその後，大きな支障をもたらすことはなかったと言える。電波監理委員会の委員長を務めた網島毅は1994年のインタビューで，「実際に今の状況を見ても，6メガで困っている点は一つもありませんし，7メガの方が送受信装置としては技術的に簡単だという意見や，6メガだと画質が悪くなるという反対論がありましたが，現実にはそういう問題も起こらなかった。そういう意味でも，私どもの決定は間違っていなかったと思います[56]」と述べている。NHKの技術開発担当の幹部も，「確かに今になって考えれば，技術の進歩が著しく，6メガのカラーテレビも案外早く実現しましたし，7メガを主張された方々の心配も解決されましたね[57]」と当時を振り返っている。

ここまでテレビの標準方式の決定過程について，メガ論争を軸に振り返ってきた。そこでは，戦前からテレビ開発を続けてきたNHKや電機メーカーと，アメリカの技術を導入しようとした日本テレビの主張が激しくぶつかり合い，技術論に限らない議論が多角的に行われた。最終的には，電波監理委員会が技術的な観点から決定を行ったが，その過程では，公開の場で，テレビの可能性をめぐって多様な議論がなされた。そこでなされた議論は，テレビというメディアの性格がどのようにして方向づけられたのかを考えるうえで，今なお振り返る価値があると言える。

資料からの引用は，旧字体を新字体に改め，漢字カタカナ交じり文のカタカナはひらがなに改めたほか，句読点を補ったところがある。また，文中，敬称は省略した。引用中の（　）内は，筆者による注記である。

注

1）NHK編（1977）『放送五十年史 資料編』458頁
2）当時の文書では，「標準方式」という言葉が用いられていることから，引用に当たっては「標準方式」を用いるが，一般的な文脈では「規格」も用いる。
3）電波監理委員会の委員長を務めた網島毅は，『波濤 電波とともに五十年』（電気通信振興会，1992年）で背景事情も含め，詳細に論争の経過を描いている。また，NHKによる『日本放送史』（1965年），『放送五十年史』（1977年），『20世紀放送史』（2001年），日本テレビによる『大衆とともに25年 沿革史』（1978年）などにもメガ論争に関する記述がある。また，論争に関わった関係者の動向については，松田浩（1980）『ドキュメント放送戦後史1』双柿舎，猪瀬直樹（1990）『欲望のメディア』小学館，神松一三（2005）『「日本テレビ放送網構想」と正力松太郎』三重大学出版会などが詳しい。
4）前掲『波濤 電波とともに五十年』358-359頁
5）NHK編（1977）『放送五十年史 資料編』458頁
6）NHK編（2001）『20世紀放送史 上』359頁
7）前掲『20世紀放送史 上』364頁
8）前掲『20世紀放送史 上』361頁
9）前掲『20世紀放送史 上』363頁
10）前掲『20世紀放送史 上』364頁
11）電波監理委員会にとっては，1951年4月の民放ラジオ16社に対する予備免許に続き，テレビの標準方式の決定が重要な課題となった。
12）前掲『波濤 電波とともに五十年』364-366頁
13）②の電源との非同期に関しては，日本が60ヘルツと50ヘルツの地域に分かれているため，電源の周波数をそのままテレビの送信機や受信機の同期用に使用できないことから，やむをえず取られた方策だった。前掲『波濤 電波とともに五十年』367頁
14）小松繁・長沼弘毅・長谷川才次・長谷慎一「テレビを語る座談会」『電波時報』6巻10号（1951年11月）45頁
15）日本テレビ放送網社史編纂室（1978）『大衆とともに25年 沿革史』19頁
16）日本テレビ放送網（1984）『テレビ塔物語』145頁。電波監理委員への陳情が激化するなか，健康状態に不安を抱えていた電波監理委員会委員長の富安謙次が，聴聞会に先立つ1951年12月17日に辞表を提出した。富安は1952年2月6日に正式に辞任し，代わって委員を務めていた網島毅が委員長に就任している。NHK編（1977）『放送五十年史』375頁
17）網島毅「『6メガ・7メガ論争』の決断は間違ってはいなかった」塚本芳和・和久井孝太郎・堀之内勝一監修（1996）『電子メディアの近代史』ニューメディア44頁
18）荘宏・松田英一・村井修一（1950）『電波法 放送法 及電波監理委員会設置法詳解』日信出版228頁。なお，電波監理委員会における聴聞の位置づけについては，原田祐樹（2011）「電波監理委員会の意義・教訓」『情報通信政策レビュー』2巻48頁以下参照。当時の電波法は，聴聞の手続きが必要なものとして，①重要な電波監理委員会規則を制定しようとするとき，②重要な行政処分をしようとするとき，③電波監理委員会の処分に対する異議の申立があったとき，の3つを挙げている。また，電波監理委員会が必要と認める事項についても聴聞を行うことが可能だった。
19）荘宏・松田英一・村井修一（1950）『電波法 放送法 及電波監理委員会設置法詳解』日信出版239頁
20）調書と意見書は公衆の閲覧に供しなければならないとされ，その記録は参考資料も含め，330ページ余りの冊子として残されている。
21）利害関係者は代表者のみ記載したが，聴聞には代理人が出席することが多かった。
22）電波監理委員会「第十三回 電波監理委員会聴聞資料」19-23頁
23）電波監理委員会「第十三回 電波監理委員会聴聞資料」24-26頁
24）電波監理委員会「第十三回 電波監理委員会聴聞資料」26-31頁
25）電波監理委員会「第十三回 電波監理委員会聴聞資料」49-51頁
26）電波監理委員会「第十三回 電波監理委員会聴聞資料」185頁
27）阿川秀雄（1995）『続・私の電波史』電波タイムス社235頁
28）電波監理委員会「第十三回 電波監理委員会聴聞資料」293頁
29）電波監理委員会「第十三回 電波監理委員会聴聞資料」331頁
30）前掲『波濤 電波とともに五十年』373-375頁。このほか，日本独自の方式でテレビ放送を行った場合，将来，国際間の番組の中継や番組の交換が問題なく行われるかという懸念も示された。
31）電波監理委員会「白黒式テレビジョン放送に関する送信の標準方式決定書」（1952年2月16日）13頁
32）前掲『波濤 電波とともに五十年』377頁

33）前掲『波濤 電波とともに五十年』376頁

34）電波監理委員会による「白黒式テレビジョン放送に関する送信の標準方式決定書」（1952年2月16日）。なお，『読売新聞』2月16日付夕刊にも「白黒式六メガを採用　電波監理委で断を下す」とする記事が掲載されている。決定に基づく昭和27年電波監理委員会規則第2号「白黒式テレビジョン放送に関する送信の標準方式」は2月28日付で制定された。前掲『20世紀放送史 資料編』386-387頁。

35）『NHK年鑑』1953年版127頁

36）再聴聞の概要については，一島政一（1952）「テレビ聴聞会傍聴記」『放送文化』7巻7号24-26頁に簡潔にまとめられている。

37）電波監理委員会「第十四回 電波監理委員会聴聞調書（その1）」546-547頁

38）電波監理委員会「第十四回 電波監理委員会聴聞調書（その1）」548頁。また，心理学者の宮城音弥も，テレビを教育用に用いるならば，画質のよいほうが望ましいと述べた。「第十四回 電波監理委員会聴聞調書（その1）」601-602頁

39）電波監理委員会「第十四回 電波監理委員会聴聞調書（その1）事案 4-12頁

40）電波監理委員会「第十四回 電波監理委員会聴聞調書（その1）」568頁

41）電波監理委員会「第十四回 電波監理委員会聴聞調書（その1）」569頁

42）このほか，文芸評論家の中島健蔵も，「例えば教育に使うとか，或いは学術的なものに使うとか，或いはその他いろいろ考えられることはあるが，できるだけよくしておくことが勿論いいと思います」と述べ，おおむねNHKやメーカーの主張に沿う発言を行った。電波監理委員会「第十四回 電波監理委員会聴聞調書（その1）」695頁

43）このときの教育関係者の主張に関しては，佐藤卓己が雑誌『放送教育』から引用する形で整理を行っている。佐藤卓己（2019）『テレビ的教養』岩波書店102-111頁

44）電波監理委員会「第十四回 電波監理委員会聴聞調書（その1）」591頁

45）太田美奈子（2019）「『通信』と『放送』が交錯する初期テレビ受容」『早稲田大学文学研究科紀要』64号は，東京帝国大学の星合正治の議論を参照しつつ，戦前の開発段階で想定されたテレビ放送のさまざまな可能性について指摘している。

46）電波監理委員会「『白黒式テレビジョン放送に関する送信の標準方式』決定に対する異議事件の決定書」（1952年6月10日）7頁

47）電波監理委員会「『白黒式テレビジョン放送に関する送信の標準方式』決定に対する異議事件の決定書」（1952年6月10日）8頁

48）テレビの用途に関しては，決定に先立って再聴聞の審理官が電波監理委員会に提出した意見書でも，「教育的効果から見ればテレビジョンは遠く映画には及ばないのであって，教育手段としてあまりに多くをテレビジョンに期待することは，テレビジョンの持つ本来の特色と制約とを理解しないことに基くものかと思われる。所詮テレビジョンはラジオと同等に主として家庭に普及して，家庭団欒の裡にマス・コムニュケーションとしての効用を挙げて，報道，教養，文化，娯楽等に貢献するものと考えるのが最も自然な在り方と考えられるのである」と指摘されている。「第十四回 電波監理委員会聴聞意見書」167頁

49）電波監理委員会「『白黒式テレビジョン放送に関する送信の標準方式』決定に対する異議事件の決定書」（1952年6月10日）10頁）

50）電波監理委員会「『白黒式テレビジョン放送に関する送信の標準方式』決定に対する異議事件の決定書」（1952年6月10日）12頁

51）NHK総合放送文化研究所番組研究部編（1978）『テレビ創業期の人たちの証言集Ⅰ政策決定者編』（溝上銈氏にきく）35-36頁

52）小代有希子（2022）『テレビジョンの文化史』明石書店137頁

53）前掲『波濤 電波とともに五十年』377頁

54）村上聖一（2010）「民放ネットワークをめぐる議論の変遷」『NHK放送文化研究所年報』54集14頁

55）これについて神松一三は，GHQがアレンジした電波行政関係者のアメリカでの電波事情視察や，アメリカのカール・ムント上院議員が派遣した使節団（ムント・ミッション）の日本国内での活動が決定に影響した可能性を指摘している。他方，アメリカ本国の政府機関や日本の政界からの直接的な働きかけについては，可能性は否定できないものの，それを裏付けるには至っていないとしている。神松一三（2005）『「日本テレビ放送網構想」と正力松太郎』三重大学出版会90頁

56）網島毅「『6メガ・7メガ論争』の決断は間違ってはいなかった」前掲『電子メディアの近代史』45頁

57）野村達治・高橋良「日本の放送技術をリードした『NHK技研』」前掲『電子メディアの近代史』144頁

村上 聖一（むらかみ・せいいち）

NHK放送文化研究所メディア研究部 チーフリード。1992年NHK入局，青森放送局，報道局を経て，2007年より放送文化研究所勤務。
論文に，「平成の放送制度改革を振り返る」『放送研究と調査』（2023年1月号）／「戦前・戦時期日本の放送規制」『NHK放送文化研究所年報』（2020年）など。

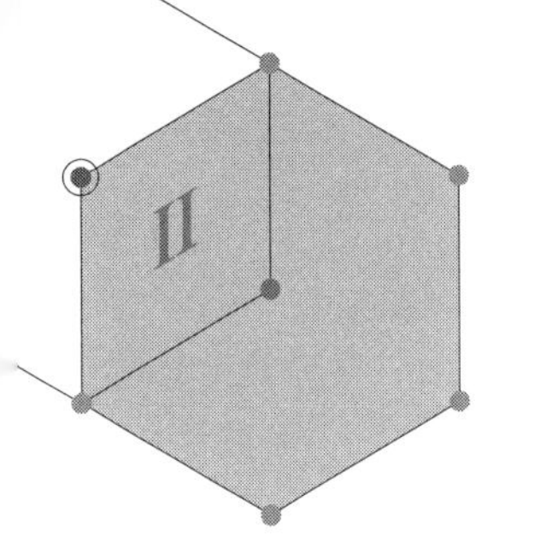

ヒエラルヒーとしてのテレビ電波
−1953-60年の中央と地方，青森県青森市と八戸市の比較から−

寺地 美奈子
（筑波大学）

1 はじめに：初期テレビ史と地方の空白
2 電波ヒエラルヒーのなかの県都・青森市
3 八戸市のテレビ局誘致運動
4 おわりに

1 はじめに：初期テレビ史と地方の空白

日本のテレビ本放送は1953(昭和28)年に始まった。2月にNHKが，8月に日本テレビが東京に開局し，1日およそ4時間から6時間の放送を開始する（日本放送協会 1977：385-6)。NHKの放送開始時，テレビの受信契約数は866であった。翌年3月には名古屋と大阪でもNHKが本放送を開始するが，1954年3月末時点の受信契約数は17,000に満たなかった(日本放送協会 2001：368-9)。テレビ初期，テレビを視聴する場は家庭ではなく街頭にあったのである。

日本テレビは放送開始時より街頭テレビの設置に熱心に取り組み，白黒のテレビを駅やデパート，役所や寺院など278か所に設置した（日本テレビ放送網株式会社社史編纂室 1978：46)。テレビを見ないことには買わないという普及促進の意図があったという。また日本テレビの正力松太郎は「広告効果は台数ではなく，それを視聴する人の数で決まる」と述べており，スポンサー獲得の意図が大きかった（日本テレビ放送網株式会社総務局 1984：211)。設置場所は関東が9割を占め，東京だけでも全体の5割を超えていた（日本テレビ50年史編集室 2004：97-8)[1)]。街頭テレビは東京を中心に，関東に設置されたものだった。

街頭テレビは正力の思惑どおり，大変な人気を博した。日本テレビの調査によると，1953年9月7日から18日までの調査期間において，都内26か所に設置された街頭テレビの視聴者数は1日10万人を超えていたという。人気の番組はスポーツ中継であった（放送番組委員会 2003)。テレビ視聴の最初期の風景は，街頭テレビで力道山のプロレスに熱中する黒山の人だかりに代表されているだろう。日本人がアメリカ人を倒すという物語に，戦後間もない日本人は熱中したといわれている[2)]。

テレビは普及率を伸ばし，家庭で見られるようになった。普及率急増の契機として挙げられるのが，1959年4月の皇太子御成婚である。人々はこの一大イベントを自宅のテレビで見たいと願い，購入意欲が高まったのである。御成婚パレードの1週間前には受信契約数が200万世帯を超えている。1年前の1958年5月には100万世帯にとどまっており，急激な増加であったといえよう（日本放送出版協会 2002：129）。このパレードによりテレビ熱がさらに喚起され，のちの爆発的な普及率へとつながっていった。このころ，テレビは洗濯機，冷蔵庫とともに「三種の神器」と呼ばれていた。当時の家庭にとってぜひとも購入したい家電の一つになったのである。

以上を振り返ると，これまで語られてきた日本の初期テレビ史が東京をはじめとした大都市中心のテレビ史であることが分かる。街頭テレビで力道山のプロレスに熱中する黒山の人だかりという風景は，その設置場所のほとんどが関東であり大半が東京であるように，全国各地でみられたものではない。また皇太子御成婚パレード前後のテレビ購入については，1959年度末のテレビ普及率が東京都44.2%に対し，当時最も低かった宮崎県が1.5%であることを考えると，全国で同じ風景があったとはいえないだろう（日本放送協会 1960：178-9）。

地方のテレビ史を具体的にみていこうとするときに欠かせない視点が，テレビ電波環境という技術的な側面である。中央と地方におけるテレビ史の違いはこの側面に起因するところが大きいだろう。**表1**は1960年までのNHKテレビ放送局開局年である。1953年の東京，1954年の名古屋と大阪ののち，1年空いて1956年には札仙広福と呼ばれる地方中核都市に電波塔が建ち，翌年の1957年からは全国の地方都市に電波環境が広がっていった。中央と地方でテレビ視聴環境が整う時期にこのような差があったという事実を改めて振り返ると，電波環境の整備過程，つまり置局政策がヒエラルヒーの構造（階層構造）にあったということが分かる。どの都市に，いかなる順番で電波塔が建つのかという問題は，テレビを早く見たい人々にとって大きな関心事であった。このころ人々が抱いていたテレビへの欲望は尋常ではない。屋根に10メートルものポールを立て，そ

表1　1960年までのNHKテレビ放送局開局年

年	放　送　局	サテライト局	ブースター局
1953	東京		
1954	名古屋，大阪		
1955			
1956	仙台，広島，福岡，札幌		
1957	函館，松山，小倉，静岡，岡山，金沢	長野	海南
1958	鹿児島，熊本，富山，長野，室蘭，高知，新潟，盛岡，佐世保，長崎，旭川	平，呉	
1959	東京教育，福島，鳥取，徳島，青森，大阪教育，防府，福井，大分，甲府，松江，浜松，帯広，秋田，釧路，山形		
1960	鶴岡，尾道，名古屋教育，新居浜，会津若松，宮崎，函館教育，室蘭教育，浜松教育，東京カラー，大阪カラー，南海カラー，福島教育，旭川教育，仙台教育，盛岡教育，名寄	飯田，舞鶴，福知山，吉原，釜石，大津，津山，八戸，延岡，鹿屋，小樽，岡谷諏訪	

（出所）日本放送協会（1961：13）の「テレビ放送局現況表」より筆者作成。各年内の順序は開局順とし，同日の場合は出典の表記順に列記した。

のうえに高額な超遠距離用アンテナをくくりつけ，遠くの電波塔からどうにか電波を受信しようとするという風景が全国で発生していた時代であった（太田 2018, 2019など）。

テレビ電波のヒエラルヒーは中央と地方という関係でのみ現れるものではない。各都道府県に一つ目の電波塔が設置されると，今度は電波の空白地帯を埋めるように各地で電波塔が建設されていった。テレビ視聴環境が整った時期は同じ県内でも異なるのである。地域によっては，視聴環境が十分に整うまでに数十年を要したところもあった（太田 2021）。

本稿では，テレビ電波のヒエラルヒーを補助線に，地方の初期テレビ史を具体的にみていきたい。地方の一例としてここでは青森県の都市部に着目しよう。青森県で最初にテレビ放送局が開局した青森市と，二番目の八戸市を対象地域とする。八戸市に中継局が開局する1960年までの両市のテレビ史について，当時の新聞や当時を振り返る記述が掲載された文献などの資料，また聞き取り調査から明らかにしていく。

両市はどちらも県内主要都市であるにもかかわらず，ヒエラルヒーの県内最上位である県庁所在地の青森市と，青森市約20万人に対して約17万人と県内第2位の人口を擁する八戸市とでは，テレビの迎え入れ方が全く異なっていた（青森県企画政策部統計分析課 1960：32）。青森市は旧郵政省のチャンネルプランに当然のように組み込まれ，青森市側から特に働きかけることもないままに，1959年3月，県内で最初のテレビ放送局誕生の地となった。そしてテレビの視聴が本格的に可能になると，これまで語られてきた初期テレビ史の延長線上に捉えられるような受容の姿がみられた。一方の八戸市は，当初チャンネルプランに名前が挙がらなかったため，熱心な「テレビ局誘致運動」を展開し，その結果電波環境を獲得した。両市の初期テレビ史は，テレビ放送局開局以前も以後も地方都市の典型的な2つのテレビ史といっていいだろう。

2 電波ヒエラルヒーのなかの県都・青森市

(1) 県内テレビ放送局の開局

1959(昭和34)年3月22日，青森市にNHKのテレビ放送局が開局した。NHKでは全国で24県目，東北で4県目の開局である[3)]。テレビを中継するマイクロ波回線が東京から延びてきたことで，青森県でもテレビ放送局の開局が可能となった。番組内容の伝送はまず，青森県上北郡甲地（かっち）村[4)]にあるマイクロ波回線の中継所から青森市の青森電話局まで，同軸ケーブルによって電気信号が運ばれる。そして青森電話局から同じく青森市の鷹森山の電波塔に向けてマイクロ波として放射され，電波塔から電波が一帯に降り注がれることで家々にテレビ電波が届くという仕組みである[5)]（『東奥日報』1959.1.3朝刊）（**図1**）。東京を中心にマイクロ波回線が延び，地方で電波が放射されるという下部構造によって，NHKでは東京のテレビ放送局と各地のテレビ放送局，民放では在京キー局と地方局という中央集権的なネットワーク，いわゆる放送網が形成されることになった。マイクロ波回線の到達とテレビ放送局の開局により，青森市はこの電波ヒエラルヒーの構造に組み込まれたのである。

ラジオの場合，NHKの開局場所は県内に3か所あった。1938年開局の弘前放送局と1941年の青森放送局，そして1943年の八戸臨時放送所である。電波の大きさを示す空中線電力は弘前300ワット，青森200ワット，八戸50ワットだった（日本放送協会 1948：484-6）。ラジオ放送局の開局において弘前が優先された理由は，当時の時代背景にある。戦時中，第8師団を擁した弘前は青森県の「軍都」であり，重要な位置づけとなっていた（日本放送協会青森放送局 1993：28-9）。

一方，テレビ時代では青森市が開局地として選ばれた。それは青森市が「県都」だからである。NHK青森のテレビ放送局が開局する以前に23県でNHKテレビ放送局が全国で開局したが，各都道府県においてそれぞれ最初に開局した場所は，サテライト局とブースター局を除きすべて都道府県庁所在地[6]となっていた。ラジオ時代は「軍都・弘前」対「県都・青森」で放送局の誘致合戦が繰り広げられたが，テレビ時代は都道府県

図1　甲地無線中継所，青森電話局，鷹森山の位置

（出所）白地図テクノコ（https://technocco.jp/n_map/n_map.html）の「市町村再編以前の青森県」地図より筆者作成。

庁所在地から置局していくという方針が取られていたのである。

（2）1959年のテレビ・フィーバー

こうしてテレビ電波のヒエラルヒー的下部構造が整うやいなや，青森市には本格的なテレビ時代が到来した。**図2**は当時のテレビ普及率を示したグラフである。1958年度末の青森市のテレビ普及率（世帯当たり）は2.0%だったが，NHK青森とラジオ青森（現・青森放送）のテレビ放送局[7)]が開局した1959年度末には15.4%を記録した。この年の県郡部平均と市部平均を比較すると，郡部の平均が5.7%なのに対し市部の平均は9.5%と高い。この時期，テレビは都市から郡部へと普及していったことが分かる。

テレビの金額は，そのころ一般的な大きさの14型であれば59,500円から63,000円であったという（平本 1994：33）。同年調査された青森県民の世帯主平均月収は21,856円である（青森県企画政策部統計分析課 1960：58）。テレビの視聴環境が整って1年で，青森市内の15.4%の世

図2　1958-59年度末のテレビ普及率

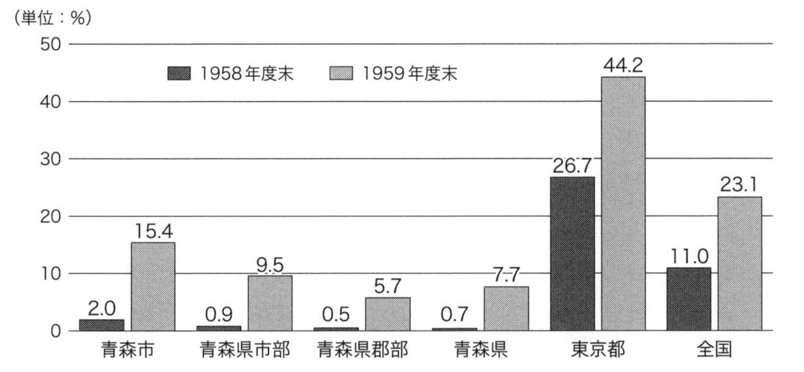

（出所）日本放送協会（1959, 1960）より筆者作成。1958年度末は普及率としての数字が掲載されていないため，台数／世帯数（総理府統計局 1958）で計算，小数点第2位以下は四捨五入した。これは翌年以降の普及率算出方法と同じである。

帯に世帯主平均月収の3倍近い金額の家電製品が備わっていたのである。これは驚くべきことであろう。

このテレビ熱のけん引役となったのはNHKであった。NHK青森のテレビ放送局は開局の2週間後，青森市と弘前市にて開局記念パレードを実施している。NHK，メーカー，テレビ販売店の車がテレビ放送局開局を祝う装飾に彩られ，両市中心部を練り歩いた。高校野球を映すテレビの公開や，民謡に手踊り，野外演奏会などの行事があり，身動きがとれないほど人が集まったという（『陸奥新報』1959.4.8日刊）。元NHK青森放送局職員の湊望(ほまれ)氏は当時を振り返り，テレビ放送局とラジオ・テレビ電気商業組合，郵便局が三位一体となり，テレビ普及が促進されていったと語っている[8)]。いち早く全国にテレビを普及させたいNHK，CM費のためにエリア世帯数を拡大したい民放テレビ放送局と，テレビを販売したい電器店に加え，郵便局は郡部における受信料の徴収をNHKから委託されており，委託料が増加するという意味でテレビの普及が歓迎されたのである。

同年10月1日にはラジオ青森のテレビ放送局が開局し，テレビ普及の追い風となった。チャンネル数の増加により，人々が視聴できるテレビ番組に選択肢が生まれたのである。番組はほとんど日本テレビからのネットであったが，ほぼ唯一の自社制作番組である「東奥日報ニュース」が放送されたインパクトも小さくなかっただろう（青森放送 1980：159）。

（3）青森市の「街頭テレビ」

青森市でテレビ放送が始まったころ，人々はどのようにテレビを見ていたのだろうか。青森市に本社を置く地元紙『東奥日報』の2008年夏の連載「ふるさとあの瞬間(とき)テレビがやって来た」には，当時を振り返る人々の声が掲載されている（『東奥日報』2008.7.1-30夕刊）。青森市浪館に住む秋元衛氏は「古川のそば屋にテレビがあった。夕方，相撲が入るので，用事をつくっては，そばを食いに行った。栃若[9)]の対決はいつも熱戦。中は満員。玄関，窓の外からの立ち見までいた」と述べている（同上2008.7.2夕刊）。古川とは青森市中心部にある地名である。このほか，体験談には初期にテレビを視聴した場所として，米穀店，電器店，理髪店，大家，旧家が挙げられていた。自宅以外の場所で多くの人々とともにテレビを見るという視聴形式が，放送開始直後は一般的であった。

こうした青森県のテレビ受容の様子は，日本テレビが設置した街頭テレビの様子と比較せずにいられない。地方において街頭テレビの役割を果たしたのは，電器店に各商店，大きな家のテレビだったのである。吉見俊哉や飯田崇雄は，都会にとっての街頭テレビが地方にとっては電器店の店頭に置かれたテレビであったと指摘している（吉見 2003：31; 飯田 2005：129）。吉見は全国各地の電器店に設置されたテレビについて「もう一つの『街頭テレビ』」という表現を用いている。大都市においては，日本テレビの街頭テレビに始まり，テレビを宣伝する目的で各電器店に「もう一つの『街頭テレビ』」が置かれ，受像機の価格低下に合わせてほかの各商店にもテレビが設置されるという歩みがあったが，青森市では放送開始直後から早速，電器店や各商店が「街頭テレビ」の舞台となっていたのである。

自宅ではない場所に赴き集団でテレビを見るという体験は，どのようにテレビ熱を構築するのだろうか。ここで有用なのが，戦前の街頭ラジオをめぐる議論である。山口誠は「いかにラジオを聴くことと出会い，ラジオの聴き方を知り，そしてラジオを『聴く習慣』をどうやって身に付けていったのだろうか」（山口 2003：148）という問いを明らかにすべく，野球放送を聴く大阪市内の街頭ラジオの空間に着目している。この街頭ラジオとは，人々に広くラジオを聴いてもらおうとラジオ商たちが店先に設置したものである。

山口によれば，街頭ラジオによって人々は「ラジオを聴く」というふるまいと出会い，そのふるまいを獲得していったという。ラジオの内容に対する互いの「読み」を独白のように述べ合い，すり合わせ，交渉させ，自らの位置価を得るといった独特な集団聴取の作法の経験が，ラジオを聴く習慣の成立に貢献していた。先に紹介した2008年夏の『東奥日報』の連載において，テレビ草創期の思い出として人々が語るのは自宅以外の視聴場所であり，同じ空間にいた人数の多さであり，その空間の盛り上がりであった。この記憶は山口が取り上げた大阪市の風景と類似しているだろう。青森市の「街頭テレビ」の空間においても，大阪市の街頭ラジオと似たような風景が生み出されていたと推定される。つまり青森市の人々は，「街頭テレビ」によって「テレビを視聴する」というふるまいと出会い，ふるまいを獲得し，放送内容を面白がる姿勢を身につけたのである。

このようにして，人々はテレビを視聴するという文化形式を獲得し，「視聴者」となっていった。そしてテレビを欲しいと欲望し，やがて購入に至ったと考えられる。

（4）皇太子御成婚パレードのテレビ熱

青森市の「街頭テレビ」において大きな役割を果たした番組が皇太子御成婚パレードのテレビ生中継である。NHK青森のテレビ放送局開局から19日後，4月10日に執り行われた皇太子御成婚パレードでは県内各地にテレビが特設されたため，このメディア・イベントは県内の多くの人々にとって「街頭テレビ」を体験する特別な場となった。当日のNHKは朝6時25分から午後3時40分まで，パレードの生中継と振り返りの座談会を放送し，その後も別番組を挟みながら，御成婚の特集番組を流していた。

『東奥日報』はパレード翌日の紙面に「テレビの前は人の山」との見出しで記事を掲載している。「街には約2万の人出で特設テレビの前は大変な人垣，交通整理の警官も出てご結婚式の模様を見守る人の波をさばいていた」という（『東奥日報』1959.4.11朝刊）。大都市における街頭テレビの風景は力道山のプロレスの視聴に代表されているが，青森市では皇太子御成婚パレードの視聴が「街頭テレビ」の一大風景だったのである。先に述べたように，青森市における日常の「街頭テレビ」の場は電器店や商店であったため，交通整理の警官が出動するほどの大きな規模でテレビを視聴するという日本テレビが設置した街頭テレビに近い規模の体験は，このとき限りであっただろう。

皇太子御成婚パレード中継というイベントは，東京や名古屋，大阪などの大都市の受容にたがわず，青森市においてもテレビ普及の大きな起爆剤となった。当時，市内の電器店に勤めていた夏堀幸雄氏は「皇太子ご成婚の時，テレビは本当に不足した。それほど売れた，奪い合いに近かったんだ。東芝サービスで故障し余ったテレビやアンテナを買ってきて，直して値引きして売ったんだよ」と振り返っている（『東奥日報』2008.7.15夕刊）。パレード前日の新聞は「テレビすごい売行き 二週間に約七百台 青森局開設 ご結婚放送が拍車」との見出しにて，急激にテレビが購入される様子を報じている（『東奥日報』1959.4.9夕刊）。

皇太子御成婚パレードは青森市において「街頭テレビ」の体験をもたらし，放送前後でテレビ普及の起爆剤としての役割を果たした。東京や名古屋，大阪など早くからテレビ放送局を持っていた大都市では，街頭テレビによってテレビ熱が喚起されてからテレビが家庭に普及しはじめるまでに数年のスパンがあるが，青森市ではその時期が近く，重なり合っていたといえよう。ナショナルなイベントがテレビの普及に大きく作用するという点において，青森市にも大都市と同じような受容がみられた。

（5）1959年以前に培われたテレビ普及の土壌

こうして1959年以降，青森市でもテレビの普及が大きく進んだが，テレビへの接触自体はそれ以前から始まっていた。その契機は津軽海峡を挟んだ函館市でのテレビ放送局開局である。NHKは1957年の開局に向けて，1956年から試験電波を放射していた。青森市千富町でラジオ店「紀電気店」を経営していた紀好通氏は函館市での開局の予定を聞き，松下電器のテレビジョン受信機技術講習会に参加したという。この講習会は大阪府門真市で3か月間開催され，県内4人の電器店経営者と一緒だった。講習では大阪府と奈良県の県境に位置する生駒山と滋賀県大津市の間で長距離受信実験が行われ，鮮明な画像として映ることが発見された。そのとき，青森と函館間も同じではないかと紀氏は考えたという（日本放送協会青森放送局 1993：199-200）。

それから自宅に帰り，紀氏は庭に16メートルのアンテナを建て，受像実験を試み，函館からの試験電波の受像に成功した。そして1957年3月にNHK函館のテレビ放送局が開局すると，紀氏は1か月で31台のナショナル製テレビを販売した。のちの調査で，その時点で青森市内の電器店が販売したテレビは32台であると判明しており，市内のテレビのほとんどを紀氏が販売したことが分かる。紀氏が初めてテレビを売った人物は，青森市中心部にある神(じん)病院[10]の老医師であったという。

紀氏はテレビ販売だけでなく，いち早く「街頭テレビ」を設置した人物でもあった。『東奥日報』は当時の北海道からの電波受信について，紀氏の息子である紀彰氏にインタビューを行っている。「まだ，私が7，8歳のころです。テレビをつければ，人だかりができていた。テレビ放送が始まってからでしょうか，みんなを店の中に入れ，大相撲を見せていたんです」と紀彰氏は語っている（『東奥日報』2008.7.5夕刊）。県内にテレビ放送局が開局する1959年以前，青森市の人々は函館からの電波によって「街頭テレビ」を楽しんでいたのである。紀電気店のほかにも，函館山から放射される電波を受けようと，青森市中心部では屋根にアンテナを掲げる風景が次々とみられた。そして電波受信に成功すると，テレビは理髪店や飲食店で客集めのために用いられたという（『東奥日報』1959.1.3朝刊）。これはテレビ電波のヒエラルヒーによらないテレビ受容の姿である。

元NHK職員である中村昌人氏によると，紀氏は戦後，ラジオの復旧作業に当たった人物であったという[11]。青森市のラジオは大空襲で焼けてしまったものが多く，紀氏は東京の神田から部品を買ってくるなどして，ラジオの修理に尽力していた。紀氏のラジオに対する関心と技術力の高さがテレビにも引き継がれたため，函館から放送が開始されて早々，青森市の人々はテレビを購入することができたのである。

このように，NHK青森のテレビ放送局開局前における電波受信の実践が，人々のテレビに対する関心を高めていった。遠距離受信のため画質が良いとはいえなかったものの，電器店や商店などでテレビを視聴する経験を踏まえることによって青森市ではテレビ熱の土壌が培われ，電波環境が整った1959年からの急激なテレビ普及につながっていくのである。

3 八戸市のテレビ局誘致運動

(1) 置局順位のヒエラルヒー

青森市郊外の鷹森山から電波が広がった1959(昭和34)年，実際の電波範囲は青森市を中心として津軽地方を広くカバーすることとなった。しかし鷹森山の電波塔だけでは到底県内全域を覆うことができない。各テレビ放送局は電波の空白地帯を埋めるように中継局の設置を進めていった。県内2番目の電波塔が設置される過程について，八戸市の事例からみていきたい。

県内第2位の人口を誇る八戸市にNHKとラジオ青森が中継局を開局した[12)]のは，NHK青森のテレビ放送局開局から1年半後の1960年9月である。表1に示したように，1960年は12のサテライト局[13)]が誕生した年であり，その多くが各道県で2局目以降に設置されたテレビ放送局である[14)]。2局目の置局にはどのような地域が選ばれるのだろうか。**図3**はこれらのサテライト局が設置される前年，1959年10月時点におけるNHK電波の感度地図の一部である。この地図の範囲に含まれる1960年のサテライト局は八戸と岩手県釜石である。3段階に区分された電界強度のうち，八戸は最も低い微電界となっている。県の中央には標高 1,585メートルの八甲田山がそびえ，青森市からの電波を妨害していた。釜石は電波の及ばない空白地帯となっている。

釜石市は当時，八戸市と同じように，県内第2位の人口を擁する都市であった（総理府統計局 1961：71-4）。このように，各道府県において2局目以降の開局は，都市としての規模が大きいにもかかわらず電波受信の難しい地域が選ばれていた。難視聴の各都市は，開局地として選ばれるためにテレビ放送局の誘致運動を展開していく。難視聴の都市は全国に存在していたのであり，このなかでの置局順位を上げて速やかにテレビ視聴環境を整えようという機運は各地で高まっていた。

八戸市にも同様の機運があり，熱心な誘致運動の結果，サテライト局を獲得している。八戸市議会における「テレビジョン放送局設置に関する決議案」の発議・可決と，その決議を契機とした八戸市総合振興会の「テレビ局誘致運動」については拙稿を参照されたい（太田 2019）。青森

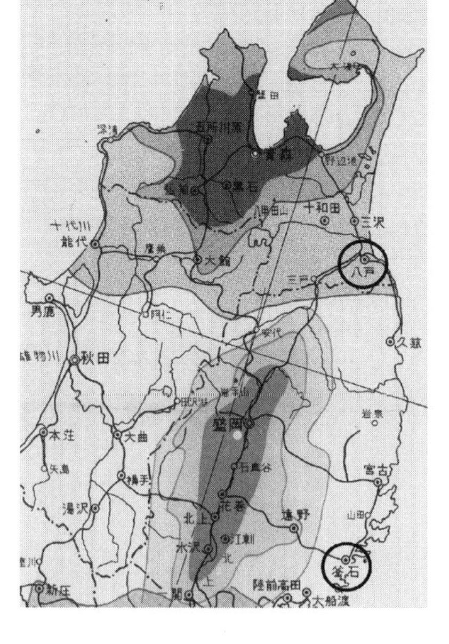

図3　1959年時点におけるNHKのテレビ電波感度地図

（出所）電波実験社（1959）の『全国テレビジョン放送電波感度地図』より作成。八戸と釜石を○で示した。電界強度は3段階の色の濃さに区分される。濃い順に，中電界以上，弱電界以上，微電界。『電波実験』編集部調査によるもの。調査方法は不明。元の電波範囲の色は青森が青，盛岡が緑であり，白黒加工によって盛岡が薄くみえるが同じ3段階を示している。

市と異なり，中央への働きかけによってテレビの電波環境を獲得しにいく姿には電波のヒエラルヒーが見受けられるだろう。

(2) 第二の都市の置局過程

各地方都市への置局は，旧郵政省が1957年6月19日に定めた「テレビジョン放送用周波数割当計画表」に基づいている（日本放送協会放送史編修室 1965：242）。通称，第1次チャンネルプラン，もしくは第1次周波数割当計画である。青森市の開局も計画のなかに組み込まれていた。おおむねこの計画どおりに置局が進められており，1961年3月末までには割当計画の全国49地区のうち46地区にて開局され，カバレージ（電波の人口カバー率）は約80%に達したという（同上：620）。この計画に八戸市は含まれていなかった。

しかしテレビ放送局の開設に伴い，開局地の周辺部の地域から開局の要望が高まっていった。そこで1960年度には，とりあえず特別措置によって，各地にサテライト局が建設されることになったという（同上：623）。NHK八戸の中継局は熱心な誘致運動の結果，この特別措置によって誕生したのである。特筆すべきはその空中線電力の大きさである。大半のサテライト局は100ワットにも満たないのに対し，八戸は500ワットであり[15)]，当時のサテライト局としては最大となった（日本放送協会 1961：13）。おそらくは，NHK八戸の中継局開局に際し電波状況が調査され，県南地方の難視聴を改善するためにはこれほどの電力が必要であるという判断となったのだろう。NHKはラジオ時代から青森県について「行政区割とサービス・エリヤの関係が地理的に円滑にいかない地域」と指摘しており（日本放送協会 1954：175），電波を県内に広く行き渡らせることの困難がうかがい知れる。

（3）テレビの中央集権を加速させる受容者

NHKは八戸市総合振興会に対して，1961年の第2次チャンネルプラン（第2次周波数割当計画）以降であれば八戸市を考慮しても良いと述べていたという（太田 2019）。八戸市の人々が熱心な運動を展開せずとも，数年の間にNHK八戸の中継局が開局していた可能性は高い。サテライト局にもかかわらず500ワットの空中線電力が必要となるような広大な難視聴の地域なのであり，それなりには優先的に整備されたであろう。しかし八戸市の人々はチャンネルプランに八戸が入る日を待つまでもなく，一刻も早くテレビ電波を欲した。中央からの電波を受信したいという地方の人々の強い欲望には，ナショナルな性質をみることができるだろう。テレビの中央集権を加速させたのは国や放送事業側だけでなく，受容者でもあったのである。こうした受容者の欲望によって，テレビはナショナル・メディアとしての地位を確固たるものにしていった。

（4）急速なテレビ普及と1960年以前の「街頭テレビ」

NHKとラジオ青森の八戸中継局が開局すると，八戸市のテレビ普及率は急速に上昇した。開局から1年半後の1961年度末には青森市の普及率41.5%を超え，45%を記録する（日本放送協会 1962：136）。これほどまでにテレビが買い求められた理由は，青森市と同じく開局以前のテレビ経験にあるだろう。1958年12月にNHK盛岡のテレビ放送局が開局すると，八戸市には電波が届く地域も一部あり，喫茶店や食堂，酒造店，遊園地が「街頭テレビ」の設置場所になった。ラジオ店の店頭はテレビに見入る相撲ファンで埋まっていたという（『デーリー東北』1959.1.12日刊）。このようなテレビ経験によってテレビ熱が高まり，開局後の急速なテレビ普及を迎えるのである。それまでの県域にとらわれない自由なテレビ電波受信は，中継局の開局によって東京─青森─八戸というヒエラルヒーのなかの電波受信に置き換わっていった。

4 おわりに

ここまで，地方の初期テレビ史について，青森県を事例として，テレビ電波のヒエラルヒーを補助線にみてきた。電器店や商店による路上の「街頭テレビ」や，皇太子御成婚パレードがテレビ普及に重要な役割を果たしたという点は，吉見俊哉の議論に代表されるようなテレビ初期のナショナル・ヒストリーに沿っているといっていいだろう。地方にもこのような受容の風景があったということを，まず確認しておきたい。

一方で，これまでの初期テレビ史の定説では語られてこなかった受容もあった。一つ目は，他道県からの電波によってテレビと出会い，1959年以降の急速なテレビ普及に向けた土壌を培っていたという点である。これは日本全国で起こっていたことと推察される。二つ目は，中央からの電波を求めるというナショナリティのなかで，電波の敷設に現れるようなテレビの中央集権的な仕組みに，八戸市が自ら強力に組み込まれていったという点である。誘致運動の激しさには差があるが，各県の第2位以下の多くの都市がこのような状況にあった。

以上のように，青森市と八戸市の事例には東京中心のテレビ史の延長線上に位置づけられるものとそうでないものがあったが，両市に共通していえるのは，地方ではヒエラルヒーとしてのテレビ電波が地域のテレビ受容に通底する条件となっていたということである。東京を中心とした関東の人々は，本放送開始と同時に電波環境が整ったため，電波にヒエラルヒーが存在することなど考えもしなかったかもしれない。しかし地方には，特に初期において，電波のヒエラルヒーの影響を大いに受ける受容があった。テレビ電波への着目なしには，地方のテレビ史は語れないのである。

【付記】 本稿は2021年12月に早稲田大学大学院文学研究科より文学の学位を授与された博士論文「テレビ電波受信のメディア考古学―青森県を事例とした地方の初期テレビ受容に関する研究―」の序章，第1章，第3章を再構成し，加筆・修正したものである。

注

1）「街頭テレビ設置状況」の一覧から筆者が算出。設置場所が「その他」「不明」となっているものは母数から省いている。

2）力道山は朝鮮半島の出身であり，対戦相手として人気だったシャープ兄弟はカナダ出身である。

3）日本放送協会（1961：13）の「テレビ放送局現況表」より筆者カウント。サテライト局，ブースター局を含む。

4）甲地村は1963年，町制施行により東北町となる。2005年には上北町と合併し新制東北町となった。

5）のちに開局するラジオ青森のテレビ放送局の伝送経路は，甲地無線中継所から青森電話局のあと，本社（演奏所）を経由して鷹森山の電波塔に届くという形となっていた。青森電話局から本社への伝送には同軸ケーブルが用いられた。また本社から電波塔への伝送方法はNHKと異なり，映像にはSTL（無線），音声には6対のケーブルが使用された（青森放送 1980：146）。

6）東京都の都庁所在地は多くの地図において，歴史的な経緯や権限といった点から，東京23区をひとまとまりとしてとらえた「東京」の名称で記載されている。帝国書院ウェブサイト「東京都の都庁所在地が『新宿』ではなく『東京』なのはなぜですか。」を参照（2023年9月19日取得，https://www.teikokushoin.co.jp/junior/faq/detail/138/）。

7）1961年10月28日，株式会社ラジオ青森は青森放送株式会社に社名を変更した。局名はラジオ青森テレビ局からRAB青森放送となった。

8）2019年3月22日，聞き取り調査を実施。

9）横綱栃錦と若乃花のこと。若乃花は青森県弘前市出身である。

10）現在の神外科胃腸科医院（青森市本町）。

11）2018年4月5日，聞き取り調査を実施。

12）実際の両局の開局地は，八戸市に接する福地村（現・南部町）の天魔平である。その理由については青森放送の社史を参照されたい（青森放送 1980：251-5）。

13）親局からの電波を受信し増幅させ再放送する放送局をサテライト局もしくはブースター局という。サテライト局とブースター局の違いは放射する電波の周波数であり，サテライト局は親局と異なる周波数，ブースター局は同一周波数にて放送を行う。ブースター局は費用が安く済むが，親局の電波と再送信電波が干渉する場合がある。対してサテライト局は親局と異なる周波数を使用するため，電波を一波余分に必要とするが，混信や干渉の心配がない（石原ほか 1957：242）。

14）舞鶴（京都府），福知山（京都府），大津（滋賀県）は各府県で1局目のNHKテレビ放送局である。1954年開局のNHK大阪のテレビ放送局の電波は，地域によって程度に差があるものの，近畿一帯に及んでいた（電波実験社 1959）。

15）NHK青森のテレビ放送局の空中線電力は5キロワットであった。

引用文献

- 青森放送（1980）『青森放送二十五年史』青森放送.
- 青森県企画政策部統計分析課（1960）『昭和34年 青森県統計年鑑』青森県.
- 電波実験社（1959）『電波実験』（16），付録.
- 平本厚（1994）『日本のテレビ産業』ミネルヴァ書房.
- 放送番組委員会（2003）「テレビ50年を考える」参考資料「〈街頭テレビ〉に関する日本テレビの調査結果」放送番組向上協議会『月報』2月号：28.
- 飯田崇雄（2005）「『モノ＝商品』としてのテレビジョン」『放送メディア研究』（3）：119-50.
- 石原裕市郎・新井清治・小田利雄・米田治雄（1957）『テレビ放送ハンドブック』ダヴィッド社.
- 日本放送協会（1948）『ラジオ年鑑 昭和23年版』日本放送出版協会.
- 日本放送協会（1954）『NHK年鑑 1954』日本放送出版協会.
- 日本放送協会（1959）『受信契約数統計要覧 昭和33年度』日本放送出版協会.
- 日本放送協会（1960）『受信契約数統計要覧 昭和34年度』日本放送出版協会.
- 日本放送協会（1961）『受信契約数統計要覧 昭和35年度』日本放送出版協会.
- 日本放送協会（1962）『受信契約数統計要覧 昭和36年度』日本放送出版協会.
- 日本放送協会（1977）『放送五十年史』日本放送出版協会.
- 日本放送協会（2001）『20世紀放送史 上』日本放送出版協会.
- 日本放送協会青森放送局（1993）『歳月 あおもり ふれあいの五十年——NHK青森放送局・開局五十周年記念誌』日本放送協会青森放送局.
- 日本放送協会放送史編修室（1965）『日本放送史 下』日本放送出版協会.
- 日本放送出版協会（2002）『放送の20世紀』日本放送出版協会.
- 日本テレビ50年史編集室（2004）『テレビ夢50年 データ編』日本テレビ放送網.
- 日本テレビ放送網株式会社社史編纂室（1978）『大衆とともに25年 沿革史』日本テレビ放送網.
- 日本テレビ放送網株式会社総務局（1984）『テレビ塔物語——創業の精神を，いま』日本テレビ放送網.
- 太田美奈子（2018）「青森県下北郡佐井村における初期テレビ受容」『マス・コミュニケーション研究』（92）：165-82.
- 太田美奈子（2019）「『通信』と『放送』が交錯する初期テレビ受容——1950年代青森県八戸市の事例から」『早稲田大学大学院文学研究科紀要』（64）：837-52.
- 太田美奈子（2021）「無線／有線からみる地方のテレビ受容——青森県三戸郡田子町の事例から」『ソシオロゴス』（45）：1-20.
- 総理府統計局（1958）『国勢調査報告 昭和30年 第5巻 その2』総理府統計局.
- 総理府統計局（1961）『国勢調査報告 昭和35年 第1巻』総理府統計局.
- 山口誠（2003）「『聴く習慣』，その条件——街頭ラジオとオーディエンスのふるまい」『マス・コミュニケーション研究』63：144-61.
- 吉見俊哉（2003）「テレビが家にやって来た——テレビの空間 テレビの時間」『思想』（956）：26-48.

寺地 美奈子（てらち・みなこ）

筑波大学図書館情報メディア系助教。分担執筆に「『線』と『円』のテレビ史——1950年代の青森県を事例に」『技術と文化のメディア論』ナカニシヤ出版，2021年。論文に「青森県下北郡佐井村における初期テレビ受容」『マス・コミュニケーション研究』92号，2018年1月／「無線／有線からみる地方のテレビ受容——青森県三戸郡田子町の事例から」『ソシオロゴス』45号，2021年11月など。

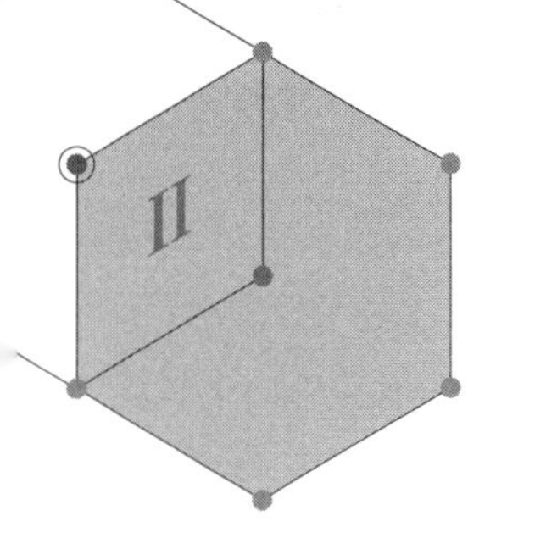

テクノロジーと
ドキュメンタリー表現

宮田　章

（NHK放送文化研究所）

1 はじめに

従来，学術的なメディア研究の領域では，テクノロジーが社会や文化に大きな影響を及ぼしたという議論をすると「技術決定論」として批判されがちであった。カルチュラル・スタディーズの創始者の一人レイモンド・ウィリアムズが，その古典的著作『テレビジョン』において，テレビのようなテクノロジーはイデオロギー的に無垢ではないことを強調し，それが含んでいる支配的体制の「意図」に敏感であるべきだと論じたことが技術決定論批判としてよく知られている。「テクノロジーを社会から切り離し，抽象化」することをウィリアムズは強く戒めている(Williams 1974＝2020：8)。

しかし，テクノロジーは多層的である。放送というテクノロジーが総体として支配的体制の「意図」を含むとしても，その「意図」はニュースやスポーツ中継やバラエティーやドキュメンタリーやドラマといった放送を構成する各ジャンルを支えるテクノロジーに常に貫徹しているのだろうか。放送テクノロジーを構成するすべての層のテクノロジーについて，アタマから支配的体制の「意図」の存在を前提にして行論するのは乱暴ではないか。放送テクノロジーが含む「意図」を問うにしても，その多層性を前提にして，各層を構成するテクノロジーと，それが関わる個々の放送ジャンルとの間の相互関係を実証的に調べることが必要ではないか。

本稿は，日本のラジオ・テレビドキュメンタリーの歴史を語るうえで欠かせない3つの技術的契機，①可搬型録音機の出現（1930年代），②同時録音技術の展開（60年代末～70年代末），③フィルムロケからVTRロケへの転換（70年代後半～80年代前半）を取り上げる。①はラジオドキュメンタリーの成立，②はテレビドキュメンタリーの成熟，③は80年代以降のテレビドキュメンタリーの変質に大きな影響を与えている。筆者には①，②のテクノロジーは必ずしも支配的体制の「意図」に沿うものであったとは思えない。むしろ，そうした「意図」に対抗しうる表現を生み出したテクノロジーであった。ただし，③のテクノロジーは，少なくとも結果的には，支配的体制にとって好都合のものであったように見える。

2 可搬型録音機の出現とラジオドキュメンタリーの成立

放送の基幹をなすテクノロジーは，生放送のテクノロジーである。Aの場所で捉えた視覚的，聴覚的な情報を，電波を用いて瞬時に（同時に）Bの場所，あるいはもっと多くの場所に伝達するこのテクノロジーは，異なる場所にいる多様な人々を，同時性という枠組みのなかに囲い込む。毎年の『紅白歌合戦』，オリンピックや，サッカーのワールドカップなどのスポーツ中継，首相の名が言及されない日はないように感じられる毎日のニュース……，「国民的」と呼ばれるような放送コンテンツであればあるほど，それが作り出す同時性の枠組みの中心には，想像の共同体としての「日本」がある。「今」を共有する生放送のテクノロジーが，国民国家の形成と維持に多大な寄与をなしてきたことは間違いない。

同時性という生放送のテクノロジーの特徴は，映画を支えるテクノロジーと比べると際立つ。映画に同時性はありえないからである。映画を支えるテクノロジーは，Aの場所で生じた情報を，Aの場所で媒体（フィルム）に記録する。そしてそれを編集したあとで，Bの場所にいる人々に示す（上映する）テクノロジーである。当然ながらフィルムを現像して編集室に運ぶにも，編集するにも，編集したものをBの場所に運ぶにも時間を要する。したがって，映画の映像や音声が示しているのは，必ず，その映画を視聴している時点より「過去」に起こった事象である。放送テクノロジーの基幹が「今」を共有するものであるのに対し，映画のテクノロジーとは特定の「過去」を記録し，それを再生するテクノロジーである。

ドキュメンタリーは映画から放送に飛び火したジャンルである。この表現形式はまず映画のなかで誕生した。ある種の映画を「ドキュメンタリー」と呼ぶようになったのは1920年代からで，自らもドキュメンタリー映画の作り手であったイギリス人ジョン・グリアソンが名付け親である。

日本のドキュメンタリー映画はかつて「記録映画」と呼ばれていた。documentaryという英語も，記録を意味するdocumentという言葉から派生しているから，記録性はドキュメンタリーの代名詞のように感じられる。しかし，記録性はドキュメンタリー固有の特徴ではなく，ドキュメンタリーが映画から受け継いだ特徴である。カメラやマイクの前に広がる世界を映像や音声としてフィルムに記録し，それを編集して作品化するという映画の基本的な形式（作り方，技法）を，映画の一ジャンルとしてドキュメンタリーも採用したのである。カメラやマイクが持つ記録機能を，フィクション世界・物語世界の構築ではなく，グリアソンの言う「現実の創造的表現」のために用いたのがドキュメンタリー映画の始まりである。ドキュメンタリーが，映画からラジオやテレビやインターネットに飛び火したあとも，映画製作に由来するこの記録性，あるいは過去を再生するという特徴がドキュメンタリーから失われることはなかった。

「今」の共有を基調とする放送の世界のなかで，「過去」の再生を行うドキュメンタリーの制作が可能になるためには，生放送を支えるテクノロジーとは別に，過去を記録し，再生するためのテクノロジーが必要であった。日本でラジオ放送がスタートしたのは1925年であるが，ラジオで「ドキュメンタリー」と呼びうるものが初めて放送されたのは1937年である。日本放送協会・長崎放送局の技術職員，齋藤基房が開発した可搬型録音機がラジオドキュメンタリー制作を可能にした。

レコード盤の表面に溝を掘って音声を記録する方式の録音機はすでに明治の末からあり，放送局の録音スタジオでも用いられていたが，屋外のさまざまな場所で安定的に録音が可能で，持ち運びが容易な可搬型録音機は実用化されていなかった。齋藤が作った可搬型録音機は元来，齋藤の個人的趣味であった謡（うたい）の声を録音するためのもので，「モーターの回転を三味線の糸で伝えるような代物」だったが，改良を重ねて放送に堪える音質を示すに至ったという[1)]。同じ長崎放送局のアナウンサーだった石井登志夫がこれに注目し，齋藤を誘って録音番組を企画した。音源が残っていないのが残念だが，この作品は『長崎の印象』と題されて，九州ローカルの20分番組として1937(昭和12)年6月13日に放送された。日本のラジオドキュメンタリー史上記念すべき日であろう。石井は番組制作の動機を次のように述べている。

> 各種の音響（汽車，電車，船，下駄，鐘等々）をあらゆる態様，あらゆるニュアンスにおいて構成したならば，素材の選択，構成の方法次第では，頭に描いている主題を表現することが，或いは出来はしまいか。（石井 1937：51）

注目したいのは，番組の構想段階で石井の口から「素材の選択，構成の方法」という言葉が出ていることである。どんな音声を録音し（素材の選択），それをどう組織化するかということ（構成）は，現在も変わらぬドキュメンタリーの基本的な制作技法である。もっと一般化して言うこともできる。素材の選択と構成は，歴史の叙述など，広く過去の事象を「今」に意味あるものとしてよみがえらそうとする人間の営みに共通する方法である。過去の事象を記録する可搬型録音機という基本的テクノロジーと，素材の選択と構成というドキュメンタリー制作の基本的技法論は，双生児のように同時に出現している。

可搬型録音機の出現とともに，放送（この時点ではラジオ）にドキュメンタリーというジャンルが生まれた。「今」を共有することを基調とする放送のなかで，特定の「過去」を再生するというドキュメンタリーの在り方はユニークである。生放送やそれに近い形式で「今」をサーフィンし続ける放送番組は，オーディエンスが立ち止まって考えることを妨げがちである。どんなに深刻な事件を報じても，その直後に「では次のニュースです」と展開する生放送のニュースは，オーディエンスに直近の出来事を知らせるが，そのことをじっくり考える時間は与えない。しかしドキュメンタリーは起こったことに反省的なまなざしを向けるまとまった時間をオーディエンスにもたらす。「今」の限りない連続からオーディエンスを解放するという意味では，オーディエンスをひとときフィクションという別世界に引き込むドラマも同じであるが，ドキュメンタリーはオーディエンスにこの現実世界にいるまま，現実世界を捉え直させようとする。

生放送のテクノロジーは，多様な人々を同時性の枠組みに囲い込むことで国民統合に寄与してきた。一方で，このテクノロジーは，人々を「今」の無限の連続のなかに漬け込み，現実について反省的に思考することを妨げてきたとも言える。人間は「今」の連続に身を委ねている限り反省することはない。人が反省するのは，必ず過去の事象についてであると言ったのは，現象学的社会学の始祖として知られるアルフレッド・シュッツである（「過去把持」，Schütz［1932，1960］1974＝2006：77-79）。ドキュメンタリーというジャンルは，特定の「過去」の再生を通じて，一時的にでも「今」の無限の連続を断ち切り，人々に現実について反省的に思考することを促す。ラジオ・テレビで仕事をする者にドキュメンタリー制作の道を開いた可搬型録音機というテクノロジーの意味は，こう考えると格別の重みを持ってくる。

3 同時録音技術とテレビドキュメンタリーの成熟

映画は映像から始まって（サイレント），あとから音声を獲得したが（トーキー），放送は音声から始まって（ラジオ），あとから映像を獲得した（テレビ）。映画がトーキー技術導入後も，あくまで映像中心の表現であり続け，音声で表現する技法の開発には淡白であったのに対し[2)]，音声から始まった放送は映像の導入後も，音声で表現する技法の開発に多大の関心を注いできた。ここでは60年代から70年代にかけて発展した同時録音のテクノロジーとテレビドキュメンタリー表現との関係を見ていきたい。

まず同時録音というテクノロジーについて簡単に説明しておこう。

放送のドキュメンタリーが1930年代にラジオドキュメンタリーとして始まったことは前節で述べた。音声に加えて映像を取り扱うテレビドキュメンタリーの制作は，日本では1950年代にスタートしたが，このとき作り手たちを困惑させる技術的な問題が発生している。

当時のフィルムカメラは駆動時にかなり大きなノイズを出したために，カメラが回っているときには録音が難しかった。映像と音声の同時収録（同時録音）が困難だったのである。ラジオドキュメンタリーで種々のインタビュー術を磨いてきたNHKの作り手たちは，テレビドキュメンタリーを制作するに際して，この技術的制約に苦しんでいる。日本のテレビドキュメンタリーの基礎を築いたとされる『日本の素顔』（1957～64）には，当初インタビューがほとんど見られない[3)]。この番組の初期には，作り手が「神の声」としてのナレーションを繰り出す技法が主流となっていた。『日本の素顔』初期の話題作として言及されることが多い『日本人と次郎長』（1958.1.5）が，その代表例である。

この状況から出発して，テレビドキュメンタリーの表現をナレーション中心のものから変えようという息の長い制作実践が生まれている。この実践に携わったNHKの作り手たちは，自分たちがナレーションで何かを主張するなら，その根拠が必要だと考えた。彼らはその根拠の大きな部分を，被取材者の声に求めた。最初は，カメラが回っていないときに録音機で記録した被取材者の声を，それが映像と同期しないことに構わず，強引に挿入した。水俣病を全国に知らしめた最初のテレビ番組として知られる『日

本の素顔　奇病のかげに』（1959.11.29）に見られる被取材者の声が代表例である。しばしば震える声で，自らの窮状を訴える水俣病患者たちの声は，映像が示す口元の動きと同期しない。しかしそれでもなお，この録音は視聴者の胸に突き刺さる力を持っていた。

60年代に入ると作り手たちは，同時録音を可能にする機材を手にする。60年代半ばまでは，操作性の悪い機材を辛抱強く用いて，60年代後半以降は，飛躍的に操作性を増した最新機材に飛びつくように，同時録音を活用したテレビドキュメンタリーを制作している。同時録音を得た彼らが開発したテレビドキュメンタリーの制作技法は二つある。いずれも日本のテレビドキュメンタリー制作の技法的成熟を物語るものである。

第一の技法は，同時録音を，事実性を明確にするテクノロジーとして捉えたものである。同時録音による顔出しインタビューは，画面に登場する人物が，その時その場で確かにそう言っているということを映像的に示すことができる。同時録音で被取材者の声を証拠・証言として記録し，それを根拠にして自分が主張したいことを論証的に提示する技法が確立した。この技法は，その後のテレビドキュメンタリー，とりわけ社会問題を提示するタイプのテレビドキュメンタリーにおいて，現在に至るまでスタンダードな技法になっていると言ってよい。

NHKのなかでこの技法の普及を主導した人物として，小倉一郎（1928～2008）の名前を挙げることができる。前述した『奇病のかげに』のディレクターである。小倉は本人がしゃべっているのにその声を消したり，タイミングをずらしたり，ナレーションを挿入したりして，番組を作り手の都合よく「劇場」化することを嫌った（小倉 2002）。小倉にとってテレビドキュメンタリー制作は事実・現実を見誤らぬためのものであり（宮田 2022：62-65），同時録音は，被取材者の声の証拠性・証言性を担保してくれるテクノロジーであった。

小倉は，『日本の素顔』終了後にスタートした『ある人生』（NHK，1964～71）というドキュメンタリー番組で指導的な役割を果たした。この番組では毎回のように重要なシーンが同時録音で描かれている。60年代半ばに同時録音を行うには，大きくて重い「オリコン」という機種のカメラを用いるしかなかった。しかし小倉は「オリコン」の不便を押して，同時録音を用いたドキュメンタリー制作を推進した。軽量・コンパクトな機材が普及してNHKのテレビドキュメンタリー制作において同時録音が一般化したのは，1972年以降であるから，『ある人生』でなされた小倉の仕事は明確に先駆的であった。テレビドキュメンタリーを，侮りがたい批判的言表を生み出すジャーナリスティックなジャンルとして社会に認めさせたのは小倉が先導した論証的な技法によるところが大きい。同時録音はこの技法の技術的基盤であった。

同時録音が生み出した第二の技法は，映像と同期する証拠性・証言性の強い声（同期音声）と，映像と同期しない非同期音声，とりわけ，発話する顔のない声を併用する技法である。画面のなかには見当たらない人の声，あるいは画面のなかでは黙っている人の声は，オーディエンスの感覚を目に見えない世界へと拡張し，目に見えない気配に敏感にさせる。これだけではとりとめのない表現になりがちだが，こうした顔のない声を，証言性の強い同期音声や，冷厳な事実を述べるナレーションと併用することによって，「記録芸術」と呼べるような深みのある現実表象を達成した作品群が生まれている。これらの作品は，音声を重視する放送の技法的伝統を踏まえたテレビドキュメンタリーらしい，映画にはあまり見られないタイプの，傑作群として知られるべきである。

この第二の技法，すなわち，同期音声（発話する顔のある声）と非同期音声（発話する顔のない声）を併用する技法を理解するには，当時の同時録音テクノロジーについてもう少し知っておかねばならない。60年代から70年代にかけての同時録音には，シングル方式とダブル方式という二つのやり方があった。シングル方式はフィルムカメラが回す16ミリフィルムに映像と音声を一緒に記録する方式である。一方ダブル方式では，カメラは映像だけを16ミリフィルムに記録し，音声は録音機が回す幅6ミリの磁気テープに記録した。映像と音声のタイミングの同期はいわゆる「カチンコ」で行った。「オリコン」よりは使い勝手がよくなったもののシングル方式のカメラは，70年代になっても完全なタイミングの同期や，音質などの点で難があり，長尺のドキュメンタリー制作では主にダブル方式が用いられた。カメラとしては「エクレール」が，録音機としては「ナグラ」がダブル方式を支えた代表的な機種である。

ダブル方式の同時録音を駆使して，記録芸術と呼べるような高い美学的価値をそなえたドキュメンタリー表現を生み出したNHKの作り手として工藤敏樹（1933～92）の名を挙げることができる。工藤がディレクターとしてテレビドキュメンタリーを制作した期間はわずか8年（1965～72）であるが，70年代にはすでに伝説的名手であった。50代で亡くなったあと，NHKの同僚や後輩たちによって，その人柄と作品を回顧する二冊本が編まれている（『工藤敏樹の本』を刊行する会編1995）。本の内容は，工藤の人柄への尽きせぬ敬意と，工藤が自分では語らなかったその作風に対して同僚や後輩たちが抱いた一種の畏怖のようなものに満ちている。工藤の作風に魅了されたのはNHKの作り手たちだけではない。番組制作者から映画監督に転じた是枝裕和は工藤を論じてこう言っている。「彼が八年で実質的には番組演出から離れた理由。もしかするとそれは，自らの視線が彼岸に届いてしまったことを彼自身が恐怖したからではないか」(是枝［2012］2016：71)。巨匠とされる映画監督ならともかく，テレビ番組の作り手がこのような神秘の光彩とともに語られることはまれであろう。

工藤作品の大きな技法的特徴は，映像と音声を意図的に非同期にすることである。工藤は当時の最新テクノロジーであったダブル方式の同時録音を用いて，あるときは映像と音声を同期させたが，あるときは意図的に映像と音声を結ぶ同時性の紐帯（ちゅうたい）を断ち切った。この技法は，映像と音声が一つのフィルムのなかに記録されるために，映像と音声の同期が初期設定になっているシングル方式では試みにくい。しかしダブル方式では，映像はフィルム，音声は磁気テープという物質的に異なる二つの媒体に記録される。編集も映像は映像で，音声は音声で完成版を作る。この過程では，映像と音声を同期させることも，非同期にすることも自在であった。

工藤作品では発話する顔のない声が頻出する。画面のなかでは押し黙っている人の声，群衆のなかの一人一人が内面に抱える渦巻くような声，もう死んでしまった人の声，遠い過去から聞こえてくる自分自身の声……。東北の山村のひと夏を描いた作品『和賀郡和賀町』（1967.11.1）は，工藤の代表作の一つである。その一場面，女性たちが泥にまみれて田植えをしている映像を，誰のものとも知れない女性の声がほんの数秒間かすめる。「泥をこねてコメのなる木を三反畝（さんたんぶ）」。言い終わったあとにケラケラと笑っている。筆者は初めてこの声に接したとき身の毛がよだった。あえて言えば，田に宿る地霊の声であろうか。

誰が，いつ，どこで，発したとも知れないこうした顔のない声は，裁判で用いるような証拠・証言にはもちろんなりにくい。しかしこれらの声は，やはりみずみずしい情動的な喚起力に富む映像とあいまって，私たちが普段気に留めない，土や石の気配や，草や木の気配や，虫や鳥や獣の気配や，先に死んだ者の気配や，今ここにいない者の気配や，今ここにいても黙っている者たちの気配を感じさせてくれる。この意味で『和賀郡和賀町』は，一つの地域のひと夏の記録でありながら，とてつもない空間的・時間的・情動的厚みを持っている。フランスの哲学者ジル・ドゥルーズが『シネマ2』（Deleuze 1985＝2006）で展開した「大地」や「無底」の概念と響き合うと言うと唐突だろうか。

繰り返すが，工藤は上記のような顔のない声と，証拠性・証言性を持つ顔出しの声とを併用している。発話する顔が見える同期音声に加えて，乾いたタッチのナレーションが統計的な数字を多用して客観的な事実を語っており，作品は全体として，高度成長期の東北の山村をレントゲンで映し出したような極めて客観的な表現にもなっている。顔のない声が感じさせる，目に見えない，しかし渦巻くような「生」の気配と，同期音声やナレーションが示す石のように冷たい事実性が，ほとんど完璧なハーモニーを形成するところに工藤作品の底知れぬ凄(すご)みがある。

60年代から70年代にかけて発展した同時録音のテクノロジーは，テレビドキュメンタリーの表現を成熟させていった。それは一方で，証拠・証言としての被取材者の声を用いて，社会問題を論証的に提示する表現を生み出すとともに，他方で記録芸術と呼べるような事実性と美学的価値を兼ねそなえた表現を生み出している。双方とも音声を梃子(てこ)にした表現であるところが，放送ドキュメンタリーらしい。これらのドキュメンタリー作品は，当時のテレビ放送のなかにあって「今」の無限の連続にのみこまれない，堅固な思考と情動のよりどころを形成していた。

4 VTRロケへの転換とテレビドキュメンタリーの変質

1970年代後半から80年代前半にかけて，映像を記録する媒体が，それまでの16ミリフィルムからビデオテープに切り替わり，ロケカメラはフィルムカメラからVTRカメラに変わった。VTRロケへの転換である。記録される映像は光学信号から電気信号に変わった。ドキュメンタリーを構成する記録映像も，生放送の映像同様に電気信号で記録され，編集されることになった。テレビドキュメンタリー制作を支える技術的基盤が映画仕様からテレビ仕様に変更されたのである。これは巨大な転換であった[4)]。

この技術的転換の影響は大別して二つある。第一の影響は，記録映像を用いた表現の重心が，より日常に密着したカジュアルなものに移行したことである。第二の影響は，技術的基盤が共有されることでドキュメンタリーとテレビ内の他ジャンルとの相互乗り入れが容易になり，テレビドキュメンタリーの輪郭があいまいになったことである。具体的にはニュースやバラエティーと，ドキュメンタリーとのハイブリッド化が進展している。

まず，第一の影響，すなわち，記録映像を用いた表現がよりカジュアルな方向に移行したことについて述べよう。どうしてそうなったのか。ここではその理由を2点に絞って述べる。

理由の一つは，記録映像を取得するための人的コスト，金銭的コストが大きく低減したことである。フィルムカメラに比べるとVTRカメラは操作が容易で，しかも記録できる映像の時間尺が格段に長い。高価でリユースがきかず，一巻で3分弱しか収録できないフィルム時代には，カメラマンにはいわば「一撃必殺」の技量が求められた。しかし，ビデオテープは一巻で20分収録できた。しかもフィルムほど高価ではなく，リユースもできた。「一撃必殺」の必要性は減少している。今日では，スマートフォンでの動画撮影が，素人でも収録時間の制約を気にせず簡単に行えるが，そのような記録映像の取得コストの大幅な低減が最初に起こったのは，フィルムロケからVTRロケへの転換時であった。

記録映像の取得コストの大幅な低減は，テレビドキュメンタリー制作のハードルを下げた。従来，記録映像は，それを用いて，気鋭のスタッフが重大な社会問題を提起したり，芸術的な表現を試みたりする場合に用いられてきた。VTRロケへの転換後もそれらがなくなったわけではないが，タレントの「ぶらり旅」を延々フォローするような作品にも用いられるようになった。こうした肩の凝らないカジュアルな表現のための使用が年を追うごとに勢いを増していったと言ってよい。総じて，記録映像は以前ほど大層なものではなくなった。

もう一つ，テレビドキュメンタリー表現のカジュアル化を促したのは映像と音声収録の一元化である。前節で70年代までの同時録音にはシングル方式とダブル方式の2種類があったことを述べたが，VTRロケへの転換とともにダブル方式は忘れられた。録音の方法は，映像と音声を一つのビデオテープに同時に収録するシングル方式だけになった。カメラとマイクは常時結線され，音声はカメラが回っている間にしか収録されなくなった。同時録音は極めて容易になったが，非同時録音が困難になった。

シングル方式で収録された音声は，カメラが捉えた映像という「今ここ」に見えているものに従属するようになった。音声が「今ここ」の外に広がる世界を示唆する力は大幅に落ちた。工藤作品に見られた，発話する顔のない声を活用する技法は，ダブル方式を担った機材の退場とともに忘れられていった。先に触れたドゥルーズは，映像と音声の関係性を論じるなかで，テレビが果たした先駆的役割に言及しているが，「テレビは自分の様々な創造的可能性の大半を放棄してしまったうえに，そうした可能性を理解してさえいなかった」と記している（Deleuze 1985＝2006：346）。ダブル方式の同時録音とそれに基づいた技法の閑却は典型的な事例であろう。

次に，フィルムからVTRへの転換がもたらした第二の影響について述べよう。それはテレビドキュメンタリーというジャンルの独自性を侵蝕し，ニュースやバラエティーなどテレビ内の他ジャンルとのハイブリッド化を促したことである。

VTRロケの普及がテレビニュースを大きく変えたことはよく知られている。NHKが編纂した『20世紀放送史』は，VTRロケの普及をもっぱら，ENG（Electronic News Gathering）が可能になったことによるテレビニュースの革新と関連付けて記している（NHK編2001：下巻46-48）。ENGの核心は，VTRカメラで撮った映像を，ロケ現場から簡便なマイクロ波無線中継装置（FPU：Field Pick-up Unit）を用いて放送局に伝送するテクノロジーであった。このテクノロジーによってテレビニュースは，ロケ現場で取得された記録映像をそれまでより格段に速く，また大量に取得できるようになった。時々刻々の「今」を伝えることを本旨とするニュースのなかで，記録映像は固有の価値を持つ「過去」の表象というより，「少し古い今」の表象になった。記録映像が示す「少し古い今」は，ニュースのなかで，生放送の映像が示す「今」ほどには重要でない。しかしそれに準じるものとしての意味を与えられた。

『ニュースセンター9時』（NHK，1974～88）を先駆として，『ニューステーション』（テレビ朝日，1985～2004），『筑紫哲也　NEWS23』（TBS，1989～2008）など，ニュースキャスターが仕切る生放送のスタジオをベースにして，多様な現場からあがってくる中継映像や記録映像を次々に繰り出す長尺のニュースショーが続々誕生した。こうしたニュースショーは「ミニドキュメンタリー」と呼べるような数分からときに10分を超える記録映像で構成された「特集」や「企画もの」を含むようになった。これらのニュースショーが隆盛した80～00年代がテレビの最盛期だったと今になって感じる人は少なくないだろう。

記録映像はバラエティー番組を支えるようにもなった。

90年代後半から00年代前半ごろは「番組の総バラエティー化」（友宗・原2001）と評されるほどにバラエティー番組が全盛となったが，この時期のテレビバラエティーの魅力の大きな部分を，番組中にパートVTRとして挿入されていた記録映像が担っていたことは，例えば『進め！電波少年』（日本テレビ，1992～98）における猿岩石の「ユーラシア大陸横断ヒッチハイク」（1996）が巻き起こしたブームを思い起こせば容易に感得できるだろう。当時のテレビバラエティーの勢いはかなりの程度，記録映像に潜在する力を伝統的なドキュメンタリーとは異なる技法で引き出したことによってもたらされている。それは，作り手が設計した多分にフィクショナルな枠組みのなかに登場人物を置いて，彼や彼女がそのなかでどう振る舞うかを観察する技法である。この技法が生み出した表現は，一般的にはドキュメンタリーではなくリアリティーショーと呼ばれている。

レイモンド・ウィリアムズが，『テレビジョン』のなかで，テレビを「フロー（＝flow，流れ）」と喝破したのは1974年のことである（Williams［1974］2020：121）。

ウィリアムズは，生放送番組もそうでない番組もおしなべて「フロー」を構成すると主張した（同書：136-142）。この主張は，テレビを十把一からげに論じるもので，テレビを構成する各ジャンルの独自性や，その通時的な変化や，個々の番組が持つ，尊重されるべき固有性を見えにくくしている。ウィリアムズはどんな番組を見ても「テレビを見ていた」というひと言に還元されると言うが（同書：132），筆者はそうは思わない。1961年生まれの日本人である筆者にとって，宇宙人にも心中の葛藤があることを教えてくれた『ウルトラセブン』（TBS，1967～68，再放送多数）や，今は滅びた文明の跡を訪ねるドキュメンタリー『未来への遺産』（NHK，1974～75）や，向田邦子が脚本を書いて和田勉が演出したドラマ『阿修羅のごとく』（NHK，1979，1980）などは，決して一過性の「フロー」には還元できない固有性を持った作品として，濃密な情動と思考を喚起してくれるものであった。

しかし，テレビが総体として「フロー」を形成しているというウィリアムズの主張が一定の説得力を持つことも確かである。「では次の話題です」と言われ続けるままに，実質的な思考停止に陥り，事後には「テレビを見ていた」としか言えない。そうした経験をすることは少なからずある。この状況を引き起こすテレビの力をウィリアムズは「フロー」と呼んだのである。彼によれば，それは「消費することのできる情報と商品のフローであり，その内部でスピードと多様性，それに寄せ集めの要素が全体を組織化している」ものである（同書：152）。

テレビの時間は日がな一日，川の流れのように流れている。すでに70年代前半の段階で，それはなめらかで強力な「フロー」を形成しているようにウィリアムズには感じられた。しかし，日本の70年代前半のテレビはまだ「フロー」一色ではなかったと筆者は考える。過去把持の道具としてのフィルムドキュメンタリーと別世界を構築するドラマがまだ堅固だったからである。ニュースやスポーツ中継のように，生放送で「今」を重ねていく「フロー」のテレビ番組が滔々（とうとう）と流れる川の水だとすれば，ドラマやドキュメンタリーのような「ストック」のテレビ番組はそれに抗する岩であった。この岩は「今」の激流をはばんでよどみを作り，人々に思考の機会を与えていた。70年代前半の段階では，まだこの岩に存在感があった。

しかし70年代後半に始まったVTRロケへの転換によって，岩の存在感は小さくなった。記録映像を用いた表現はありふれたものとなり，ニュースショーでは固有の価値を持つ「過去」というより，「少し古い今」を表象するものになっていった。またバラエティーでは，「ぶらり旅」の記録映像のように過去をも「フロー」として体験させるものが多くなった。過去把持によって思考を促すという記録映像の機能は縮小した。岩は水流に対してより抵抗の少ない石や砂になったのである。VTRロケへの転換とそれに伴う記録映像の用い方の変化によって，テレビの「フロー」化は大きく進展したと言える。ジョージ・オーウェルが『一九八四年』で描いたように，支配的体制が，人々が深く思考することを嫌うとすれば，VTRロケへの転換をもたらしたテクノロジーは支配的体制に資するものであった。

5 おわりに

本稿はテクノロジーの視点からラジオ・テレビのドキュメンタリー表現の変化を素描した。変化は次の3点である。①1930年代に誕生した可搬型録音機が，「今」の共有を基調とする生放送優位の放送のなかで，過去を反省的にまなざすラジオドキュメンタリーの制作を可能にしたこと。②60～70年代には，同時録音テクノロジーがテレビドキュメンタリーの制作技法を成熟させ，ジャーナリスティックで論証的な技法と，記録芸術と呼べるような高い美学的価値をそなえた技法が成立したこと。③70年代後半から80年代前半にかけて起こったフィルムロケからVTRロケへの転換が，テレビのなかの「ストック」としてのドキュメンタリーの性格を弱め，これを「フロー」のなかに埋没させていく方向に寄与したこと。3点ともこれまであまり指摘されなかったことである。

注

1）この経緯については大森（2017）に詳しい。

2）映画が「映像芸術」を標榜することは音声の軽視と表裏になっている。映画研究における音声研究も奇妙なほど稀薄であり続けてきた。『「新」映画理論集成②』に収められている斉藤綾子の文章を参照されたい（岩本・武田・斉藤編1999：325-327）。

3）『日本の素顔』のインタビューやナレーション量の経時的な変化については宮田が数量的に示している（宮田2021）。

4）テレビドキュメンタリー制作の領域で，2000年代以降顕著になったデジタル化の意味は，VTR化によって映像と音声が電気信号に変わったことの延長線上に捉えることができる。それはVTR化によって生じた技法的変化を徹底させるものであった。詳しくは宮田（2019）を参照されたい。

引用・参考文献

●Deleuze Gilles（1985）*CINEMA 2 L'IMAGE TEMPS*, Les Edition de Minuit, Paris（＝2006宇野邦一，石原陽一郎，江澤健一郎，大原理志，岡村民夫訳『シネマ２＊時間イメージ』法政大学出版局）

●石井登志夫（1937）「長崎局の録音放送」『放送』7月号，51-52

●岩本憲治・武田潔・斉藤綾子編（1999）『「新」映画理論集成②』フィルムアート社

●是枝裕和（[2012] 2016）「工藤敏樹　語らない作家の語りを読み解く」NHK放送文化研究所編『テレビ・ドキュメンタリーを創った人々』54-71

●『工藤敏樹の本』を刊行する会編（1995）『工藤敏樹の本Ⅰ メモワール』『工藤敏樹の本Ⅱ フィルモグラフィ』非売品

●宮田章（2019）「NHKドキュメンタリーの制作技法の中長期的な展開　～主に技術環境の視点から～」『放送研究と調査』4月号，2-29

●宮田章（2021）「『日本の素顔』の制作技法　第3回 映画的技法からの離脱～全体の量的分析から～」『放送研究と調査』5月号，2-25

●宮田章（2022）「『日本の素顔』の制作技法　第5回 情報番組への傾斜～泰平ムードの中で～」『放送研究と調査』10月号，38-67

●NHK編（2001）『20世紀放送史』

●小倉一郎（2002）「放送人の証言No.19」放送人の会によるインタビュー集，非売品

●大森淳郎（2017）「シリーズ戦争とラジオ第２回　前線と銃後を結べ～戦時録音放送を聴く（後編）」『放送研究と調査』12月号，2-23

●Orwell George（1949）*Nineteen Eighty-Four*（＝2009高橋和久訳『一九八四年［新訳版］』早川書房）

●Schütz Alfred（[1932，1960] 1974）*DER SINNHAFTE AUFBAU DER SOZIALEN WELT：Eine Einleitung in der Verstehende Soziologie*（＝2006佐藤嘉一訳『社会的世界の意味構成―理解社会学入門―』木鐸社）

●友宗由美子，原由美子（2001）「「時間快適化装置」としてのテレビ　～視聴態度と番組総バラエティー化の関係～」『放送研究と調査』11月号，2-17

●Williams Raymond（[1974] 2001）*Television：Technology and Cultural Form*, Routledge（＝2020木村茂雄，山田雄三訳『テレビジョン―テクノロジーと文化の形成―』ミネルヴァ書房）

宮田　章（みやた・あきら）

NHK放送文化研究所メディア研究部 チーフリード。1986年NHK入局，ディレクター，プロデューサーとしてドキュメンタリーや各種の教養番組を制作。2012年に放送文化研究所に異動，ラジオ・テレビドキュメンタリーの制作技法の移り変わりを，それを取り囲んでいたさまざまな社会的文脈と関連づけながら捉える研究を行っている。著書に『NHKドキュメンタリーの源流　それはラジオから始まった』地人館，2022年。

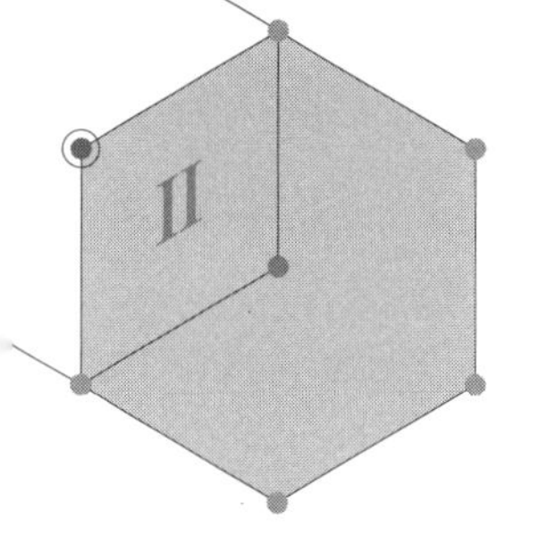

学校放送番組と放送技術
～テレビ学校放送への期待とその広がり～

宇治橋 祐之
（NHK放送文化研究所）

1 はじめに

1959(昭和34)年，栃木県栗山村（現在の日光市）の山村の分校に，当時の最先端メディアであるテレビがやって来た――。ドキュメンタリー『山の分校の記録』は，学校にテレビが来たことで子どもたちの生活がどう変わっていったかを，1年間にわたって詳細に記録した。教育におけるテレビの可能性を示したこの番組は何度も再放送され，メディアと学びを考える番組として今も多くの人に見られている[1)]。

画像1 『山の分校の記録』

新しいメディアが生まれると教育現場での利用が考えられ，家庭に先んじて学校に最先端の機器が入ってくることは，ラジオ，テレビ，カラーテレビ，そして録画機器でも行われてきた。ただし，家庭のテレビは家族や個人で，ニュースやスポーツ中継，ドラマやバラエティーなどを見ることが中心であったのに対して，学校のテレビは教師と数十人の子どもたちが集団で，教育目的で学校放送番組をはじめとする教育番組を視聴してきており，目的や視聴形態は異なる。

NHK放送文化研究所（以下，文研）では，家庭とは異なる，学校へのメディアの普及と学校放送番組の利用について「学校放送利用状況調査」を60年以上継続して実施してきた[2)]。**図1**は1950年から2012年までの小学校のメディア利用の変遷を示している。放送技術に関わるものとしては，1960年代のテレビ，1970年代のカラーテレビ，2000年代後半の地上デジタル放送のいずれもが，数年で全国の9割以上の小学校に広がったことがわかる。

図1　メディア普及と学校放送利用率の推移（小学校）

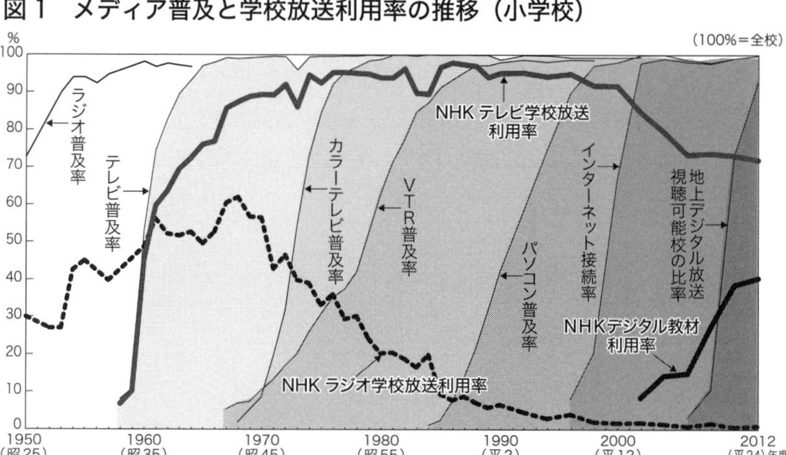

注1：調査初期の10年間は，校種ごとに調査が実施されており，1961年度にはじめて幼稚園から高等学校まですべての校種について，ラジオとテレビの利用に関する調査が同時期に実施された。
注2：1967年度以降の調査はすべて9～11月に実施。1962～66年度は，6月に全校対象のサンプリング調査で放送利用校を抽出した上で，9～11月に利用校対象に番組利用状況や意向を調査した。
注3：1973年度以降の調査では，放送中のNHK学校放送全番組のリストを提示して，それぞれの利用の有無を質問し，1番組でも利用しているクラスがある学校を「NHK学校放送利用校」と定義し，全学校に対する比率を「NHK学校放送利用率」として算出している。
注4：「NHKデジタル教材利用率」は，授業でNHKデジタル教材を利用している学校の全学校に対する比率である。

『NHK放送文化研究所年報2014』p101

こうした機器の学校への設置にあたっては，文部省（文部科学省）が方針を示し，国や地方自治体で予算化がされ，ほぼ同じ時期に全国で一斉に進められることが多かった。また機器を製造するメーカーも，集団で視聴することを前提とした機種の開発を進めることがあった。これらの点も家庭への広がりとやや異なる。

本章では，1950年代前半のテレビ放送開始前の，学校のテレビ番組に対する期待（2節），1950年代後半からの学校にテレビが広がる様子（3節）をみたうえで，1960年代からのカラーテレビと1970年代からの録画機器の，学校への広がり（4節）についてみることで，学校という場における放送技術の広がりとその役割について考察する。なお記述にあたっては，『NHK年鑑』などに加えて，当時の教師や研究者のリアルな声が掲載されている雑誌『放送教育』の記述を参照していく[3)]。

2 学校のテレビへの期待

(1) ラジオ学校放送番組からテレビ学校放送番組へ

学校放送番組は幼稚園，小学校，中学校，高等学校，特別支援学校[4)]などの学校教育で利用されることを目的とした番組である。学校の授業時間に視聴できるように，平日の日中に放送されてきている。

NHKでは1933（昭和8）年に大阪中央放送局が，教育波と位置づけられたラジオ第2放送[5)]で関西地区での学校放送番組を開始，1935年にラジオ第1放送で全国放送を始めた。国定教科書だけによる教育の時代だったこともあり，1941年に初めて教材として正式に学校放送が認められ，教科書と同じ立場で学校教育に参加することになった[6)]。

戦後は学校へのラジオの設置が広がるとともにラジオ学校放送の利用が進む。文研が第1回「学校放送利用状況調査」を行った1950年には，全国の小学校の73%がラジオを所有，30%の小学校がNHKのラジオ学校放送を計画的に利用していた[7)]。1950年代初めまでは，どちらかというと教養的色彩の強い番組（『ことばあそび』『たのしい音楽』など）が多かったが，1953年に学校放送が全面的にラジオ第2放送に移行したタイミングで『ラジオ国語教室』『ラジオ音楽教室』などの学年別・教科別のシリーズ番組が新設され，放送時間も拡大していった。

教室で，集団でラジオを聞く場合，外部からの騒音と室内の残響の改善が必要である。NHKでは1956年の冬に受信機部と技術研究所音響研究部が共同して，東京都千代田区立千桜小学校の2階教室をモデル教室として音響改善の実験を行なった。その結果，以後建設される教室には音響に対する措置が講ぜられるようになってきた[8)]。

ラジオの時代によく聴取されていた番組は，音声に関わる教科である国語や音楽が中心であったが，後述するように理科や社会などの自然現象や社会事象を映像で見せることによる効果を期待する声は早くからあった。こうした期待もあり，NHKでは1950年にテレビジョン定時実験放送を始めると同時に学校放送も開始し，本放送までの期間に有識者や教師から意見を集め，番組制作に反映させていった。

(2) 有識者や教師の期待と不安の声

雑誌『放送教育』1951年11月号は「日本のテレヴィジョンに望む」として，アメリカのテレビ事情を視察してきた有識者の声を紹介している[9)]。

東京教育大学教育学部長で教育学者の石山修平は「テレビは子どもたちを，なまけものにする」とアメリカの母親の幾人かから話されたことや，「ラジオは一さいを聴覚の門に集中する技術に苦心し，統一化，単純化の美をそなえるが，テレビジョンは視聴の両刀に頼ることから，弛緩と甘さに堕する危険がある」と課題を指摘しつつもその効果に期待し，「ともかく早く出発して，歩きながら考えてゆくほかはあるまい」としている。

お茶の水女子大学教授で心理学者の波多野完治は，画面の周辺がゆがんでしまう技術的な問題点と，コマーシャリズムへの懸念を表明しつつも，面白くて内容のあるプログラムへの期待を述べている。

当時のアメリカのテレビは商業放送が中心で，各地域に教育専門局の設置を広げようとしている時期であった。そのため視察を行った有識者からは，娯楽番組を子どもたちが見続けることを懸念する声が強かったが，教育現場での利用に関する期待も高かった。

現場の教師はテレビの可能性をどう捉えていたのであろうか。雑誌『放送教育』1952年4月号の「もし学校向けテレヴィ放送が実施されたら」では，放送を希望する番組や，学校へのテレビ設置の可能性について全国の教師18名の回答を掲載している[10)]。

放送を希望する教科としては理科と社会が多かった。例えば藤本光清（東京都品川小学校長）は，複雑な要素をもつ自然現象の変化の過程を映像で捉えた理科番組や，「現場の理解が根本」である社会科で，ラジオと異なりテレビ番組が「現場の音のみでなく光も共に教室に」届けてくれる期待を述べている。また，木下正（愛知県大塚中学校）は，「美術芸術的なものの鑑賞」や「時事問題（世界の動き）」などもテレビの教育利用として有効ではないかとしている。

ただし，この当時1台約10万円であったテレビの設置について，吉永寿正（熊本市白川中学校）は，「せめて半額位の費用ですむようになれば利用度は増すと思う」としたうえで，「市の公民館あたりで共同購入して映画館のような方法で利用することも考えられる」と回答している。また栗原勇蔵（川口市幸町小学校長）は，1台であれば購入の可能性はあるとしつつも「一校一台で果して学校全体の正規の学習指導に利用し得ることであろうか」として，暫定的に1台のテレビを設置するだけでなく，学校全体で利用できるようにしていく必要性を述べている。

教師のテレビ学校放送への期待の声は大きかったものの，どのように予算を確保するか，学校の授業にどう位置づけるかは課題とされていた。

(3)「テレビジョン学校放送委員会」での議論

1951年10月からは週1回15分の定時枠で，テレビ学校放送番組の実験番組が始まる。開始前の1951年8月に教育学者，現場教師，文部省，東京都教育庁の専門家で構成する「視聴覚教育研究委員会（のちにテレビジョン学校放送委員会）」が設けられ，1952年2月から毎月1回程度，学校放送番組の内容や制作について研究を行った[11)]。また委員会に属する4人の教師の学校（東京学芸大学附属竹早小学校・港区立南山小学校・同青山中学校・板橋区立板橋第三中学校）をテレビ学校放送の実験校に委嘱して，テレビ利用法の研究と，番組の内容や演出の改善資料を提供してもらった[12)]。

テレビジョン学校放送委員会でどのような議論が行われたかについては，委員の一人である岩本時雄（港区立青山中学校）が記録を残している[13)]。

第1回（1952年2月2日）は，映画と比較したテレビの特性について，「映画より速報性，現実性，即時性をより多くもつ」という内容面や，「映画より取扱と設備に簡易性がある。映写設備がなくても，安易に受像が出来る」という設備面から整理が行われた。第2回（1952年2月23日）は，ラジオと比較しながら，「ラジオ的シナリオでは不適当である。テレビシナリオは根本的に研究して書くこと」「テレビの演出には正直さが大切である。マイクも無理してかくしたりしないでもよいではないか」などの意見が出た。

実験番組を見たうえでの意見交換も行われた。第3回（1952年3月）は『絵画の見方』について「シナリオの内容も簡明であり，説明も分り易かつた」という声とともに「ロング・アップなどカメラの動きが少く物足りない」という意見も出てきた。そして「単純な内容を上手に演出した方が効果的である」という提言をしている。第4回（1952年5月）の『車の歴史』を視聴後の意見交換では，「画面の中の遠近を出すには，濃淡，大小で表現するが，充分でない」「解説者の顔を何回，どの位の時間出すか研究の余地あり」「画面の動作と音楽のリズムを考えろ」など，具体的な演出に関わる意見が出るようになった。さらにテレビ学校放送実験校で今後行うべきこととして「テレビ番組を教材とした時，各学年ではどんな効果が各々あったか」という子どもたちの発達段階との関係についてや，「テレビに対する好奇心の時期を脱して，真の学習態度が出来るまで，どの位の期間がかかったか」という，メディアの新奇性がなくなったあとの効果について検証すべきという意見が交わされている。

子どもたちがテレビをどう見ているかについては，委員である山下正雄（東京学芸大学附属竹早小学校）が，1952年7月に『水のふしぎ』を視聴させた際の記録を残している[14)]。番組を見た小学4年生から6年生に調査を行った結果，4，5年生のほとんどすべての児童が「おもしろかった」と答えて，興味深く学習することができた様子がみられたが，6年生の児童の約半数は，「ふつう」と答えたという。また，4，5年生からは「ラジオとちがって写真や絵が出るのでよくわかった」「ためになったと思ったけれど少しわからないむずかしいことばがあった」という感想が，6年生からは「もっとくわしく写してほしい」「わかりきっていることは余り話さない（でほしい）」などの声が寄せられたという。

こうした意見は番組制作者にも伝えられ，技術面と内容面の双方から改善が図られ，学校放送の本放送が始められることになった。

3 テレビ学校放送の広がり

(1) テレビ本放送開始

1953（昭和28）年2月1日にNHKはテレビ本放送を東京で開始，午後1時から15分間の時間は小・中学校向けの定時番組の枠となり，曜日ごとに対象が決められ，複数の番組を交互に放送する試みも行われた[15)]。

月曜（小学校低学年）『リズム遊び』『ごっこ遊び』『数あそび』
『絵物語』
火曜（小学校中学年）『クイズ教室』
水曜（小学校高学年）『テレビの旅』『楽器の話』

木曜（中学校低学年）『季節の科学』『社会見学』

金曜（中学校高学年）『美術鑑賞』『科学の歩み』

土曜（全学年向け）『土曜クラブ』

教科でみると，教師の希望の多かった理科や社会，音楽や美術の番組が多い。特に社会科番組『テレビの旅』は，ラジオ番組『マイクの旅』との併用利用がしやすいように関連を強化し，日本の各地域を現地取材し，生きた社会科教材となるようにした[16)]。

1954年3月には大阪と名古屋でもテレビ本放送が始まり，4月からは学校放送番組の1日の放送時間が20分に延長される。また学校での利用の便宜を図るために，毎週「テレビ学校放送通信」が無料で利用校に配布され，さらに教科別に小委員会が組織され，演出の細部やカメラアングルまで討議が行われるようになった[17)]。

文研がテレビ学校放送について初めての全国調査を実施した1958年には，小学校でのテレビ普及率8.1%，テレビ学校放送利用率は6.8%であった。全国の1,000校以上の小学校がNHKのテレビ学校放送を利用していたことになる[18)]。その後学校でのテレビの利用は急速に広がっていくが，そこには国の文教政策と，学校に設置する受信機の普及に関する取り組みがあった。

(2) 文部省の学校放送番組への要望

NHKに続いて民放の開局が全国で続くと，視聴者の関心を集める娯楽番組が増え，テレビ功罪論や低俗化批判が議論されるようになる。評論家の大宅壮一の「一億総白痴化」という言葉が流行語となったのもこの時期である[19)]。アメリカのテレビ事情を視察してきた有識者が懸念していたとおりであった。

一方でテレビの教育利用の拡大を求める声も高まっていく。1957年1月にテレビジョン教育研究会では，教育専門のテレビ放送実現への要望が決議され，全国各地区の放送教育研究会から，NHKのラジオ第2放送と同じような，教育・教養番組を主として放送する教育テレビを開設するように文部省や郵政省，NHKに要望書が提出された[20]。

また，文部省も文教行政の立場から，1957年6月に郵政省に対して「教育テレビ放送について」の具体的な要望を行った。そこには「教育放送は，教育基本法に明示されている教育の目的を達成するものであること」「学校教育番組は，学校教育法施行規則に規定する学習指導要領に準拠して制作し，その対象を明らかにして編成すること」「教育放送は，教育の機会均等を図る意味から，全国中継の措置を配慮すること」など，1959年の放送法改正の重要な要素となる項目が示されていた[21]。

さらに文部省は，1958年に社会教育審議会教育放送分科会のなかに専門部会を設置して，学校放送番組と一般社会教育番組のあり方について諮問した。専門部会は，学校放送番組部会と一般社会教育番組部会の2つの部会を設けて討議を行い，テレビ放送における教育・教養番組の基準を作成して文部大臣の灘尾弘吉に答申している[22]。

この答申の内容は1959年に「テレビジョン教育番組とその利用」として発行され，学校放送番組部会長の坂元彦太郎（お茶の水女子大学教授）が「テレビジョンの教育的価値」という小論をまとめている[23]。

坂元はテレビが教育上大きな力をもつことができる特性として以下の3点を指摘している。

①テレビは「現実感」をもつ

テレビは「読書やラジオのように深く思弁や想像の世界に突入させる」より，「平明なつりあいのとれた現実的な感じを与える」教材として提示することで効果をもつ。

②視聴者に対する「親密感」

テレビは「大画面の映画に比べれば，圧倒的なすさまじさなどはまったくない」が，「日常的な平凡な親密感」をもたらすとし，「親近さが理解や感動をかたよらせずにもたせることができる」教材となる。

③日常の集団生活にはいりこむ

テレビはスイッチを入れるだけで「あっけなく姿を現わしてくる」，そして「教師と児童とのつながりをやぶったり変えたりするものではない」とし，「謙虚にこどもたちといっしょに感嘆し，勉強するような態度」をとることで教師の教育力が高められる。

また「テレビの視聴は受動的であり，一般的な水準を押しつけることになるから，思考力を低くする」という批判に対しては，「問題を自分でもち，探訪記者のインタビューにおけるように先まわりして考えながら見ていく」などの工夫をすればよいとした。

学校へのテレビの広がりには，こうした政策的な取り組みや，有識者による理論化も寄与してきた。

(3) 巡回テレビ教室と全放連型テレビ

テレビ受信機の普及の試みも進められた。1954年度には学校用テレビの物品税免除の実現や，東京圏内の小・中学校に1か月ずつテレビを貸与する巡回テレビ教室が実施された。NHKが東京都教育委員会・同放送教育研究会と共催し，無線通信機械工業会，東京都ラジオ・テレビ電機商組合連合会協賛のもとに，無線通信機械工業会提供の受信機を学校に巡回させたものである[24)]。

また授業で利用しやすいテレビの選定も進められた。当時の家庭用テレビは14インチのブラウン管が主流であったが，教室で見るための17インチサイズで，スピーカーの位置も家庭用と異なる大人数向けの仕様で，低廉な価格のものが求められた。全国放送教育研究会連盟（以下，全放連）が無線通信機械工業会を通じてテレビメーカーに呼びかけたところ，16社が教育用免税の6万円で学校へ提供することに応じた。これらのテレビは1958年12月に文部省，NHK，全放連により性能の審査が行われ，審査の結果，数社に再提出を求めることになったが，「全放連型」として認定された製品に対しては，認定を受けない品と区別するためにキャビネットの側面に「教育用」のマークをつけることとされた[25]。全放連型テレビはその後も仕様が改訂され，親子テレビ[26]へ対応することや録画機器と接続できる入出力の端子をもつことなど，家庭用のテレビとやや異なる技術が求められた。

画像2　「これが全放連型テレビ」『放送教育』1958年2月号 pp.8-9

こうした国による法的位置づけや，研究者によるテレビ教育利用についての研究，そして受信機を製作するメーカーの協力のなか，1959年1月に教育テレビが開局する。学校放送番組は大幅に時間を増やし，1959年4月からは月曜日から土曜日まで，29の放送枠に計12時間10分放送されることとなった。利用する学校も増えていき，1961年度には小学校でのテレビの利用率がラジオの利用率を上回った（テレビ59.7%，ラジオ56.2%）[27]。

4 カラーテレビと録画機器の学校への広がり

(1) カラーテレビの始まりと広がり

日本でのカラーテレビの研究は，終戦後まもなくからNHK放送技術研究所によって進められ，1960（昭和35）年6月に標準方式がNTSC方式と決定し，NHKは同年9月10日から東京，大阪の2地区で本放送を開始した。10月17日以降，年度末までの定時カラー番組の放送時間は，東京で総合テレビ約50分，教育テレビ約20分，大阪で総合約50分，教育約20分であった[28]。

総合テレビでカラー化がまず進められたのは，ドラマやクイズ，音楽番組である。1961年度には，夜7時から8時台の『バス通り裏』『私の秘密』『歌の広場』などが放送された[29]。

教育テレビでは，午前10時40分から11時の幼稚園・保育所向けが重点的にカラー放送となった。放送された番組は以下のとおりである。

月曜（小学校高学年）『音楽教室』『美術教室』（音楽・図工）
火曜（幼稚園・保育所）『できたできたできた』（絵画製作）
水曜（小学校低学年）『うたいましょう，ききましょう』（音楽）
木曜（幼稚園・保育所）『ポロロンえほん』（連続人形劇）
金曜（小学校中学年）『たのしい教室』（音楽・図工）
土曜（幼稚園・保育所）『かっちゃん』（社会見学）

また日曜日の午後6時30分から7時には『テレビ実験室』がカラー放送された。

カラー放送は1964年の東京オリンピック大会で，開会式と8種目の競技を実況中継あるいは中継録画で放送することにより，1960年代後半からの経済の飛躍的な発展とともに成長期に入っていった[30]。ただしオリンピックをカラー放送で見ることができた地域は東京，大阪，名古屋などの大都市周辺に限られ，またカラー受信機の値段も高く，一般の家庭に広がるのは1970年代後半になる。なお，NHK総合テレビの全放送がカラー化するのは1971年10月，NHK教育テレビでは1977年10月である。

（2）幼稚園・保育所向け番組から進むカラー放送

教育現場はカラー放送をどのように受け止めていたのであろうか。雑誌『放送教育』の記事をみると，期待の声がありつつも技術的な面での不満の声が制作者からも教師からも寄せられている。

例えば前記の幼稚園・保育所向けの『かっちゃん』は，人形のかっちゃんが子どもたちの見たいものを映像で見せる社会見学番組であるが，制作担当者は番組紹介のなかで「カラー撮影の悪条件をものともせず子どもたちの憧れの場所へ」として，撮影の難しさを記している[31]。

また全国の教員が放送教育の研究成果を報告する，第12回放送教育全国大会（1961.11宮城県仙台市ほか）の第4分科会（教育計画・幼稚園）では，幼稚園で『かっちゃん』を利用した教員から「テレビ見学という意図はすばらしいが，実写の場合画面がボヤけたり，写す時の角度が悪いため，説明と画面が一致しないことがある」という報告があった。それに対して大会講師の坂元彦太郎（お茶の水女子大学教授）は，「かっちゃんはカラーテレビでみるとはっきりしている。カラーにするため白黒の方はボヤける」として白黒からカラーへの過渡期の問題点を指摘している[32]。

教育現場にカラーテレビが行き渡るまでの間は，番組制作者も利用する教員も課題を抱えていたが，学校放送番組のカラー化は順次進められていった。

1965年度に幼稚園・保育所向けの番組のカラー化が完了すると，小学校向け番組は『理科教室1年生』（1968）から，中学校向け番組は『安全教室』（1969）から，高等学校向け番組は『美術の世界』（1972）から順次カラー化が進められる。

図2は文研の「学校放送利用状況調査」によるカラーテレビ普及率の推移である。学校種でみると，幼稚園・保育所，小学校，中学校，高等学校の順で普及し，番組のカラー化と同様であるのが特徴的である。なお全校種に普及するのは1970年代で，この点は一般家庭とほぼ同様である[33)]。

1970年はカラーテレビ放送開始10年で，日本万国博覧会が大阪で開催された年になる。受信機メーカーが「万博はカラー放送で」と新聞広告やテレビCMで呼びかけ，「カラー時代の到来」として家庭にカラーテレビが広がりはじめた[34)]。1970年代はカラーテレビが安価になったこともあり，学校にも家庭にも普及していった。

図2　カラーテレビ普及率の推移

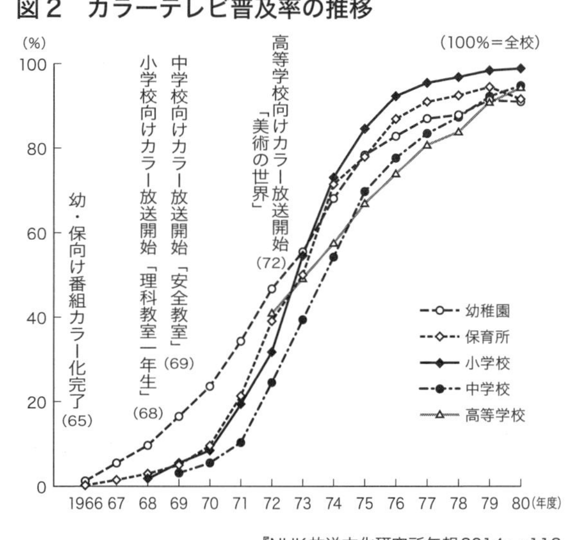

『NHK放送文化研究所年報2014』p112

（3）録画機器は高等学校，中学校から

カラーテレビは幼稚園・保育所から順番に，学齢が上がる方向でカラー

化が進められ，学校への設置も進んでいった。低年齢の子どもたちがカラー映像を見ることで，興味をもって学習できると考えられたのであろう。それに対して録画機器は逆に高等学校から順に学齢が下がる方向に普及していった（**図3**）。

図3　VTR普及率の推移

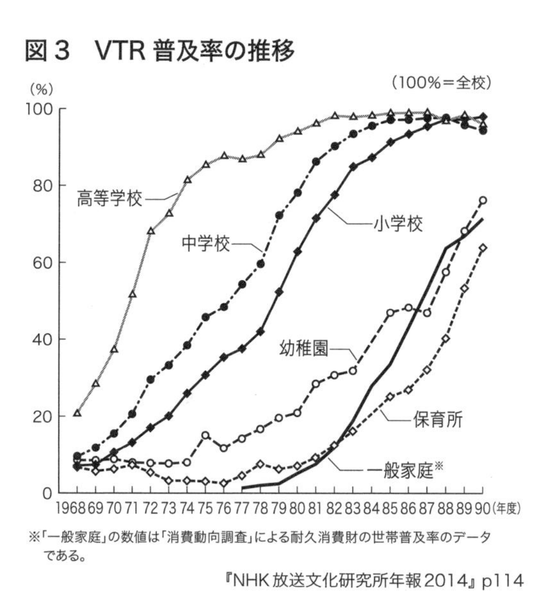

※「一般家庭」の数値は「消費動向調査」による耐久消費財の世帯普及率のデータである。

『NHK放送文化研究所年報2014』p114

中学校や高等学校は，小学校と異なり教科の担任が複数のクラスで授業を行う。そのため，学校放送番組をオンエア時に視聴することが難しかった。例えば1970年代初め，中学校向けのテレビ英語番組は，再放送，再々放送含めて同じ週に3回放送されていたが，1学年4クラスの中学校で学年担当の英語教師が1人であれば，4クラスすべてのオンエア時視聴は実現できない。また，担当が3クラスであった場合でも，3回の放送時間に合わせて該当クラスに英語の授業を配置することは難しかった[35)]。そのためVTRが市場に現れると，それぞれのクラスの授業時間に合わせて番組を利用できることや，学校のカリキュラムに合わせて録画した放送番組を利用できること，授業の前に番組内容を検討できることなどの理由から，高等学校，中学校の順にVTRは普及していった。

その背景には，白黒のオープンリールで始まったVTRが，1970年代に入ると3/4インチ幅のカセットテープ（Uマチック方式）で録画できるようになったという技術の進展があった。オープンリールや3/4インチ幅のカセットテープは，操作もやや複雑でやや広めの設置場所が必要なこともあり家庭にはあまり普及しなかったが，機械の操作に詳しい教員が何人かいることが多い学校では普及が早かった。家庭におけるVTRの普及は1/2インチ幅のベータ方式（ソニーなど）とVHS方式（松下電器など）のいわゆるビデオ戦争からとなる。1980年の世帯保有率は2.4%，1990年でも66.8%で[36]，高等学校や中学校でのVTRの普及のほうがはるかに早かった。

学校で求められる技術は家庭とは異なるだけでなく，学校種によっても異なり，カラーテレビとVTRの普及の順番の違いのように，それぞれの教育現場に合った技術が選択され，広がっていったのである。

5 おわりに

学校でのテレビ，カラーテレビそしてVTRの普及までをみてきた。戦前のラジオ第2放送や戦後の教育テレビは，教育の場における放送の重要性から開局されたが，それと合わせて特に学校教育に関わる放送技術も対応していったといえるであろう。

学校という教育目的で，集団で視聴する場で求められる技術は，家庭とは必ずしも一致しない。そして教育現場のニーズに合った機器は家庭よりも早く普及してきていた。例えば集団視聴を見越した大画面や，教室を想定したスピーカーが学校では採用されたこと，時間差での利用に適した録画機器が広がったことなどである。2000年代以後のデジタルテレビの普及も同様に，大画面のテレビが学校に設置されてきており，学校という場における技術は今後も必要と考えられる。

最後に学校で受信・視聴するために技術を利用するだけではなく，制作・送信にも技術が関わってきたことについて触れておきたい。

学校内における放送技術に関わるものとしては校内放送がある。すでにラジオの時代から，音声を校内各所のスピーカーに届ける設備が導入されていたが，テレビの時代になると，放送番組だけでなく，テレビカメラやビデオテープレコーダーなどの映像機器や音声機器を接続して，放送室などから教室に届けることができる環境が整ってきた。

文部省は校内放送を「放送設備を用いて，教師や児童・生徒が自主的に行なう教育的コミュニケーション活動である[37]」としており，教育目的で校内に送信できる放送設備を利用することが推奨されていた。学校行事などを中継したり，教師が音声や映像教材を作成して放送するだけでなく，子どもたちが生放送を行ったり，番組を制作して校内に放送を行ってきた。校内放送に関する研究もラジオの時代から始まっており，雑誌『放送教育』では何度も特集が組まれている[38]。

1954年度からは「NHK杯全国高校放送コンテスト」が開催される。当初はアナウンス部門と朗読部門であったが，1960年度からラジオ番組部門，1969年度からテレビ番組部門が加わった[39]。高校生が録画機器や撮影機器を使って制作した作品は，各都道府県大会やNHKホールなどで行われる全国大会で披露されてきた。その作品にはその時々の高校生の問題

画像3 『山の分校の記録』

意識が，その時々の放送技術を利用して表現されてきている[40)]。

冒頭に紹介した『山の分校の記録』の最後のシーンは，テレビで学んだ子どもたちが保護者に向けて行う学習発表会である。子どもたちがテレビを模したフレームから「私たちのテレビの旅 土呂部」として，自分たちが調べた地域の課題を基に，これからどうすればよいかを発信するシーンで終わる。テレビという技術を通して学んだことを，発信していこうという試みは，放送当初から行われていたのである。

注

1）1959年11月（第1部），1960年3月（第2部），1960年5月（総集編）をいずれも総合テレビで放送。1960年イタリア賞テレビドキュメンタリー部門第2位，トリエステ市観光協会賞受賞。下記のウェブサイトで視聴可能。（2023年10月現在）
NHKアーカイブス『山の分校の記録』
https://www2.nhk.or.jp/archives/movies/?id=D0009010072_00000
NHK for School『山の分校の記録』
https://www2.nhk.or.jp/school/watch/clip/?das_id=D0005450006_00000
2）調査の詳細については次の文献が参考となる。
小平さち子（2014）「調査60年にみるNHK学校教育向けサービス利用の変容と今後の展望 ―「学校放送利用状況調査」を中心に―」『NHK放送文化研究所年報2014 第58集』pp.91-169
3）雑誌『放送教育』については次の文献が参考となる。
宇治橋祐之（2023）「雑誌『放送教育』52年からみるメディアでの学び」『NHK放送文化研究所年報2023 第66集』pp.263-415
4）2006年度以前は特殊教育諸学校。
5）当時は二重放送と呼ばれていたが，本稿では第2放送で統一する。
6）日本放送協会（1965）『日本放送史』下巻 p336
7）前掲小平（2014）p101
8）日本放送協会編（1960）『学校放送25年の歩み』pp.422-423
9）「日本のテレヴィジョンに望む」『放送教育』1951年11月号 pp.1-5
10）「もし学校向けテレヴィ放送が実施されたら」『放送教育』1952年4月号 pp.16-23
11）日本放送協会（1977）『放送五十年史』p535
12）日本放送協会（1977）『放送五十年史』p535
13）「テレビ放送はどのように準備されつつあるか」『放送教育』1952年7月号 pp.26-27
14）「テレビ教育実験放送「水のふしぎ」をめぐって」『放送教育』1952年9月号 pp.4-5
15）日本放送協会（1977）『放送五十年史』p536
16）下記のウェブサイトで番組の一部が視聴可能（2023年12月現在）
NHKアーカイブス『テレビの旅』
https://www2.nhk.or.jp/archives/movies/?id=D0009042328_00000
17）日本放送協会（1965）『日本放送史』下巻 p501
18）前掲小平（2014）p101
19）大宅壮一は『週刊東京』1957年2月2日号で「テレビというメディアは非常に低俗なものであり，テレビばかり見ていると人間の想像力や思考力を低下させてしまう」と論評した。
20）日本放送協会（1977）『放送五十年史』p538
21）日本放送協会（1977）『放送五十年史』pp.538-539
22）日本放送協会（1977）『放送五十年史』p539

23）文部省（1959）『テレビジョン教育番組とその利用』日本放送教育協会 pp.51-60
24）日本放送協会（1965）『日本放送史』下巻 p501
25）全放連通信『放送教育』1958年1月号 p61
26）親テレビは受信した電波を映像信号と音声信号に出力する機能を持ち，子テレビは自分では受信できないが親テレビから送られる映像信号と音声信号を複数受け入れられる機能をもっていた。受信機1台のコストを下げるために教育用に開発されたシステムである。
27）前掲小平（2014）pp.102-103
28）日本放送協会『NHK年鑑 1962 No.2』p144
29）日本放送協会『NHK年鑑 1962 No.2』p145
30）日本放送協会（1977）『放送五十年史』p726
31）「この番組を！」『放送教育』1962年2月号 p81
32）「第12回放送教育全国大会の記録」『放送教育』1962年4月号 pp.28-29
33）前掲小平（2014）p112
34）日本放送協会（1977）『放送五十年史』p728
35）前掲小平（2014）p114
36）内閣府 主要耐久消費財等の普及率（平成16（2004）年3月で調査終了した品目）消費動向調査
https://www.esri.cao.go.jp/jp/stat/shouhi/0403fukyuritsu.xls
37）文部省（1970）「学校における視聴覚教材の利用」p97
38）雑誌『放送教育』では「特集 校内放送は如何にあるべきか」（1950.8）や「特集 校内放送」（1951.8），「特集 校内放送の研究」（1952.8），「特集 校内放送」（1953.8），「特集 校内放送の諸問題」（1958.8）などが特集記事として掲載されている。
39）コンテストの詳細は「NHK杯全国高校放送コンテスト」のウェブサイトを参照のこと。
https://www.nhk-fdn.or.jp/kyoiku/ncon/ncon_h/
なお1984年度からは「NHK杯全国中学校放送コンテスト」も開催されている。
https://www.nhk-fdn.or.jp/kyoiku/ncon/ncon_j/
40）宇治橋祐之（2013）「放送コンテスト60年からみる高校生のメディア意識～テレビ番組部門の作品から～」『放送研究と調査』2013年10月号 pp.72-73

宇治橋 祐之（うじはし・ゆうじ）

NHK放送文化研究所メディア研究部 主任研究員。1989年NHK入局。主に学校放送番組を制作，2013年より放送文化研究所で教育とメディアについて調査・研究。主な論文に「雑誌『放送教育』52年からみるメディアでの学び」『NHK放送文化研究所年報』第66集（2023年）／「教育テレビ60年　学校放送番組の変遷」『NHK放送文化研究所年報』第63集（2019年）など。

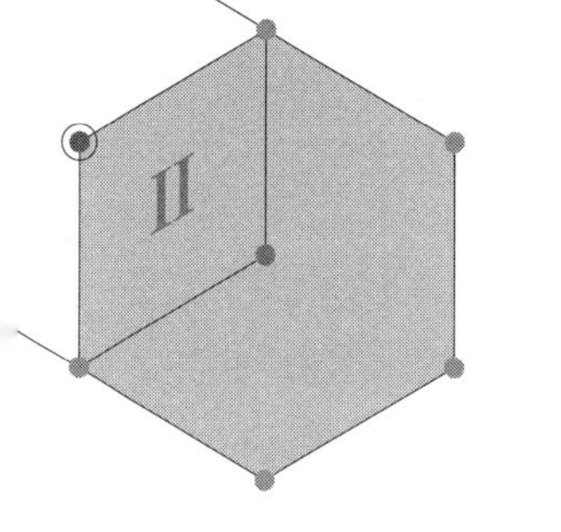

5

テレビ共聴，自主放送，CATV

― 難視聴対策からニューメディアへ ―

飯田　豊

（立命館大学）

1 はじめに

日本におけるケーブルテレビ（以下，CATV）は，山間部における難視聴対策から始まった。見晴らしの良い場所に立てた共同アンテナで放送電波を受信し，加入世帯まで有線で配信するのが共同聴視施設である。

1955（昭和30）年6月，群馬県の伊香保温泉に完成した共同聴視施設（以下，共聴施設）が，その始まりとして紹介されることが多い。これはNHKと伊香保温泉観光協会による共同受信実験として始まり，実験終了後，「伊香保テレビ共同聴視組合」に施設が払い下げられた。だが，伊香保に先立って遅くとも1954年には，伊豆半島（静岡県）や丹後半島（京都府）などで住民が独自に共聴施設を設置したことが分かっており[1)]，起源の特定は難しい。

NHKは1960年，共聴施設の建設費の1/3を援助する助成事業を始めた。1963年までに助成した施設の数は累計3,074施設，受信世帯数は256,471世帯にのぼった。さらに東京オリンピックが開催された1964年には，979施設に助成をおこなっている[2)]。山間地域にテレビを普及させていくために，NHKにとっては欠かせない救済措置だった。

各世帯に電波を振り分けるには分岐・分配器が必要で，当初その開発は手さぐりでおこなわれていたが，NHKの助成事業に協力するかたちで，機器専業の会社が相次いで参入した[3)]。1967年には共同聴視協議会（現・日本CATV技術協会）が発足している。

本稿では1963年から1972年までの約10年間に焦点を絞り，テレビ共聴からCATVへの展開について概観する。というのも，1963年には日本で初めて，独自に自主放送をおこなう共聴施設が現れる（→2節）。かたや東京では同じころ，高層ビルが原因の難視聴が問題化していた。1968年には新宿で営利法人が有線による再送信業務を始め，その是非をめぐる論争が巻き起こった。法整備が後追いで進んでいくとともに，未来学的な有線都市論が盛り上がりをみせていく（→3節）。地方の共聴施設による自主放送の現実と，有線都市の実現という理想がせめぎ合うなかで，1972年には有線テレビジョン放送法が成立し，CATVの将来像が輪郭をなしていったのである（→4節）。

2 おらが町のテレビ局：共聴施設の自主放送（1963～69年）

(1) 郡上八幡テレビ（岐阜県）

1963(昭和38)年9月，岐阜県郡上郡八幡町の任意組合「テレビ共同聴視施設組合」が日本で初めて，地域の人びとによる自主制作番組の放送を開始する。その名は「郡上八幡テレビ（GHK-TV）」。当時の人口が町全体で約2万人（市街地で約1万人）だったのに対して，当初の組合員は約2,000世帯。最盛期の1964年には約2,600世帯まで増加した。

毎日のニュースは，『中部日本新聞』（現・『中日新聞』）郡上八幡通信局の駐在記者が担当し，町議選や衆院選の開票速報も放送した。番組はすべて生放送で，電話を活用した双方向の番組もつくられた。ところが，1965年の秋以降はほとんど放送されなくなり，翌年には組合自体が解散する。中継局の設置によって難視聴が解消され，組合の存在意義が失われたことに加えて，有線放送に関しては，個人的な資金提供，ボランティアによる相互扶助的な労力奉仕に無理が出てきたのだった。

郡上八幡テレビの軌跡については後年，山田晴通や平塚千尋が丹念な調査をおこなっている[4)]。組合長の菅野一郎は生来の「発明好き」で，趣味のひとつが16ミリ映画の撮影だった。自主放送では台風災害時などに，菅野の撮影した映像が用いられることもあった。

開局当時の菅野は，八幡小PTA会長，中央公民館長，商工会副会長，社会教育委員などを務めていた。菅野とともに，教員の吉田良民，公民館主事で劇団「ともしび」主宰の千葉稔などが，ほとんど手弁当で有線放送に取り組んでいた。菅野の肩書き，そして仲間の職業から推察できるとおり，有線放送の運営にあたっては，社会教育に対する意欲が強かった。

自主放送の技術面については，『無線と実験』1963年11月号のグラビア記事「日本最小のテレビ局を訪ねて」に詳しい。映像や音声の送信機，カメラなどの機器については，電気機器メーカーに頼らず，アマチュア無線家の協力を得て菅野が自作している。馬小屋を改造したスタジオ，上部に3インチのモニターを取り付けた工業用テレビジョン（Industrial Television; ITV），大きなブリキ缶をくりぬいて電球を取り付けた照明器具などがつくられた。「前例のない放送局の申請をうけた東海電波管理局は大いに面くらったが，結局電波は出さないで有線でやるのだから他の局に妨害を与える心配もないというので免許を出すことになった」という[5)]。

ラジオの共同聴取や街頭放送については，1950年代初頭まで施設の設置や運用が先行し，法整備は後追いという状況だったが，1951年に「有線放送業務の運用の規正に関する法律」，1953年に「有線電気通信法」および「有線電気通信設備令」が公布されたことによって，初めて法的な保護と規制を受けることになった。そして1957年1月には「有線放送電話に関する法律」が公布された。テレビの有線放送についても，ラジオと区別されることなく，これらの法律にもとづいて運営されると考えられた。業務変更届を郵政大臣に提出し，受理されれば有線放送ができたのである。

本誌の前身にあたる『放送学研究』は1964～65年，3冊にわたって「〈共同研究〉日本におけるテレビ普及の特質」という特集を組んでいる（第8～10号）。共聴施設の事例として，青森県三戸郡田子町，佐賀県唐津市を挙げたうえで，郡上八幡テレビを「受信の限界を発信施設にまで拡大した特異な事例」として紹介している[6)]。

この特集ではまた，テレビの普及に関わる工業技術的環境のひとつとして，「アマチュアリズムの存在」を真っ先に挙げている。「大正のラジオ放送開始前から，専門誌と並んで「無線と実験」のような有力なアマチュア向け技術誌が繁栄し[…]受信機の生産力が低水準にあり，したがって高価格であった時期には，自製あるいは既成の部品をアセンブルすることが流行し，受信機の普及に貢献する」。これはテレビ普及にも当てはまるといい，「その技術によって修理その他の臨時サービスを提供することによって，メーカーあるいは小売商のサービス網を補完する機能をもつ」7)。アマチュアによる共聴施設の設置もその好例といえるが，単に普及を促す触媒にとどまらず，その過程で自主放送という副産物が生まれたわけである。

自主放送の内容面については，学習漫画家の飯塚よし照が描いた「まんがルポ おらが町のテレビ局」に詳しい。

飯塚よし照「まんがルポ おらが町のテレビ局」
『中学時代一年生』1963年11月号

九月二日の開局記念特別番組「町民芸能大会」に集まった人々は，まるで学芸会を前にして胸をドキドキさせている小学生のよう。出演するタレント以下すべてしろうとで，放送開始の数時間も前から，スタジオはハチの巣をつついたようなさわぎになりました。

ディレクター（演出家）はもと高校の先生，テレビカメラの担当は写真屋さん，マイク係はお菓子屋さん，そのほか，おけ屋さん，パチンコ屋さん，食堂のマスター，お医者さん，さらに，幼稚園から小・中・高校生まで，町じゅう総出演なのです。[8)]

その後，月に1，2回，《テレビ婦人学級》というレギュラー番組が放送され，多くの女性が参加していたことは，ジェンダー研究の観点からも興味深い[9)]。ほとんど休みなく，定時番組のなかで最も長く続いた。ところが，中継局が近くにできて難視聴が解消された結果，共聴施設自体が不要になったことで，自主放送も行き詰まったのである。

（2）香住テレビ協会（兵庫県）

郡上八幡テレビの取り組みに刺激を受けて，1964年7月には兵庫県城崎郡香住町（現・美方郡香美町香住区）でも自主放送が始まった。その名は「香住テレビ協会（KHK）」。日本で初めて自主放送を実現した郡上八幡テレビに関する先行研究が充実しているのに比べて，二番手以降の詳細はほとんど明らかになっていない。

香住町は日本海に面した漁業の町で，三方を山に囲まれた難視聴地域だった。『神戸新聞』は香住テレビ協会の開局を次のように伝えている。

記念式が香住町役場で行なわれ，県，近畿電波管理局代表のほか，香住テレビ協会の人々約二〇〇人が出席して，開局を祝った。山口喜代治会長が第一カメラにスイッチを入れ，地元の人々の歌や踊りなど熱演，そのままブラウン管に登場，視聴率八〇％で，スタートは好調であったが，スタッフ，計画，財源など今後の香住テレビの前途はけわしいよう。[10)]

郡上八幡テレビと「姉妹局提携」を結び，「ローカルテレビ相互発展を期している」とも続けているが，開局を伝える報道で「前途はけわしい」とは手厳しい。当時の記録はほとんど残っていないものの，家の光協会が発行する『こどもの光』（現・『ちゃぐりん』）1964年12月号には，「ぼくらの町のテレビ局」と題するグラビア記事が掲載されている。

「ぼくらの町のテレビ局」『こどもの光』1964年12月号

> 「KHK，こちらは香住テレビ放送局です……。」夕方の六時半，兵庫県城崎郡香住町の家々のテレビには，こんな声が流れだします。
> […]
> ごらく番組，町のニュース，天気予報など，毎日三十分の放送ですが，局長の山口さんを先頭に，四人のテレビ局員は，楽しい番組つくりにけんめいです。11)

この記事によれば，親子で出演する《こどもと共に》という番組が制作されていたり，放送局見学に子どもたちを受け入れたりしていたようで，郡上八幡テレビと同様，社会教育の色合いが強かったようである。加入世帯は800～900程度とみられ，1966年には閉局している。

教育学者の安井忠次は当時，「こうしたクローズド・サーキット・テレビジョンのローカル放送は，この郡上八幡テレビと兵庫県の香住テレビ協会の2か所にすぎないし，その視聴状況や運営の調査がゆきとどいているわけではないので，現在では，その社会的機能について詳述する段階にたちいたっていない」[12] と留保しながらも，次のように述べている。

> ローカル有線放送がおこなわれるということは，テレビ放送の運用を巨大なマスコミ経営から生ずる，一方交通的な弊害からいくらかでも守り，これに，小地域内におけるコミュニケーション・メディアとしての機能を付与することによって，地域社会の住民生活に寄与する面が大なるものがあるといえる。[13]

「まるで学芸会」のような「しろうと」の取り組みにすぎなかったにもかかわらず，この当時すでに，既存のテレビ放送とは異なるニューメディアとしての可能性が展望されていたわけである。

(3) 下田テレビ協会（静岡県）

1965年には和歌山県新宮市で「新紀テレビ」，京都府福知山市で「福知山テレビ」が開局するが，いずれも長くは続かなかった。新紀テレビは有限会社として設立され，「大和民族の教育の根源となり得る放送と致し，百年後の人造り，教育・文化・産業の向上をめざ」して始まったという[14]。放送の中心は学校教育番組と社会教育番組で，全体の8割を占めていた。最盛期の1966年には国内最大の約8,000世帯，およそ3万人もの視聴者を有していたが，同年のうちに自主放送の規模を大幅に縮小する。

それに対して，静岡県下田市の下田有線テレビ放送株式会社は，現在まで自主放送を継続しているCATV局のなかで最も歴史が古い。市政施行で下田市となるのは1971年1月1日で，前年までは賀茂郡下田町だった。

下田町では1956年，「下田電気ラジオ商組合」が山頂に共同アンテナを立て，64世帯を対象に在京3局の再送信を始めた。1961年に任意組合「下田テレビ協会」となる。1966年7月，保守工事などによる停電波の事前通告を目的に，自主放送設備を設置した。事前通告なしで放送が中断すると，加入者から苦情が寄せられていたためである。そのついでに町内のニュースや広報などをおこなうこととし，同年9月に定時放送を開始する。

1969年には施設の老朽化と経営難のため，施設を加入者所有に移管する。ところが，法人格を持たない任意組合では，設備の更新に際して融資を受けられないため，高性能の設備を導入して事業を発展させることが難しくなる[15)]。1970年には公益社団法人の認可を申請したが，郵政省の認可は保留となってしまう。そこで加入者から出資を募るかたちで，1971年11月，株式会社に改組して現在に至る（本稿では以下，「下田テレビ」に表記を統一する）。

創業者の竹河信義は下田町議に二度当選し，1964年には町長選挙にも臨んだが，落選している。多趣味な地元の名士ではあったが，つねに政治を志していた竹河は，郡上八幡テレビの菅野のような，いわゆる好事家とは一線を画していた。短命に終わった先例とは異なり，事業化に成功したことによって命脈を保つことができたのである。

もっとも，日本新聞協会放送課次長の田所泉は1969年，下田テレビについて「ジャーナリズムの注目をあびたことがあるが，番組制作の技術的水準に問題があるほか，現状では自主番組業務の独立採算（CM収入による）がむずかしい」と，厳しい評価を下している。「ローカル新聞のテレビ版といったおもむきがあるが，テレビが新聞よりも大きな経費と多面的な能力を必要とする仕事であること，言論メディアとしての機能で新聞に比べハンディキャップがあること，などを考え合わせると，その前途はかならずしも明るいとはいえない」[16)]。

1960年代末の時点で地方の共聴施設は，中継局の設置によって難視聴が解消されれば，廃止も見込まれていた。それゆえ自主放送に取り組む局も伸び悩み，明るい展望を見出すことが難しくなっていたのである。

3 有線都市論の発生：都市型CATVをめぐる混乱のなかで（1968～70年）

同じころ，都市部でも共聴施設の重要性に注目が集まるようになる。たとえば，『建築知識』1963（昭和38）年3月号は「ビルにおけるテレビ共聴！」という特集を組んでいる。東京では高層ビルの林立によって放送電波の乱反射が生じ，テレビの画面にゴーストやスノーノイズなどの現象が見られるようになっていた。大都市の只中に難視聴地域が出現したわけである。

（1）日本ケーブルビジョン（東京都新宿区）

株式会社日本ケーブルビジョン放送網（NCV）は，メキシコシティオリンピックが開幕する1968年10月13日，東京都新宿区で初めて都市有線放送業務を開始した。NCVの加入者は当初，新宿駅前商店街の44店舗にすぎなかったが，これが従来の共聴施設と大きく異なっていたのは，①株式会社であること，②ビル陰難視聴という都市公害への適応策として，放送局の近隣で再送信による営利事業を展開しようとしていたこと，③将来は関東全域に有線網を伸ばし，自主放送をおこなう計画を持っていたこと，④こうした構想の実現に備えて，アメリカから高性能の同軸ケーブルを直輸入し，使用していたことなどが挙げられる。この同軸ケーブルは，テレビ12チャンネル分以上の同時送信が可能とされた[17]。

NHKと在京の民放局は，NCVの存立，とりわけその将来構想に対する懸念から，再送信の同意を拒否する。しかしNCVは，「臨時かつ一時的な放送施設」という特約事項によって，見切り発車で再送信に踏み切った。

法律が適用されない特約期間は1か月。期限が切れる寸前に郵政省が行政指導に乗り出し，NCV，NHK，民放5社で構成される「新宿地区有線テレビジョン放送運営協議会」を設置した。運営協議会に対して再送信の同意を与えるかたちで暫定的に解決したものの，その条件として，年末までに新法人を立ち上げることが掲げられた。

また，1969年には東京都台東区にも「有線テレビ花川戸維持組合」が設立され，159世帯が加入した。これは東京都が所有する建物による受信障害を救済するためのもので，建設費は都が負担した[18)]。

同じころ，都内では建物や施設の内部における「閉回路テレビジョン（closed-circuit television; CCTV）」の社会実験も散見されるようになった。たとえば，ホテルニューオータニは1968年12月，英語の自主制作番組を館内で放送する取り組みを開始している。ロビーにスタジオを設置し，全客室とロビーの受像機に有線で放送したのである[19)]。有線による館内放送は法律の規制対象外であり，届出も許可も必要なかった。

（2）法整備は難航するも，跳ね上がる期待

1969年には，「有線放送業務の運用の規正に関する法律」の一部改正案が国会で審議された。都市部における再送信業務を郵政大臣による許可制とするのが眼目で，7月3日の衆議院通信委員会では，山間部か都市部かを問わず，自主制作番組の伝達業務についても，すべて郵政大臣による許可制にするという自民党修正案が支持され，可決した。翌日の衆議院本会議でも修正案どおりに可決されたが，大学紛争を収拾する目的で提案された「大学運営臨時措置法案」強行採決のあおりを受けて，参議院では審議未了で廃案となった。とはいえ，これだけが原因だったとは言い切れない。許可制に対しては政府内にさえ違憲論があり，衆議院を通過後，郵政省の権限強化に対する懸念が各方面から相次いで表明されていたからである。

1970年1月には，「有線放送業務の運用の規正に関する法律を施行する規則」などが一部改正された。許可制への移行は先送りになったものの，再送信に関して放送事業者の同意が得られていることを届出の条件とすることが定められ，NCVと同様の混乱が再発しないよう予防線が張られた。これにともない，山間部の共聴施設が，在京局や在阪局の放送対象地域外で再送信をおこなう（＝区域外再送信）にも，放送局の同意が必要になったわけである[20)]。

法改正が宙吊りになったことで，1969年のあいだ，新宿の運営協議会は開店休業状態だったが，1970年1月には協議会を解消したうえで，「財団法人東京ケーブル・ビジョン」が新たに設立された。協議会を構成していたNCV，NHK，民放5社に加えて，日本新聞協会，日本電信電話公社，東京電力，電子機械工業会，東京銀行協会が新たに加わったことで，ステークホルダーはより複雑さを増したことが分かる。

というのも，この時期になると，CATVは放送だけでなく，ファクシミリ通信，コンピューターと連動したデータ通信などにも応用できる可能性が見え始めていた。片方善治は1970年，『電波時報』に「CATVの潜在的機能」という解説記事を寄稿している。電気通信学者の片方は当時，文筆家としても幅広く活躍していた。片方は，同軸ケーブルにもとづくCATVの潜在的機能は，送り手と受け手のツーウェイ・コミュニケーションにあるとし，その延長線上に次のような「有線都市」を展望している。

> CATVによって情報の有機的結合が行なわれることは，有線都市への構想とも結びつく。[…] 同軸ケーブルの端末にCATV，テレビ電話，ファクシミリを始めとする応答回路を乗せ，各家庭を結ぼうとするものである。都市の地下に埋設されている電気，ガス，水道といった管のように，各家庭をケーブルで結び，都市の機能をケーブルのネットワークで果たそうとする。
>
> 有線都市が実現されると，われわれの家庭はCATVを中心とする

> 情報生活が主体となる。情報生活はカスタム，コミュニケーション，すなわち個別化された情報の提供によって生活が営まれる。[21)]

さらに片方は，「ハードウェアの機器より重要なのはソフトウェアの情報内容」であり，「CATVのソフトウェアの中でも教育の分野はいちはやく開花されるとみられている」とも述べている[22)]。

(3) 日本ネットワークサービス（山梨県甲府市）

1970年2月には山梨県甲府市に，フジテレビ1社のみの再送信をおこなう「株式会社日本ネットワークサービス」が誕生した。日本テレビ系列の山梨放送株式会社によって設立され，会長には自民党所属の衆議院議員である中尾栄一が，社長には山梨放送社長の野口英史が就任した。区域外再送信に賛否がうずまくなか，同年10月に開局。その後，チャンネルリースという名目で，山梨放送が自主放送の番組制作を担った。

日本ネットワークサービスは「山梨文化会館グループ」の一翼を担い，1970年代においては国内CATV事業の最大手であった。もともとは「山梨日日新聞・山梨放送グループ」と呼ばれ，現在は「山日YBSグループ」という略称が定着している。グループの拠点となる山梨文化会館は，丹下健三が設計を担当し，1966年に完成していた。丹下は野口に対して，その構想を次のように話したと伝えられている。

> 新聞輪転機・放送送出機器と，振動や騒音において，あいいれない機械設備を収納するため，特殊なフローティング・フロアーを構成する。最も重要な理念は，新らしい建築空間の創造で，そのために，充分な広さと，オープンスペースのコンセプトを導入する。自由に間仕切りを行い，廊下は，公共道路と同じ機能をもたせる。[23)]

丹下の情報空間論に対して，野口は，ワンソース（＝情報の集約的生産機能）とマルチチャンネル（情報流通経路＋物流経路）の方針を打ち出す。

> 新聞，ラジオ・テレビが，それぞれ別個に取材していたのを一本化する。今まで，縦割りなるがゆえに棄て去られていたものも，境界領域を越えた作業プロセスによって，再発見され，再創造される。同時に，従来の重複投資を廻避し，人材の配置転換も可能になる。[24)]

1970年代の情報社会論をいち早く投映した経営戦略であり，こうした発想はCATV事業を手がけていたからこそ生まれたという。

建築家の磯崎新は1972年，《ポスト・ユニバーシティ・パック》——後に《コンピュータ・エイデッド・シティ》と改題——という都市計画を発表している[25)]。千葉県の幕張を想定したもので，公共施設や各住戸にコンピューター端末を行き渡らせ，有線のネットワークと無線の放送で覆い尽くすという壮大な計画であった。当時としてはあまりに現実離れしたものだったが，丹下が先鞭をつけた情報空間論を踏まえつつ，都市型CATVの台頭，および有線都市論に触発された構想だったことは明らかである。

4 理想と現実の調停（1970～72年）

1970（昭和45）年7月には東京急行電鉄，東急不動産，東急建設が，田園都市線の沿線に建設中の多摩田園都市に，町ぐるみの「有線都市」を建設するという計画を発表した。具体的には，1972年の夏を完成目標としている神奈川県川崎市の東急団地にCATV用の同軸ケーブルを張りめぐらせ，全家庭のテレビを通じて，防犯・買い物・娯楽案内などの地域ニュースを自主放送する計画だった。スタジオは団地管理センターに設置される。

この計画について，『産業と経済』1970年10月号は「“豊かな未来”にはばたくか有線都市（ワイヤード・シティ）」という見出しのもと，「ここにきて，にわかにCATVが，単に放送・電波界にとっての新しい波にとどまらず，マルチ・チャンネル・ソサエイティ（多重情報路社会）への道をひた走っている七〇年代の，未来構図の一つの核として浮び上ってきた」と報じている[26]。

同誌はまた，全国に2,183施設が存在し，加入者318万人を有する農村有線放送電話にも言及し，「この有線放送電話施設の七割方を占める農協が，有線テレビに強い関心をもったらどうなるか（すでに一部農協では準備をすすめている）」と自問する。かくして有線都市という理想は，地方における自主放送の現実と照応するなかで，その将来像が模索されていく。

その指針として改めて注目を集めたのが，下田テレビだった。都市社会学者の倉沢進は1970年12月，『読売新聞』夕刊に「有線情報都市の未来像」と題する文章を寄稿している。倉沢は，1本のケーブルが数十チャンネル分の容量を持つため，CATVによって自主放送が可能になるのみならず，電話線と同じく逆方向にも，つまり各家庭から局に向けてフィードバックできるようになると説明する。「このような事態になると有線網は電気，ガスや上下水道とならんで，都市の生活環境施設の一つとして欠くべからざるものとなる」という反面，「新しい地域社会——コミュニティの創造とか，生活の場における人間性の回復といったことが叫ばれているのだが，地域社会の情報を伝える手段なしに，地域社会の人々の間の合意が生まれるわけはない」と主張する。こうして倉沢は下田テレビの先進性を評価しつつ，「ワイヤード・シティは，管理社会のくさりにつながれた町であってはならない。それは住民の連帯に結ばれた都市として建設されねばならぬ」と締めくくっている[27]。

こうした期待に下田テレビはどのように反応したのだろうか。特筆すべきは1972年に刊行された『こちら下田CATV――情報コミューンの誕生』で，その冒頭に掲載された竹河の文章は，次のような一文から始まる。「素朴な話し合い，対話等が，民主主義社会の出発点であるとするならば，一九七〇年代はまさに失われつつある民主主義社会回復のための情報化社会でもあるべきと考える」[28)]。従来の共聴施設と同様，地域における学校教育や社会教育を補完するための手段として自主放送を位置づけることに加えて，竹河は当時，放送行政に対する厳しい批判も展開し，国会で審議中の有線テレビジョン放送法案についても警戒感を示している。

『放送学研究』は1974年に「有線都市論」の特集を組んでおり，そのなかで藤竹暁は，「有線都市の構想には，放送が示してきた「横暴さ」にたいする反省がこめられているといってよい」と指摘している[29)]。下田テレビなどを引き合いに出したうえで，「こうした報告は，有線都市の構想に明るい展望を与えるものである」としながらも，逆に装置の整備にばかり目を向け，「いかなる情報を，市民は自らの手で収集することができ，また生み出すことができるか」を等閑視してしまえば，「コミュニケーションの貧乏状態」をさらに促進する危険性が孕んでいるという[30)]。

おそらく下田テレビは，安井，倉沢，藤竹が示したような評価や期待を内面化したうえで，未来学的な有線都市論とは一線を画して，あくまで地域ジャーナリズムに立脚した情報化社会の展望を示した。これは自主放送の寵児が放った大言壮語といえるが，後続するCATVのあり方に少なからず影響を与えた。

たとえば，1971年に設立された長野県上田市の「株式会社上田ケーブルビジョン」，下田テレビの姉妹局として1973年に設立された「東伊豆有線テレビ放送株式会社」は，いずれも当初，「スタジオを否定する思想をもって」[31)]いるとされ，地域に強く根ざした現場主義を強く打ち出した。というのも，スタジオからの生放送が中心だった1960年代との最大の違いは，ポータブルなビデオカメラが普及し，VTRが積極的に活用されるようになったことであり，取材の機動性が格段に増したのだった。

アメリカでは1970年前後，連邦通信委員会（Federal Communications Commission; FCC）がCATV各局に対して，市民が番組枠を持つことを保障するパブリック・アクセスを義務づけた。日本では1970年代を通じて，それとは大きく異なる社会的背景のもとで自主放送が広がり，1973年ごろから「コミュニティ・チャンネル」と呼ばれるようになった。

5 おわりに

主に地方でのこうした動きに対して，東京都・多摩ニュータウンでは1976（昭和51）年から1980年にかけて，郵政省と日本電信電話公社の主導で，同軸ケーブル情報システム（Coaxial Cable Information System; CCIS）を利用した生活情報システムの開発実験がおこなわれた。また，奈良県・東生駒では1978年から1986年にかけて，通商産業省の主導で，光ファイバーケーブルを採用した映像システムHi-Ovis（Highly-interactive Optical Visual Information System）の運用実験がおこなわれた。

CATVもその後，事業者の整理統合が進行し，装置産業としての色彩が強まっていった。衛星放送などを含めた多チャンネル体制を整備し，1990年代にはインターネット接続サービスに乗り出し，事業の広域展開や大資本のもとでの経営統合も可能になった。

こうした技術革新の過程で，共聴施設から始まった自主放送の取り組みはどのように継承され，逆に何が断絶してしまったのだろうか。「コミュニティ・メディア」や「市民メディア」の将来を展望するためにも，検証の余地が多分に残されている。

[付記] 本稿はJSPS19K02119，および小笠原敏晶記念財団の助成を受けたものです。

注

1）飯田豊編著『テレビの民俗誌（仮）』（ナカニシヤ出版，近刊）所収の庄司章論考を参照。
2）安井忠次「有線放送の社会的機能についての考察」『放送学研究』11号，1965年，76頁。
3）『社団法人日本CATV技術協会20年史』社団法人日本CATV技術協会，1995年，2～3頁。
4）山田晴通「CATV自主放送のルーツ――郡上八幡テレビの三年を支えたもの」『総合ジャーナリズム研究』123号，1988年。平塚千尋「コミュニティメディアとしてのテレビの可能性――CATV初期における地域自主放送の試み，その1，郡上八幡テレビ」『放送教育開発センター研究紀要』9号，1993年。
5）「日本最小のテレビ局を訪ねて」『無線と実験』1963年11月号，7頁。
6）執筆者は佐藤智雄。『放送学研究』10号，1965年，110頁。
7）執筆者は生田正輝。「放送学研究』9号，1965年，17頁。
8）飯塚よし照「まんがルポ おらが町のテレビ局」『中学時代一年生』1963年11月号，198～199頁。
9）飯田豊「DIYとしての自主放送――初期CATVの考古学」神野由紀・辻泉・飯田豊編著『趣味とジェンダー――〈手づくり〉と〈自作〉の近代』青弓社，2019年。
10）『年刊神戸新聞 昭和40年版』神戸新聞社，1965年，174頁。
11）『こどもの光』1964年12月号，22～23頁。
12）安井，前掲論文，77頁。
13）安井，前掲論文，80頁。
14）田所泉「「テレビ芸術」の止揚」『新日本文学』1969年12月号，108～109頁。
15）高木教典「わが国のCATV事業の経営実態」東京大学新聞研究所編『コミュニケーション――行動と様式』東京大学出版会，1974年，363～364頁。
16）田所泉「CATV・その現状とこれから――日本の場合を中心に」『新聞経営』27号，1969年，60頁。
17）同，59頁。
18）『新聞協会報』1969年10月14日号。
19）『電通広告年鑑 昭和四四年版』電通，1969年，129頁。
20）「区域外再放送」とも呼ばれ，放送法では現在これに統一されている。
21）片方善治「CATVの潜在的機能」『電波時報』1970年12月号，4頁。
22）同，5頁。
23）森川英太朗「ワンソースマルチチャンネルシステム その理論と実際――山梨文化会館グループの新しい情報メディア戦略」『CATVジャーナル』1974年9月号，7頁。
24）同，8頁。
25）磯崎新アトリエ「POST UNIVERSITY PACK」『建築文化』1972年8月号。
26）『産業と経済』1970年10月号，69頁。
27）倉沢進「有線情報都市の未来像」『読売新聞』1970年12月12日夕刊，7頁。
28）放送ジャーナル社編『こちら下田CATV――情報コミューンの誕生』放送ジャーナル社，1972年，3頁。
29）藤竹暁「有線都市構想のコミュニケーション研究へのインパクト」『放送学研究』26号，1974年，12頁。
30）同，15頁。
31）「スタジオを否定する思想をもって――東伊豆有線テレビの創立」『CATVジャーナル』1974年11月号。CATVをめぐる論壇を中心的に形成したのは，同誌をはじめとする放送ジャーナル社の刊行物である。同社が果たした役割については改めて論じることにしたい。

飯田　豊（いいだ・ゆたか）

立命館大学 産業社会学部 教授。
専門はメディア論，メディア技術史，文化社会学。
著書に『テレビが見世物だったころ 初期テレビジョンの考古学』（青弓社，2016）／『メディア論の地層 1970大阪万博から2020東京五輪まで』（勁草書房，2020）など。

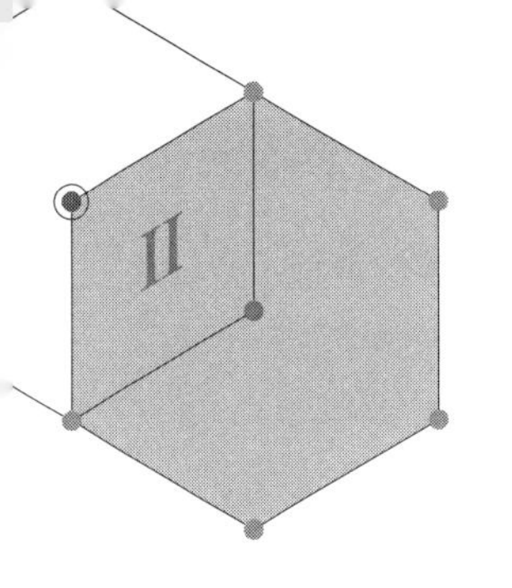

6

テレビの発達と基礎研究

伊藤 崇之
（元NHK放送技術研究所）

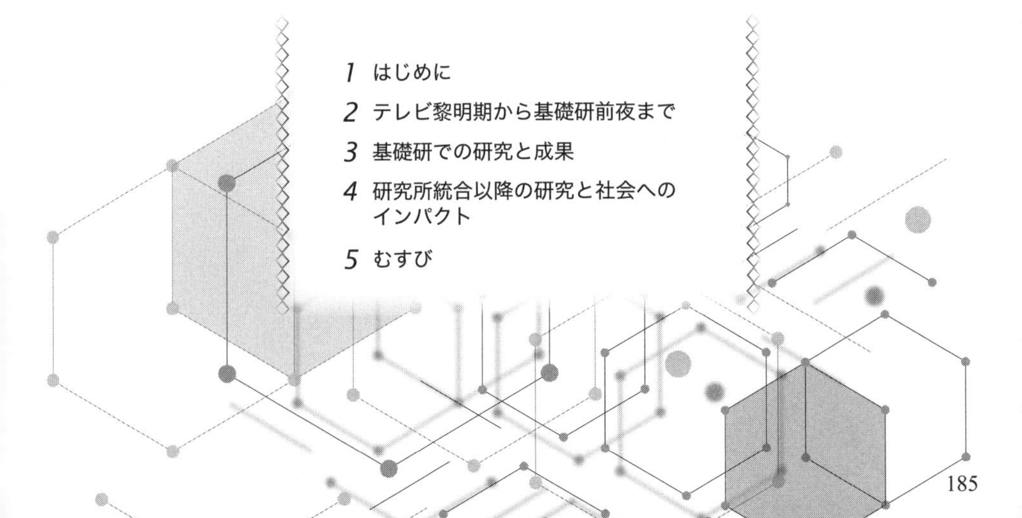

1 はじめに

1930（昭和5）年，日本放送協会が技術研究所を開設するにあたり，技師長で初代研究所所長を兼務した高田善彦は以下のように述べている（高田1930）。

> 放送事業は最新の学理を応用したる社会的事業である。従って其進歩は公益上多大の効果を与ふるものであるとともにこれが進歩改善を図る上に於いて一日も研究調査を怠る事を得ないのである。

すなわち技術の研究開発なくして放送の進歩発展はないと，放送分野における技術研究の重要性を述べている。ここでは放送に関わる技術研究のなかでも特にNHKで行われた基礎研究に焦点を当てて，なぜNHKが基礎研究に取り組むに至ったか，またどのような研究が行われその研究成果が今日の放送，あるいは現代社会にどのようなインパクトを与えているかを論考する。

2 テレビ黎明期から基礎研前夜まで

(1) 東京オリンピックまでの日本のテレビ技術史概観

我が国のテレビの歴史は，1926（大正15）年12月に行われた高柳健次郎博士によるテレビの撮像・伝送・表示実験に始まる。これはイギリスのベアードの実験（1926年1月）に遅れること1年であるが，ベアードの実験が撮像・表示ともニポー円盤を回す機械走査式であったのに対して，高柳の実験では表示側はブラウン管を用いた電子走査式であり，当時としては世界最先端の実験であった。ちなみに撮像側も電子走査式としたテレビ送受信実験は高柳の実験から1年8か月後の1928年9月1日，アメリカのファーンズワースによって行われている。

表1にテレビ開発史の主なできごとを国内と海外に分けて示す。表で黒の矢印と□内の年数は欧米と日本とで同様のイベントが何年後に行われたかを示している。これで見ると，テレビ黎明期から戦前にかけて，我が国のテレビ開発は世界にごして行われていた。ところが太平洋戦争敗戦を機にテレビ放送の実用化は欧米に比して6～11年遅れとなり，世界に大きく立ち遅れることになった。

このようななか，NHK技術研究所を中心に1964（昭和39）年の東京オリンピックをめざして急ピッチで放送技術の研究開発・機器整備がなされる。以下，NHKの技術研究所の50年史を引用する（NHK総合技術研究所・放送科学基礎研究所編1981：40）。

> 先進国の技術を吸収してこの遅れを取り戻し，機器の国産化を実現するために技研を中心として各メーカーも総力を挙げることとなった。この結果，しだいに先進国の技術を自家薬ろう中のものとし，独自技術をもって外国と肩を並べるところまで成長し，その努力の成果は昭和39年の東京オリンピック放送の成功となって表れた。これによって日本のテレビ技術の実力は世界的に認められるところとなった。

東京オリンピックはテレビでカラー中継を行った初めてのオリンピックであるが，その成功の裏には分離輝度型2IOカメラという独自方式の新型カメラの開発努力があった（“2IO”とは「2本のイメージオルシコンという撮像管を用いる」という意味）。当時のカラーカメラはアメリカRCAで開発された三管式カラーカメラで，光をRGBに色分解して3本の撮像管で3色の映像信号を得たのち，その信号を合成して輝度信号を得る方式で

表1　テレビの研究開発史　日本と欧米の比較（1964年東京オリンピックまで）

年	月	日本	欧米
1926	1	1年	撮像・表示機械走査式テレビ実験を初公開（英）
	12	高柳健次郎，「イ」の字の撮像・伝送・ブラウン管表示実験に成功	
1928	9		ファーンズワースが完全電子走査式テレビの伝送実験公開（米）
1930	6	日本放送協会技術研究所設立	
1931		テレビの基礎調査開始	円盤方式のテレビ実験放送開始（英）
1935	3		世界初のテレビ定期放送開始（独）
1936	7	1940年オリンピックの東京開催決定	NBC,エンパイヤステート・ビルディングから実験放送開始（米）
		3年	
	8		ベルリンオリンピックで史上初めてテレビによる国内実況中継（独）
1937	7	日中戦争開始	
	8	浜松高工に製作委託していたテレビ自動車納入に合わせて，高柳教授ほか十数名が技研に着任。オリンピックのテレビ中継をめざして準備開始	
1938	7	閣議にてオリンピック東京大会の返上決定	
1939	5	テレビ実験放送開始	
1941	12	太平洋戦争開始に伴い戦時研究へ	
1944	7		CBS,NBC定期テレビ放送再開（米）
1945	8	終戦	
		8年	ソ，仏で順次テレビ放送再開
	10		CBSカラーテレビ実験放送開始（米）
1946	5	テレビの研究再開	11年
1950	3	技研と放送会館からテレビ試験電波を発射。日本橋三越で受信	
		カラーテレビ研究開始	
1953	2	テレビ放送開始	
			NTSC方式のカラーテレビ標準方式決定（米）
1954			NBC，CBSがNTSC方式でカラーテレビ放送開始（米）
1956	12	UHFによるカラーテレビ実験放送開始	6年
1960	6	カラーテレビ標準方式制定	
	9	カラーテレビ放送開始（NHK東京・大阪，日本テレビ，東京放送，朝日放送，読売テレビ）	
1964	10	東京オリンピック	

（NHK総合技術研究所・放送科学基礎研究所編（1981）『五十年史』より抜粋，整理）

あった。現在のテレビ技術としてはごく普通の考え方である。ただ当時は撮像管を使用しており，当時の技術では3本の撮像管の読み取り点を正確に一致させることは至難の業で，結果としてRGB信号から合成された輝度信号がぼやけたり二重像になるという課題があった。これは特に白黒テレビ所有者の不満となっていた。

それに対して分離輝度型2IOカメラは輝度信号用の撮像管と色信号用の撮像管をそれぞれ用意し，輝度信号と色信号を別々に取得するという独自の方式であった。輝度信号を1本の撮像管で撮像するので三管式カラーカメラのようなぼやけや二重像が生じない。開発メンバーであった杉本昌穂元所長の話では，開発途中にこの方式についてRCAの技術者と意見交換したところ「絶対失敗するからやめておけ」と言われたとのことである。RCA技術者の助言に反してカメラは1962年に完成し，見事に東京オリンピック開会式をはじめ多くの競技で利用され，その映像は世界に届けられたのである。ちなみにこのカメラとそれを用いて撮影した開会式の映像は愛宕山のNHK放送博物館（東京都港区）で実物を見ることができる。

分離輝度型2IOカメラ（NHK放送博物館所蔵）

東京オリンピックは「テレビオリンピック」と呼ばれたように，数々の“世界初”の新技術・新開発機器が日本で開発され放送に導入された。国際衛星中継やヘリコプター中継，スローモーションVTR，狭いブースでクリアに収録できる接話マイクなどなど，枚挙にいとまがない。接話マイクに至っては海外の放送局にも1式ずつ貸し出した（NHK総合技術研究所・放送科学基礎研究所編1971：8）というからNHK技術陣の自信のほどがうかがえる。

（2）日本独自の研究開発に向けて

このような形で東京オリンピックは大成功し，かつ日本の技術力が世界のトップレベルであることを示したわけであるが，NHKの技術研究所ではその数年前から次の時代のテレビ像を求めてさまざまな模索が始まっていた。模索とは，「昭和35年以前の研究が，米国におけるテレビ技術を目標とすることに重点が置かれたのに対し，この10年間は，我が国独自のものを開発研究することが要求されることになった」（NHK総合技術研究所・放送科学基礎研究所編1971：40）ということである。この流れは主に二つのトピックに代表される。

一つは，当時の主要放送であるカラーテレビの次のメディアたるべき次世代の放送方式の研究であり，高品位テレビ方式として，ワイドテレビ方式と立体テレビ方式，高精細度テレビ方式が1960年ごろより並行して研究された。その後1969年には調査検討結果がまとめられ，ワイド方式と高精細度方式を合わせた「高精細度テレビ方式（のちのハイビジョン）」の研究に集約された（NHK総合技術研究所・放送科学基礎研究所編1971：44-45）。すなわち海外の技術に学ぶのではなく，自らが探索・探求して将来のテレビ方式の研究開発への道をつけたのである。

もう一つは基礎研究の強化である。1959年から1963年にかけて新しい研究分野の四つの特別研究室[1)]が技術研究所内に設けられたが，このうち物性特別研究室と視聴科学特別研究室は1965年1月の放送科学基礎研究所（以後「基礎研」と称す）の設立に伴い，この研究所に所属することになった（NHK総合技術研究所・放送科学基礎研究所編1981：56）。

基礎研設立の旗振り役というべき人物は当時のNHK会長前田義徳である。50年史には以下のように記されている（NHK総合技術研究所・放送科学基礎研究所編1981：97）。

> 今でも自慢できることは，技研の大改革をやったことだ。それが基礎研の創設だった。もともと私が考えていたことは，放送電波をチョコチョコいじって「新発明です」などというのは，NHKの技術研究としては最低であり，西欧2000年の哲学を根幹とした人文科学の歴史から見るとおかしなことだ。（中略）近代科学技術の発生は，たかだか17世紀にしか遡れない。深い思想を持ちえないのは当然だが，十分に基礎を探り，また応用を極めることにより，放送技術もNHKの技術研究を中心に新しい総合的な技術思想体系を実現することを期待したい。

まことに視野が広くまた歴史と哲学に立脚した壮大な研究論である。またのちの基礎研所長でありテレビシステムを視覚特性まで含めてとらえる考え方を初めて提唱した樋渡涓二の言によれば，前田会長からは，「基礎研究所を作るから，諸君は応用は絶対考えてはいかん。放送を良くしようなんて考えたら，それは科学じゃない。技術だ」と言われたとのことである（佐藤ほか2009）。逆説的な言い方ではあるが，基礎研での研究が社会を大きく変革するような新しい技術の創出につながることを期待しての発言であろう。

このような前田会長の指揮のもと，1965年1月に基礎研が開設され，またそれまでの技術研究所も総合技術研究所と改称された。

3 基礎研での研究と成果

(1) 研究内容と研究体制

基礎研の研究は視聴科学と物性素子の二つの研究分野であった。前者は，放送の最終的受け手である人間の視聴覚の特性やメカニズムを十分把握して新しい放送メディアの開拓に資することを目標とし，視聴覚系の知覚機構，神経生理機構，認識機構の各研究および視聴覚系のモデルによる研究を柱とした。後者は新しいデバイス開拓の基礎になる物性素子の科学研究をめざすもので結晶物性，磁性，光物性，量子光学の四つの柱からなった。ここでは筆者の専門分野の関係から視聴科学研究室，なかでも視覚研究を中心に述べる。

視聴科学研究室で特筆されるべきは，従来の研究所の職員が電気・通信などの工学分野出身のエンジニアが大半であったのに対して工学はもとより心理・生理学の分野からも研究者を集め，三位一体となって視聴覚系の特性・メカニズムの把握という大きな目標に向かって学際的な研究を進めたという点である。こういった枠組みでの基礎研究所は当時の日本ではほかになく，メーカーの基礎研究所設立のモデルになったといわれる。

このようにして視聴覚研究では，生理学による細胞レベルのミクロ的研究，心理学のマクロ的アプローチによるヒトの視覚・聴覚系の機能・特性に対する解析，さらには生理学の結果をモデル化し心理学で得られた

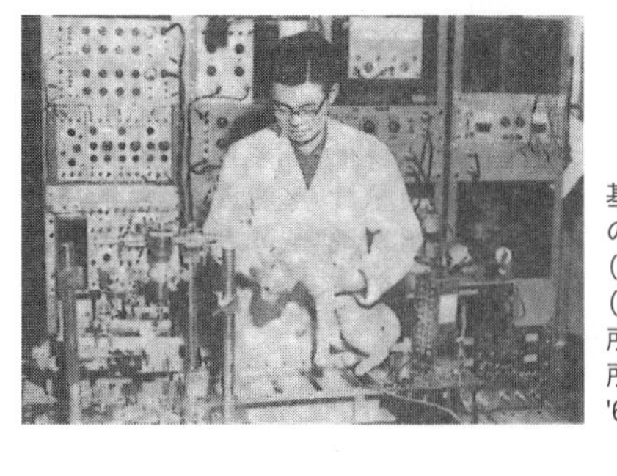

基礎研で行われたネコの視覚系に関する実験（1969年）
(NHK総合技術研究所・放送科学基礎研究所編（1971）『研究史 '60～'69』)

マクロな特性と突き合わせることでその間のメカニズムを明らかにしようとする工学モデル（電子回路やコンピューターシミュレーション）の研究という形で進められた。

（2）基礎研での研究成果

そのようななかで，いくつかの顕著な成果が表れた。例えば生理学の分野では，網膜から大脳に向けて信号を出力する細胞（網膜神経節細胞）には機能の異なる2種類の細胞があるという発見が，ほぼ同時に世界の3か所の研究機関で見いだされたが，その一つがNHKの基礎研であった。また眼が外界のどこを注視しているかを視野映像に重ね合わせて記録する研究に映像技術を駆使していち早く取り組み，動く物体に対する反応が最も早いことや注視点が白黒の境界や線の交差部や角，運動物体に集中することを示した。さらには生理学で見いだされた各種細胞をモデル化することで，直線検出や角などの曲率の大きい部分に強く反応する細胞層が形成できることを電子回路やコンピューターシミュレーションで示すなど，三つのアプローチによる研究が有機的に連携した成果が得られている。

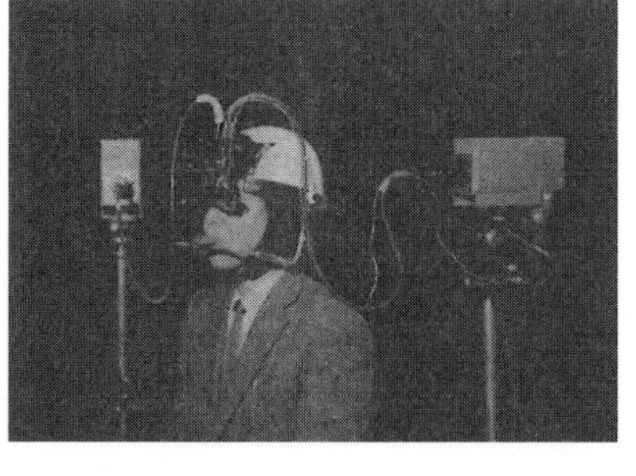
眼球運動測定装置（アイマーカー・カメラ）（1965年）（NHK放送技術研究所所蔵）

こうした研究成果は純粋科学的に生物の視覚系に対する理解を深めるうえで重要な成果であったが，一方で「放送のために役に立つ」工学的な成果も出はじめていた。前節でも述べたように，次世代の放送方式として

「高品位テレビ」（のちのハイビジョンあるいはHDTV）の研究開発が進められていたが，例えばテレビ画面を見込む画角は何度程度が望ましいのかなど，映像規格に明確な根拠を与える心理実験が基礎研で実施された。臨場感については，半球ドーム内にさまざまな画角の画像を提示して画像中の図形の傾きに誘導されて観察者の姿勢がどの程度傾くかを指標にして「臨場感」を測定している（畑田ほか1979）。

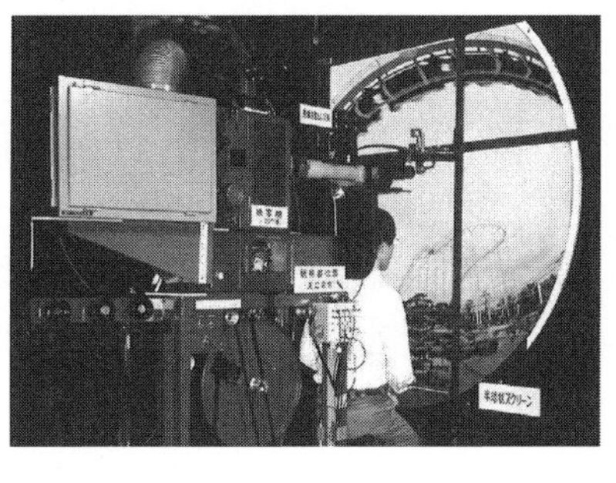

半球ドーム映像による臨場感の実験（1980年）
(NHK総合技術研究所・放送科学基礎研究所編（1981）『五十年史』)

その結果，水平画角が20度付近から誘導効果が生じはじめ，30度以降で顕著になり，さらに80～100度付近で飽和状態になることが示された。この結果を参考に高品位テレビの水平画角は標準視距離[2]から見たときに30度になるよう設計された。さらには最新の映像システム8Kスーパーハイビジョンの画角が100度となっているのもこの結果による[3]。また，色変化に対する眼の感度を測定する研究から，色信号の広帯域／狭帯域軸がNTSC方式で用いられていたIQ軸からずれていることを明らかにした（坂田1980）。ハイビジョンではこの実験結果に基づいて新しい色信号の規格が決められている。これらヒトの特性に対する研究結果はのちにハイビジョンの国際標準化活動において高く評価され世界標準に結び付いたのである。

(3) 視覚認識のモデル「ネオコグニトロン」

もう一つの大きな成果は福島邦彦による視覚系の認識モデル「ネオコグニトロン」の研究である。福島は先に述べた網膜のモデル，特徴抽出機構のモデルなど，生理学の知見に基づく電子回路やソフトウェアを構成して脳の仕組みや構造を工学モデルとして実現する研究に取り組んできたが，これに加えて脳の可塑性を利用した学習モデル「コグニトロン」を構築した。脳の可塑性とは脳内の神経細胞どうしの結合強度が外部からの刺激に応じて変化することであり，脳の柔軟な情報処理の基になっていると考えられている。「コグニトロン」は学習機能を持つ多層のニューラルネットワークで，ネットワークを構成するニューロンユニットどうしの結合強度が学習によって変化する。コグニトロンは複数のパターンを入力層に何度も提示することで次第にそれらを記憶し区別する能力を獲得する。

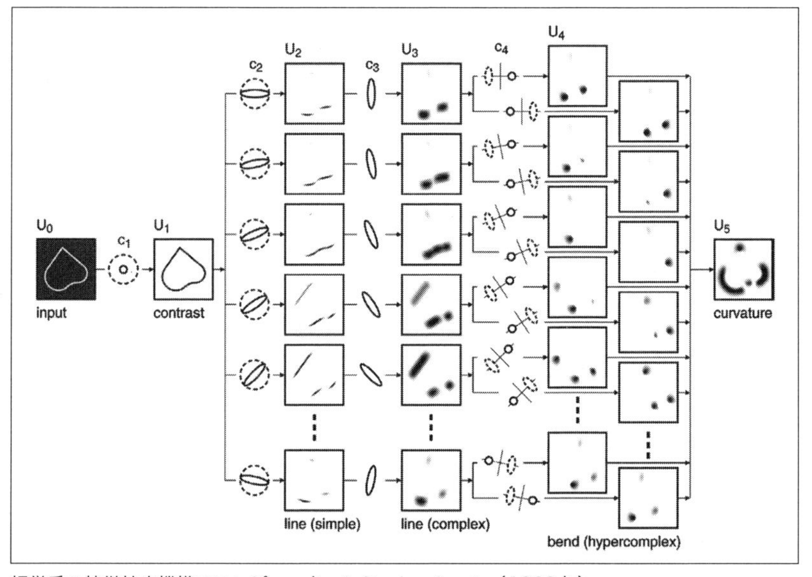

視覚系の特徴抽出機構のコンピューターシミュレーション（1969年）
（福島邦彦氏提供）

福島はさらに特徴抽出機構のモデルとコグニトロンを発展させる形でパターン認識モデル「ネオコグニトロン」（福島1979）（Fukushima et.al 1983）を提案した。先に紹介した特徴抽出のモデルはアメリカの生理学者HubelとWieselがネコの大脳で発見した単純型細胞，複雑型細胞などの生理学的知見を基に構築したモデルであったが，ネオコグニトロンではこれを発展させ，特徴抽出（単純型細胞）と位置ずれ許容（複雑型細胞）の組み合わせが視野全体に広がっていること，同じ組み合わせが多段に階層化されていること，入力に近い層では部分的特徴を解析し奥の層ほどより大局的な情報を解析する，という三つの仮説を導入することで，位置のずれたパターン，大きさの異なるパターンや変形したパターンでも同じパターンであると判定できるという，従来技術では実現できていなかった強力な性能を持つパターン認識機能を実現できることを示した。しかもそのような機能を，入力層にパターンを繰り返し提示することで獲得していくのである。**写真1**に「0」から「9」までを学習させたネオコグニトロンが同一と判定したパターンの例を示す。大きさの違いや変形，ノイズの有無によらず同一パターンとして認識できていることが分かる。

写真1

ネオコグニトロンが正しく認識したパターンの例
（NHK総合技術研究所・放送科学基礎研究所編（1981）『五十年史』）

このような工学モデルによる研究アプローチは合成的手法と呼ばれるもので，生理学と対局をなす。当時の生理学は脳の神経細胞に電極を刺して網膜上にどのような刺激を提示すればその細胞がよく反応するかを調べる分析的アプローチであり，個々の細胞の特性は理解できてもマクロな意味で脳がどういう情報処理をしているかを理解するには不十分であった。合成的アプローチでは，生理学で示された知見を生かしつつ未知な部分には仮説を導入して，情報処理装置としての脳機能を理解しようとするものである。二つのアプローチ（あるいは心理学的マクロ研究も含めた三位一体のアプローチ）が相補的に作用し合ってより深い理解を導きだすことをめざしている。さらに福島は，脳機能の理解を深めるだけでなく，脳に学ぶことによってこれまでの工学的手段ではなしえなかった新しい情報処理の原理を見いだし応用につなげることも企図していた。

実は筆者が基礎研に転勤して福島グループの一員として仕事をしはじめた1981年ごろは，このような神経回路モデルの研究は日本と欧米のごく限られた研究者が細々と続けている状態であった。そういった時代にネオコグニトロンは生まれたのである。そのような状況でありながら研究ができたのも，基礎研というしっかりとした研究体制と「脳に学ぶ」という明解な研究哲学によるところが大きいと考えられる。

（4）脳に学ぶ研究がアメリカで大反響

1986年，“Parallel Distribution Processing”（略称PDP）という書籍が火付け役となって，従来のコンピューターの逐次処理ではなく脳型の並列分散型情報処理の重要性が提唱され，その具体的道具としてのバックプロパゲーション学習（BP学習）[4]型ニューラルネットワークの大ブームが起きた。まさに「脳に学ぶ」アプローチである。当時，福島グループではネオコグニトロンの考え方や性能をアピールするためネオコグニトロンの紹介ビデオ[5]を制作していた。グループの先輩ができたばかりの紹介ビデオをアメリカの研究会で上映したところ，彼らがこれからやろうと議論していたことがすでに日本で実現できていることに驚嘆の声が上がり，以来福島は欧米各地の国際会議に引っ張り出されることになった。

そのころ福島から，国際会議でアメリカに行くたびにネオコグニトロンにBP学習を導入できないかとディスカッションしに来る研究者がいるという話を聞いたことがある。アメリカではネオコグニトロンの優れたパターン認識能力に着目し，その原理と効率的学習が可能と目されていたBP学習とを組み合わせることで，その能力を工学レベルで利用しようとする努力が当時からなされていたのである。

4 研究所統合以降の研究と社会へのインパクト

（1）新しい研究

高品位テレビ（のちのハイビジョン）の研究が一段落した1984年，総合技術研究所と基礎研は統合され，次の時代の放送メディア開拓をめざして新分野の研究に着手する。MUSE（ハイビジョンのアナログ放送方式）による衛星での試験放送が開始される1989年の5年前のことである。ここでは，研究所統合以降，今日までの関連主要研究を概観しておく。

視覚情報研究部時代には主に立体テレビの研究が進められた。この時代の立体研究はハイビジョンの映像システムを利用して二眼式や多眼式立体ハイビジョン，眼鏡なし立体テレビなどシステムの研究が行われるのと並行して，立体視の融合範囲や時空間特性など立体視の基礎データの蓄積が進められた。映画やテーマパークなどでは左右の眼に別々の映像を提示する二眼式立体方式が採用されていたが，眼の位置を動かしても映像が変わらないことなどによる違和感があること，像の飛び出し量によっては眼の疲労を感じやすいことなど，長時間テレビを見続ける家庭向け放送サービスとしては課題があることなども示された。それが現在進められている視覚疲労のない空間像再生型立体テレビの研究につながっている。

またヒューマンサイエンスの研究として，高齢者や障がい者にやさしい放送サービスをめざす研究が進められ，今日もユニバーサルサービスの研究として続いている。具体的には，早口のしゃべりが聞き取りにくい高齢者向けに声の質は変えずにゆっくりと変換する話速変換技術，聴覚障がい者向けにアナウンサーの音声をリアルタイムに字幕に変換する音声認識による字幕制作技術や，天気予報やスポーツ実況を手話で表現する手話CG生成技術などである。これらのうちリアルタイム字幕，話速変換，手話CGなどは放送やインターネットでのサービスとしてすでに実用化されている。基礎研時代は画像・音声を受容する人間の特性を明らかにすることが研究の主目的であったが，人それぞれの情報受容特性を明らかにしたうえで最適な形に情報を変換して届けるという研究に進化している。

(2) 社会を変えるAI技術

2012年，従来に比べて極めて高い画像認識能力を示すコンボリューショナル・ニューラルネットワーク（CNN）または深層学習ニューラルネットワーク（DNN）と呼ばれるニューラルネットワークが一躍脚光を浴び，今日，画像認識だけでなく日常的に幅広く使われている[6)]。いわゆるAIである。例えば，囲碁や将棋番組で形勢判断や次の一手を表示するなど，テレビでもおなじみである。実際，放送技術研究所でもDNNを応用する研究は多数行われており，顔画像認識，映像要約，モノクロ・カラー画像変換，音声合成，自動翻訳など用途は幅広くかつ高度な応用分野である。

DNNというニューラルネットワークは畳み込み層と呼ばれる特徴抽出層とプーリング層と呼ばれる位置ずれ許容層を繰り返す階層構造を持っている。また入力に近い層では細部の情報，奥の層では全体像に対する処理を行う。この説明でお分かりのように，基本構造と処理概念は福島のネオコグニトロンそのものであり，その規模を大きくするとともにBP学習を導入して大量のデータで学習させたニューラルネットワークにほかならない（藤井2019）。先に触れたようにネオコグニトロンにBP学習を導入する試みは1980年代後半から行われており，それが二十数年後の2012

年に花開いたのである。福島がネオコグニトロンを提唱してから数えると実に33年の歳月が経過していた。

今やDNNを用いたAI技術は放送分野は言うに及ばず，車の自動運転，顔認識などを利用したセキュリティー，医療分野での自動診断など，幅広い分野で利用されつつあり，さまざまな社会課題の解決に貢献することが期待されている。そういった技術のコアになる部分が実はNHKの研究所の研究成果を源流に持つということを改めてクローズアップしておきたい。また世のなかを変えるほどの研究が花開くまで，長い年月にわたって連綿と続けられた研究者たちの飽くなき探求心と地道に積み重ねられてきた数々の努力に改めて敬意を表したい。

なお福島は2021年に「最初のディープニューラルネットワーク『ネオコグニトロン』の発明を通して神経生理学の原理を工学に応用したパイオニア的研究」により今日のAI技術の礎を築いた功績が認められ，アメリカ・フランクリン協会のバウアー賞を受賞した。

5 むすび

ここまでNHKの技術研究の流れを振り返り，特に1965年から1981年までの基礎研究所での研究に焦点を当てて，その成果が今日の放送や社会にどのように生かされているかを述べた。敗戦から立ち上がり世界に追い付き追い越し，独自の哲学と信念のもとに進められた放送技術研究所の基礎研究が現代にどのように反映されているか，読者の理解の一助になれば幸いである。

残念ながら筆者の専門性の関係から，本稿の内容が視覚分野の基礎研究とその成果に偏っているとのそしりは甘んじて受けざるを得ない。聴覚・音声分野や物性分野においても音声合成技術や有機ＥＬテレビなどにつながるさまざまな成果が上げられ，身近に利用されていることを申し添えておく。

さてこのようにNHKにおける基礎研究とその成果ならびに社会に与えるインパクトの大きさを振り返ってみると，基礎研発足時の前田義徳会長が基礎研職員に向けて語ったと言われる「放送のための研究はするな」という逆説的な言葉の意味の深さを改めて考える次第である。

注

1）1959年に係数特別研究室と物性特別研究室，1961年に視聴科学特別研究室，さらに1963年には記録技術特別研究室が新設された。

2）標準視距離：テレビシステムの設計では，縦方向の走査線間隔（今日的言葉では画素間隔）を見込む角度が1分（視力1.0の人の弁別限界）になる視距離を標準視距離と定義している。標準視距離からテレビ画面を見れば走査線や画素などが見えない状態で映像を見ることができる。ハイビジョンでは画面の高さの3倍が標準視距離となる。縦方向の画素数が多くなれば近くから見ても画素の粒が見えないため，画素数が2Kに比べて2倍の4Kテレビ，4倍の8Kテレビはそれぞれ画面の高さの1.5倍，0.75倍まで近づいて見ることができる。2K，4K，8Kは画面の縦横比は同じなので，画面に近づいて見るほど画角が大きくなり，より臨場感が高まる。8Kの場合の画角は100度であり臨場感が最大限感じられる映像システムという設計である。

3）8Kシステムの規格を検討するにあたって画角と臨場感の関係を調べる心理実験は再度行っているが，1979年の実験と同様の結果が得られている。

4）バックプロパゲーション学習（BP学習）：入力信号と最終層のニューロンの正解値を対にして大量のパターンをニューラルネットワークに提示し，最終層の誤差が小さくなるように少しずつ細胞間の結合係数を変えるというサイクルを繰り返す学習法。最終層の誤差を順次前の層に伝搬させる形で学習が進むことからエラーバックプロパゲーション学習（あるいは単にバックプロパゲーション学習）と呼ばれる。従来なら実現したい機能をプログラム言語に書き下して装置を製作していたところを，学習用データと正解値の対を用意してひたすら学習させれば装置の機能を設定できるという利便性から，BP学習型ニューラルネットワーク（BPネット）の研究は1986年以降一大ブームとなった。その後さまざまな課題が見つかりブームは去ったものの2012年以降DNNの提案で再度大きなブームとなり今日に至っている。

5）YouTube上で"NEOCOGNITRON"で検索すると見ることができる

6）従来は3層構造のネットワークを学習していたのに対して，CNNでは3層を超える多層のネットワークをバックプロパゲーション学習することから深層学習（ディープラーニング），またそのネットワークを深層学習ニューラルネットワーク（DNN）と呼ぶことも多い。

参考文献

●NHK総合技術研究所・放送科学基礎研究所編（1971）『研究史'60～'69』日本放送出版協会
●NHK総合技術研究所・放送科学基礎研究所編（1981）『五十年史』NHK総合技術研究所
●坂田晴夫（1980）「カラーテレビジョン高彩度画像の解像度ー視覚の三原色空間周波数特性とNTSC信号の改善」『テレビジョン学会誌』34巻2号
●佐藤勝昭，斎藤秀昭，永田宇征他（2009）「オーラルヒストリー 樋渡涓二名誉会員」『映像情報メディア学会誌』63巻7号
●高田善彦（1930）「技術研究所の開始に際して」『調査月報』3巻6号
●畑田豊彦，坂田晴夫，日下秀夫（1979）「画面サイズによる方向感覚誘導効果ー大画面による臨場感の基礎実験」『テレビジョン学会誌』33巻5号
●福島邦彦（1979）「位置ずれに影響されないパターン認識機構の神経回路モデルーネオコグニトロン」『電子通信学会論文誌』J62-A,10
●Fukushima, K., Miyake, S., & Ito, T.（1983）. Neocognitron : A neural network model for a mechanism of visual pattern recognition. IEEE Transactions on Systems, Man, & Cybernetics, 13（5）
●藤井真人（2019）「源流から辿る畳み込みニューラルネットワーク」『映像情報メディア学会誌』73巻5号

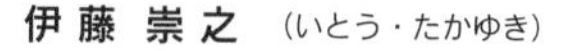

伊藤 崇之（いとう・たかゆき）

一般財団法人 NHK財団 技術事業本部システム技術部 技術主幹。主な著書・論文に，『スーパーハイビジョン技術』（共著）（NHK放送技術研究所，2021年）／「8K映像システムの医療応用」『映像情報メディア学会誌』Vol.71，No.5，pp.707-711（2017年）／「メディアアクセシビリティの現状と展望」『映像情報メディア学会誌』Vol.67，No.11，pp.949-954（2013年）／『3次元映像の基礎』（共著）（オーム社，1995年）など。

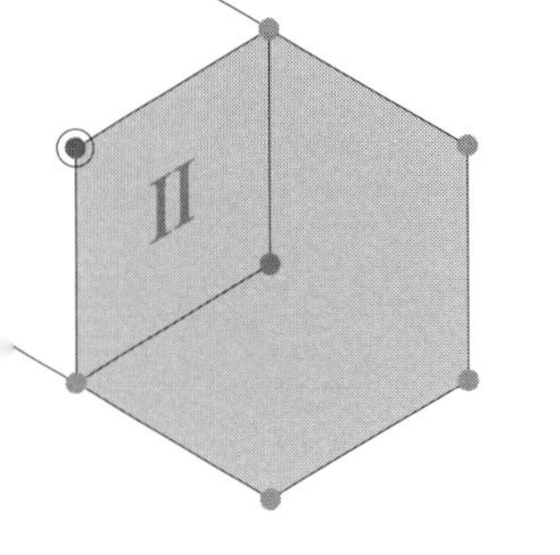

衛星放送の開発から実現へ

正源 和義
（元NHK放送技術研究所）

1 はじめに

衛星放送のもととなった技術は1960年代の衛星国際中継であった[1)]。1960（昭和35）年ローマオリンピックでは，コマ撮りした画像を低速走査で短波回線により東京へ伝送し，これを日本のテレビ方式に変換し放送に使用した。1964年東京オリンピックでは，静止衛星シンコム3号を使ってアメリカへテレビ画像が伝送された。1965年にはインテルサットI号衛星が打ち上げられ，衛星国際伝送は商用化された。

このような状況で1965年，NHKの前田義徳会長は衛星放送構想を発表した。なお，この前年1964年にABU（アジア太平洋放送連合）が設立されているが，当時のアジア加盟局の要望は開発途上国のための衛星の打ち上げと教育番組提供であった[2)]。ABUのための放送衛星システムの検討や国をあげての放送衛星の開発が，日本での衛星放送の開始やITU（国際電気通信連合）での放送衛星プランにつながっていった。

日本の衛星放送の歴史を**図1**に示す。実用放送衛星BS-2によって，1984年，日本の衛星放送が開始された[3)]。これが世界で最初の衛星放送

図1　日本の衛星放送の歴史

1960年	1970年	1980年	1990年	2000年	2010年	2020年
NHK研究開始（1966年）	BS-E打ち上げ（1978年）	BS-2打ち上げ（1984年/1986年）	BS-3打ち上げ（1990年/1991年） BSAT-1打ち上げ（1997年/1998年）	BSAT-2打ち上げ（2001年/2003年） BSAT-3a打ち上げ（2007年）	BSAT-3b打ち上げ（2010年） BSAT-3c打ち上げ（2011年） BSAT-4a打ち上げ（2017年）	BSAT-4b打ち上げ（2020年）
		放送開始（1984年）　本放送開始（1989年） アナログ放送→		MUSE終了（2007年）	放送終了（2011年）	
				放送開始（2000年） デジタル放送→	新4K8K衛星放送開始（2018年）	

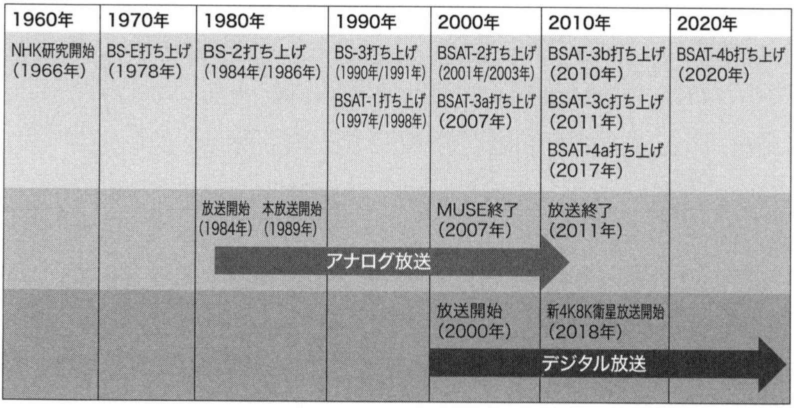

としてIEEEマイルストーンによって認められた[4]。2000年12月BSデジタルハイビジョン（HDTV，2KTV）放送が開始され[5]，2018年12月，新4K8K衛星放送（UHDTV, Ultra-High Definition TV）が開始された[6]。

本稿では，1966年の衛星放送研究開始から現在に至るまでの衛星放送の研究の歴史について述べる。特に，BS-3以降，筆者が研究で取り組んできた放送衛星搭載用アンテナについても述べる[7]。

2 衛星放送の研究開始からBS-3までの研究の歴史

（1）日本における衛星放送の研究開始

1965年8月に衛星放送構想を発表したNHKの前田義徳会長は，翌月，新聞社とのインタビューで，以下のように述べている。

NHK前田会長当面の問題語る
本社阿川社長と特別インタビュー
放送衛星をNHKで
今や世界各国も研究中
「国民のもの」を前面に
営業局設置して積極化
顕著な受信者との結びつき

NHK前田会長の衛星放送構想について伝える『電波タイムズ』記事（1965年9月2日）

- 1965年6月にヨーロッパ放送連合総会に出席した。アメリカのアーリーバードによる衛星中継放送の議論があり，ヨーロッパでは衛星中継放送を前提に議論されていた。人工衛星による放送もしくは世界的中継は時間の問題（実用化の時期）との印象を受けた。
- 欧米に遅れないように，衛星自体が放送のために造られた放送衛星を日本で早く打ち上げる必要がある。

- 衛星放送は，テレビ放送が経済的に全国を100%カバーするための解決策（難視聴解消）になる。
- アジア，アフリカとの結びつきを強固にできる。前年1964年のABU（アジア太平洋放送連合）の第1回総会（シドニー）で，テレビジョンの教育放送，日本からの番組提供，番組交換に人工衛星を使う要望を受けた[8)]。

NHKは放送法であまねく全国に放送波を送り届けることが義務づけられている。1961年3月末のNHK総合テレビ，教育テレビの局数はそれぞれ93局と24局，カバレージは82％と51%であった。1969年3月末のNHK総合テレビ，教育テレビの局数はそれぞれ655局と644局，カバレージはどちらも95.5％であった。この当時は，年間200局を超える置局の時代であった。このあとも置局は進められ，約3,500局まで達したが，カバー率の改善効果はだんだん低くなっていった。地上の送信所だけで，100%カバーすることが不可能なのは明らかである。このため，衛星放送によりあまねく放送を届けることを実現しようとした。こうしてNHKは会長による衛星放送構想の発表の翌年（1966年）から研究を開始した。NHK総合技術研究所（1971年）『研究史 ’60～’69』には以下の記述がある。ここには衛星放送の実現に向けて，放送衛星中継器からテレビ信号の伝送方式，さらに家庭用受信機まで，多様な取り組みがなされたことが記されている。

放送衛星の研究

当所としては，放送衛星の将来の利用形態についてのシステム工学的研究を軸に，衛星用テレビ中継器，アンテナなどの搭載機器の調査，素子，部品の宇宙環境における信頼性，太陽電池の能率改善，放送衛星に適した音声およびテレビ信号の伝送方式，衛星放送用の簡易受信機などの研究を進め，アジア放送連合の要請に応える衛星放送システムの提案をはじめアメリカNASAのATS-1号衛星を利用したカラーテレビPCM音声多重伝送などの実験を行い，それぞれ所期の成果を収めて来た。また，衛星放送のための専用周波数帯については，地上放送との両立性，太陽雑音電波を利用した電波伝搬特性の調査結果などから12GHz帯が適当であるという結論に達しており，これは昭和46年に開催される，宇宙通信に関する世界無線主管庁会議に対するわが国の主要な提案内容の一つとなっている[9]。

NHKは，ABU地域（アジア太平洋放送連合地域）のための放送衛星設計を1969年の第6回ABU総会に提案した。このときのABU-12001衛星の軌道位置は，アジアがよく見渡せることから東経110度に選ばれた。周波数は4GHz帯，UHF帯，12GHz帯が検討された。

ABU地域のための放送衛星は結局実現しなかったが，東経110度の静止軌道位置は，日本から見ると春秋分の衛星の食[10]が午前2時ごろに生じることから，1977年の12GHz帯を利用する放送衛星プランを決めた世界無線通信主管庁会議-放送衛星（WARC-BS）で，日本に割り当てられた。

（2）BS-3までの研究の歴史

日本では，図1に示すように，1978年4月，世界に先駆けて実験用中型放送衛星BS-Eを打ち上げて，1982年1月までの3年以上にわたって実験放送を実施した。

さらに，1984年1月，実用衛星BS-2aを打ち上げた。残念ながら3本搭載したTWTA（進行波管増幅器[11]）のうち2本が軌道上で故障し，1チャンネルの放送となったが電波は定常的に発射され，放送は継続された。BS-2aに引き続いて打ち上げられる予定だったBS-2bは地上でTWTAの試験を念入りに行い，予定より約1年遅れて，1986年2月に打ち上げられ，同年12月からNHK 2チャンネルの定常放送が開始された。BS-2aが打ち上げられた1984年当時の各国の衛星放送導入の状況は以下のようなものであった[12]。

アメリカでは，1980年代，衛星放送計画が多く立てられたが，放送衛星よりも送信電力が小さい通信衛星経由で多彩な番組が配信されることからCATVが急速に発展，普及したこと，通信衛星の映像を家庭で直接受信できることから，各社は相次いで撤退していった。衛星放送の実用化という点ではカナダの放送を含む多目的衛星ANIK-C2の低出力の電波（15W）を直径1.2m程度のパラボラアンテナで直接受信するものが世界で最初であった。しかし，契約世帯が伸びず，わずか1年半後に放送を中止した。アメリカで衛星放送が実現したのは，欧州や日本での衛星放送の普及が進行したあとの1990年代であった。

西ドイツ，フランスでは230W送信電力，3チャンネルで同じ仕様の衛星を使い，衛星放送を開始したが，欧州のアナログ衛星放送方式であるD2-MACの受信機が普及しなかった。他方，アストラやユーテルサットの通信衛星を使った低送信出力（50W程度），多チャンネル衛星放送が成功を収めた。

欧米のこのような状況のなか，日本の衛星放送は，100W級の送信出力，2～4チャンネル，45cm受信アンテナ，低損失コンバーター[13]というシステムで1984年から継続して衛星放送電波を送出し，成功を収めたことは特筆すべきことである。アメリカの衛星放送は日本から学び，45cm受信アンテナでシステムをくみ上げたといわれる。

衛星は全国を一挙にカバーできるため，放送に最も適している。また，難視聴問題を一挙に解決することができた。当時の衛星放送のテレビ映像は走査線 525本の標準テレビジョンで，伝送方式もアナログで変調はFM（周波数変調）であった。これは，地上放送のAM（振幅変調）より雑音に強く，また電波の反射波による混信がないため，ゴーストのない鮮明な画像を直接家庭に送り届けることができた。なお，音声信号に関しては，デジタル（PCM）符号化したのち，数チャンネル分を時分割多重し，5.727272 MHzの副搬送波を デジタル変調（4相DPSK，Differential Phase Shift

Keying）して映像信号と周波数多重し，FM変調された。音声はすでに高品質な特長を先取りしていた。

放送衛星の電波は，赤道上空36,000kmの静止軌道から地球に向かって照射されるので，どうしても国境を越えて外国にも漏れてしまう。このため，外国衛星との有害な干渉を避けるため，国際的に決められた周波数と軌道を使い，電波の技術基準も国際的に統一したものとしなければならない。このような周波数の分配や，技術基準は国連の一機関である国際電気通信連合（ITU）が行っており，NHKは放送衛星関連の会合に初期の段階から参加し，寄与してきた。12GHz帯（11.7-12.2GHz）放送衛星の場合，プランによって，世界各国に平等に周波数と軌道を与えている。

1977年のWARC-BSで，第一地域（欧州，アフリカなど）と第三地域（アジア，オセアニア）のすべての国に，12GHz帯の周波数と軌道が割り当てられた。日本は，東経110度の軌道位置に，8つのチャンネルが割り当てられた。なお，フィーダリンク（地球から衛星への放送番組の伝送）については，1988年のWARC-ORBで17GHz帯（17.3-17.8GHz）の割り当てが行われた[14)]。

(3) 焦点となった送信アンテナの開発

次に，BS-2やBS-3に反映された衛星機器の開発技術について述べる。日本の放送・通信衛星の開発は，BS-2，BS-3までは，実験用衛星計画，次に，技術開発と実用の相乗りという形で，国の宇宙開発計画として進められてきた。ユーザー（NHK，NTT）は計画総開発費の60～65%を，国が技術開発費として残りを負担し，宇宙開発事業団が国内メーカーに衛星を発注する形態がとられた。

表1に国産放送衛星の変遷を示す。1990年，1991年打ち上げのBS-3a，BS-3bでは，83%の国産化率を達成した。

表1　国産放送衛星の変遷

	名称	打ち上げ		衛星の概要	目　的
実験放送衛星	BS-E	1978年	アメリカ デルタ ロケット	・約350kg(静止軌道上初期) ・2トラポン(100W)+予備1 ・約154億円(国) ・東芝(国産化率15%)	・衛星放送システムの技術的条件の確立 ・制御，運用技術の確立 ・受信効果の確認
実用放送衛星	BS-2a	1984年	種子島 N-II ロケット	・約350kg(静止軌道上初期) ・2トラポン(100W)+予備1 ・約262億円(NASDA，RRL，NHK) ・東芝(国産化率31%)	・テレビジョン放送難視聴の解消など ・放送衛星に関する技術の開発
	BS-2b	1986年			
実用放送衛星	BS-3a	1990年	種子島 H-I ロケット	・約550kg(静止軌道上初期) ・3トラポン(120W)+予備3 ・約374億円(NASDA，CRL，NHK，WOWOW) ・日本電気(国産化率83%)	・BS-2サービスの継承，沖縄，小笠原などの離島を含む日本全土への衛星放送サービス ・増大かつ多様化する放送需要に対処 ・特色 (a)高出力化(120W) (b)多チャンネル化(3ch) (c)長寿命化(5→7年) (d)国産技術の採用(アンテナ，中継器，AKMなど)
	BS-3b	1991年			

(NASDA NOTE 2000より作成)

放送衛星の中継器の例としてBS-3の構成を**図2**に示す。地球から送られてきた信号はアンテナで受信されたあと，14GHz帯から12GHz帯に周

図2　BS-3中継器の構成

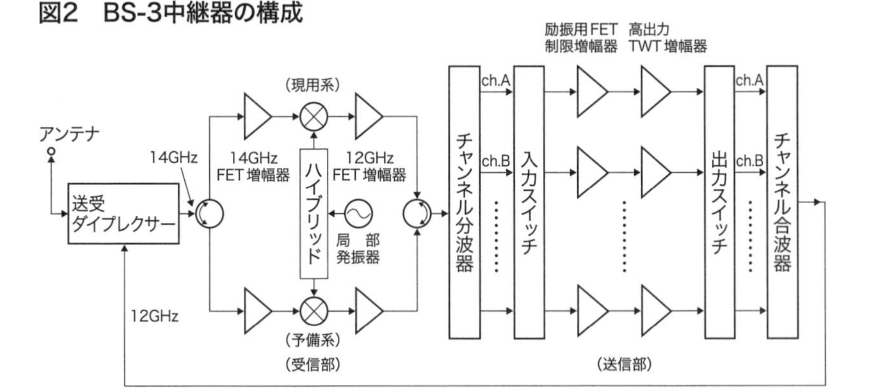

波数変換されて，チャンネル分波器（入力マルチプレクサ）で各チャンネルに分離される。各チャンネルの信号は，各々，進行波管増幅器（TWTA）で増幅されて，チャンネル合波器（出力マルチプレクサ）ですべてのチャンネルがまとめられる。このあと，アンテナを通して日本へ電波が届けられる。

図3にBS-2（1984年打ち上げ）に搭載されたアンテナとその放射パターンを示す15)。

BS-2アンテナは3本の給電ホーンとオフセットパラボラ反射鏡との組み合わせであったが，図3のように，本土，沖縄，小笠原用に1本ずつ円形の給電ホーンを用いている。しかし，沖縄用ホーンをそのビームが沖縄に向くような場所に置こうとしても，本土用ホーンが邪魔するので，離し

図3　BS-2衛星搭載アンテナと放射パターン

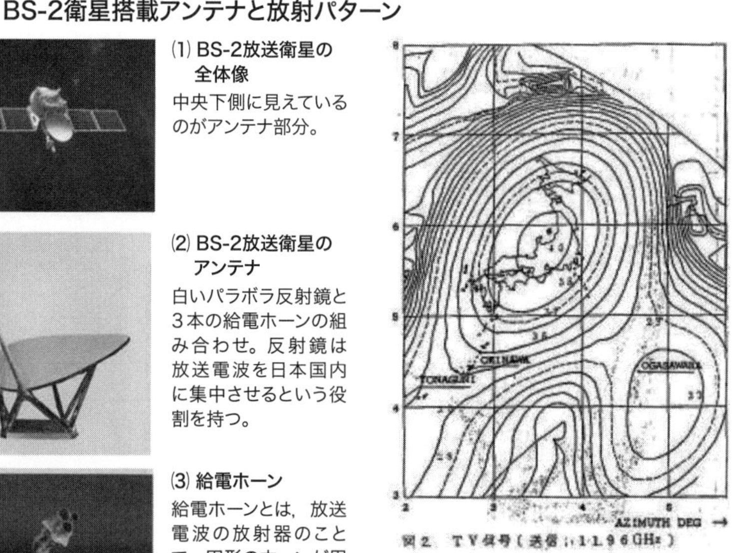

(1) BS-2放送衛星の全体像
中央下側に見えているのがアンテナ部分。

(2) BS-2放送衛星のアンテナ
白いパラボラ反射鏡と3本の給電ホーンの組み合わせ。反射鏡は放送電波を日本国内に集中させるという役割を持つ。

(3) 給電ホーン
給電ホーンとは，放送電波の放射器のことで，円形のホーンが用いられた。BS-2では，本土用，沖縄用，小笠原用の3本が使用された。

(4) BS-2の放射パターン
放射パターンは，衛星のアンテナからどこに電波が届くかを示したもの。この放射パターンからは，沖縄にうまく届いていない（利得値が低い）ことが見てとれる。

て置かざるをえない。その結果，沖縄用ビームは沖縄を外れてしまい，沖縄方向のアンテナ利得（放射電力）が低かった（32dBi程度）。このため，BS-3に向けて，沖縄方向のアンテナ利得をいかに上げるかが課題となった。そこでBS-2（図2）では本土用と沖縄用に分けていた2本の給電ホーンをひとつにまとめ，ホーン開口部の形状を円形から楕円形に変えることを考えた。NHK技研では，BS-3に用いることを目標に楕円開口コルゲートホーン（内側に溝を切った構造）の開発を進めた[16)]。

図4にBS-3（1990年打ち上げ）に搭載されたアンテナの放射パターンを示す[17)]。楕円コルゲートホーンが本土と沖縄をまとめてカバーするので，BS-2と比べて沖縄のアンテナ利得が4dB程度向上している（36dBi程度）。

放送衛星搭載用TWTAについては，BS-3で性能と信頼性を向上させた

図4　BS-3衛星搭載アンテナと放射パターン

⑴ BS-3放送衛星の全体像
中央に見えているのがアンテナ部分。

⑵ BS-3放送衛星のアンテナ
パラボラ反射鏡と2本の給電ホーンの組み合わせ。

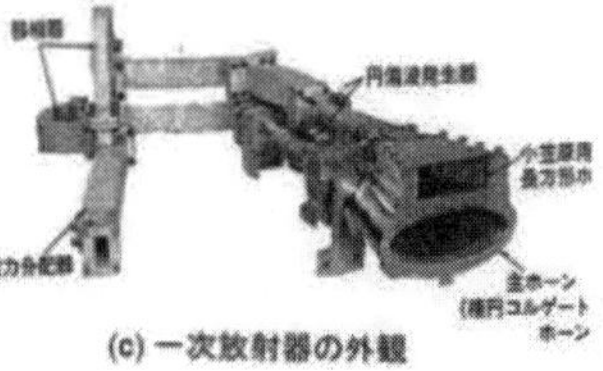

(b) アンテナの外観

(c) 一次放射器の外観

⑶ 給電ホーン
BS-3では，本土用と沖縄用に楕円形，小笠原用に長方形の2本が使用された。

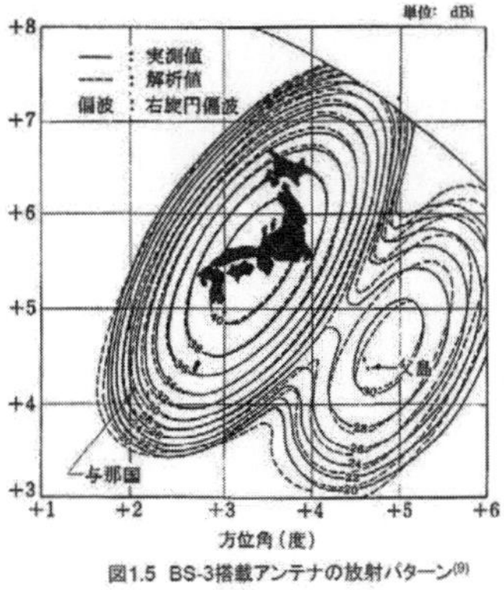

図1.5 BS-3搭載アンテナの放射パターン(9)

⑷ BS-3の放射パターン
この放射パターンから，本土，沖縄，小笠原に放送電波が効率的に届いていることが見てとれる。

TWTAの国産化を目標に，NHK技研で1978年からヘリックス型100W TWTAの開発を開始した**（図5）**[18]。

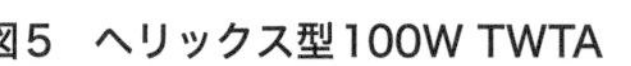
図5　ヘリックス型100W TWTA

TWTAは真空管であるため，ヒーターで電極を温めて電子を放出させる。この電子銃がヘリックス（金属の渦巻線）のなかを走行する。電波はヘリックスの線路に沿って伝搬し，電子銃の持つエネルギーが電波に乗り移ることで電波の増幅が行われる。

当時のTWTAの開発目標は，広帯域化（27MHzという帯域幅で動作），低電圧動作（数キロボルトの電圧が必要），小型・軽量化，効率の改善と信頼性の確保（故障しないこと）である。これらの目標を達成するためにヘリックスの巻き線のピッチを電子銃の走行速度に合わせて変えたり，ヘリックス内の走行を終えた用済みの電子を集めるコレクターを電子の速度に合わせて4段に分割したりした。試作した100W TWTAは出力141W，効率47%を得た（個体増幅器では20%程度である）。このTWTAについては予備的な振動試験，および，真空チャンバー内での試験を実施した。最も重要な信頼性確保のために，TWTAの連続動作試験を行い，1980年から1983年までで，累積動作時間は約8万時間に達し，それ以後も続けられた。

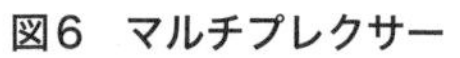
図6　マルチプレクサー

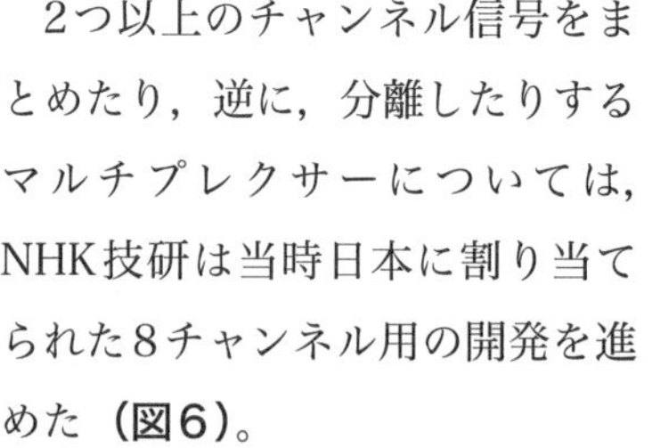

2つ以上のチャンネル信号をまとめたり，逆に，分離したりするマルチプレクサーについては，NHK技研は当時日本に割り当てられた8チャンネル用の開発を進めた**（図6）**。

地球から放送衛星に送られてく

る電波はこの8チャンネルがまとまって受信され，12GHz帯に変換される。こののち，個々の8つのチャンネルに分波し（入力マルチプレクサー），各チャンネルをTWTAで増幅し，再度8つのチャンネルを1つの電波にまとめている（出力マルチプレクサー）。従来のマルチプレクサー技術では次隣接チャンネル（チャンネル1と3など，奇数番号チャンネル間隔）での干渉量を抑制する必要があった。この目標達成のため，従来実用化されていなかった楕円関数型2重モードフィルターという特性のよい新しい技術を用いたマルチプレクサーの研究開発を進めた。

所要特性を検討した結果，次隣接チャンネルでの最小減衰量を55dBとし，分波器（入力マルチプレクサー）に40dB，合波器（出力マルチプレクサー）に15dBを割り当てた。分波器用として6～8段の，合波器用は4段の楕円関数型フィルターが適していることを明らかにし，従来のチェビシェフ型と比べ段数の低減と帯域内伝送特性の改善を図った。開発したフィルターの特性をもとにマルチプレクサーの設計仕様を定め，BS-3の開発に反映させた[19)]。

3 BS-3以降のミッション搭載機器研究の歴史

(1) 日米衛星合意の影響

1980年代末ごろから，アメリカはスーパー301条をもとにスーパーコンピューター，木材加工品とともに，人工衛星問題を取り上げ，1990年6月の「日米衛星合意」によって，日本の研究開発衛星以外の政府および政府関係機関の人工衛星の調達については，オープン，透明かつ内外無差別の手続きによって行われることになった。

この「日米衛星合意」は日本の宇宙産業（衛星メーカー）にとって大打撃になったといわれている[20)]。国産実用衛星の開発中断によって，メーカーは実験衛星（開発衛星）を造るか，外国衛星メーカーとの競争に打ち勝って国内外の実用衛星の受注を目指すことになった。しかし，実験衛星（開発衛星）の場合，実験衛星との位置づけから3年や5年程度の短いミッションを実証すればプロジェクトは終了し，長期運用による宇宙実証技術が獲得できなくなり，また，毎回リスクの高いチャレンジングな目標を掲げる実験衛星の開発に傾注しなければならなくなったのである。

通信衛星，放送衛星はCS-3，BS-3の後継機としてのCS-4，BS-4の計画がなくなり，オープン，透明かつ内外無差別の手続きによって行われることになった。このような背景のもと，1993年4月，BS-3後継機の調達法人として，NHK，日本衛星放送(株)，民間放送局などを株主とする，「株式会社 放送衛星システム（B-SAT）」が設立された。事業内容は，放送衛星の調達，中継器の譲渡またはリース，管制および管理，そのほか付帯・関連する一切の事業（アップリンクなど）である。B-SATは4チャンネル衛星（BSAT-1）を1997年4月までに打ち上げることとされた。

日本では，BS-2，BS-3まではフィーダリンクに14GHz帯を，固定衛星業務と調整を行うという条件で使用してきた。BSAT-1からは，17GHz帯のみを使っている。

（2）日本の地形に合わせた成形ビームアンテナの開発

BS-3アンテナは楕円ビームで日本をカバーしているため，海上に放射される電波が多い。このため，衛星から見た日本の地形に合わせた高度な成形ビームを実現するという課題が残されていた。このようなアンテナが実現できると日本向けの衛星放送サービスの改善になるばかりでなく，近隣諸国への干渉電波の強さも弱めることができ，近隣諸国との周波数共用が容易になるという利点もある。NHK技研では，BS-3以降の放送衛星に搭載することを目的に，日本の地形に極めてよく合う高精度な成形ビームを放射する鏡面修整アンテナの研究を行った[21)]。

アンテナの放射パターンはアンテナ鏡面に励起される電流の振幅と位相

分布の形で決まる。例えば，**図7(2)**のような放射パターンが欲しいとき，それに対応するアンテナの電流分布をどう求めるか（パラボラアンテナの鏡面に電流をどのように分布させるか）といういわば逆問題の解決が課題であった。筆者らは，パラボラ反射鏡の給電部に，**図7(1)**のように，仮想的に複数のホーンを並べ，その給電電力を変えることで，図7(2)のように，日本の形に合う成形ビームを得た。仮想マルチホーンの意味は，計算上はこのようなホーンの配置は可能だが，物理的にはホーン同士がぶつかり合うため，そのようなホーンの並びは実現できないことを意味している。このとき，仮想マルチホーンのビームがパラボラ鏡面上にあたってできる電流の位相分布を**図7(3)**に示す。このあとは，給電ホーンを1本にし，鏡面に凹凸をつけることで，図7(3)の位相分布を実現している。

図7　仮想マルチホーンを用いた鏡面修整アンテナ（反射鏡2枚）

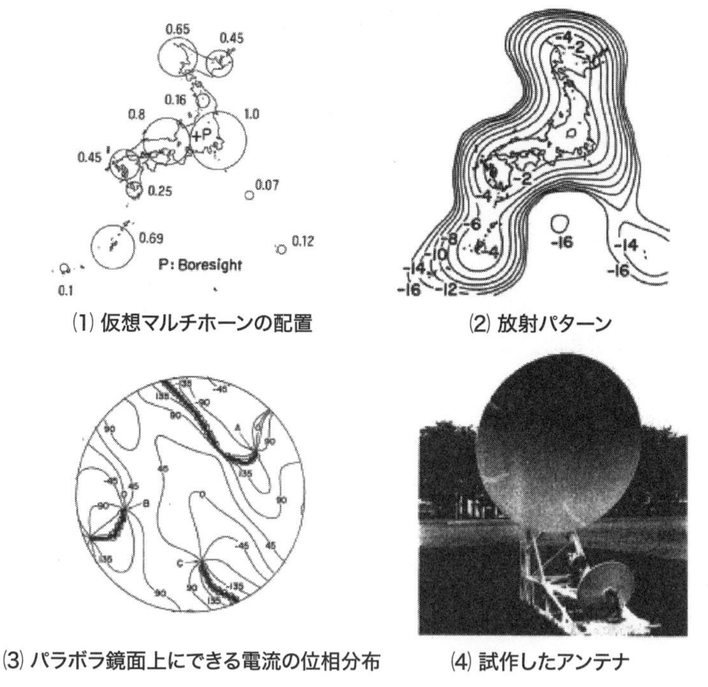

(1) 仮想マルチホーンの配置　(2) 放射パターン

(3) パラボラ鏡面上にできる電流の位相分布　(4) 試作したアンテナ

試作したアンテナを**図7**(4)に示す。この設計法で，任意形状で，かつ，日本の地形に忠実に沿う複雑な形状の放射パターンを得ることができたことは，画期的なことであった。しかし，図7(3)には3か所，等位相線が密集している部分がある。これらの場所では位相が180度から－180度に変化しており，位相的には連続であるが，実際に鏡面を削るときは不連続な段差になり，加工上の難しさがあった。図7(4)のアンテナを製造したメーカーの方もこの段差のある鏡面の加工にとても苦労したと，あとになって伺った。

鏡面段差を解消する鏡面修整高度成形ビームアンテナの設計法として，日本の地形に合った放射パターン上に多数の利得拘束点を設け，アンテナ鏡面を細かく分け初めに設定した目標利得に近づけられるように，各点に誘起される電流の位相を順次変えて，位相分布を求めた。この計算量は膨大であり，コンピューターの力を借りて初めて可能となるものであった。このようにして，日本の地形に合った放射パターンを実現する12GHz帯放送衛星用に設計試作した鏡面修整アンテナ（反射鏡1枚）と放射パターンを**図8**に示す[22)]。

図8　鏡面修整アンテナ（反射鏡１枚）と放射パターン

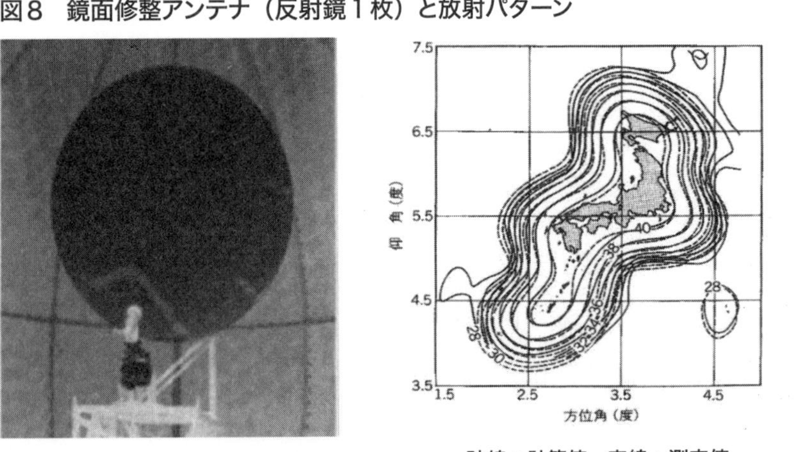

破線：計算値，実線：測定値

鏡面修整アンテナは，給電ホーンが1本で構造が簡便であり，かつ，サービスエリアの形に忠実な成形ビームを作ることが可能である。従って，鏡面修整アンテナは放送衛星に最も適した方式であるといえる。鏡面修整技術が開発され，ほぼ任意の自由な形状の成形ビームアンテナが実現できるようになったが，アンテナ技術の発展ばかりでなく，大型の衛星が打ち上げられるようになったこと，膨大な計算を処理できるコンピューターが出現したことが背景にある。日本の放送衛星BSATは1997年打ち上げのBSAT-1以降，今日まで，すべて鏡面修整アンテナが使われている。

4 デジタル衛星放送研究の歴史

（1）BSデジタル放送

2000年12月に開始されたBSデジタルハイビジョン（HDTV，2KTV）放送には，日本が開発したISDB-S（Integrated Services Digital Broadcasting for Satellite）伝送方式が採用されている[23)]。特徴は以下のとおりである。

1つの中継器でより効率的に情報を伝えるために，トレリス符号化8相位相変調（TC-8PSK）というデジタル変調方式を採用し，周波数帯域幅をアナログ衛星放送の27MHzよりも広い34.5MHzと設定し，ロールオフ率0.35，シンボルレート28.86Mbaudを使い，正味約52Mbpsの情報レートを実現した。ロールオフ率は，誤りなく情報を伝送するための条件を満たすフィルタの減衰特性を表すもので，この値が小さいほど情報はたくさん送れるが，それだけ回路が複雑になる。シンボルレートは，本方式の場合，3ビットのデジタル信号をまとめて送る繰り返し周波数を表し，この数値が大きいほど情報はたくさん送れるが，電波の帯域幅が決められた値になるように制限される。34.5MHzという帯域幅は世界でも例がないものである。MPEG-2の画像符号化と組み合わせて，放送衛星の1つの中継器で2番組のデジタル高精細度（デジタルHDTV）放送を可能とした。なお，現在はMPEG-2の性能向上で，1中継器で3あるいは4番組の伝送を行っているチャンネルもある。この際，1つの衛星中継器を共用する複数の事業者が独立にサービスを提供可能とした。また，同一の放送事業者の番組でハイビジョンと標準テレビの混在編成を可能とした。

これにより，例えばスポーツ番組が予定より延伸しても，スポーツ番組と予定されていた番組を混成して放送できるようになった。EPG（電子番組ガイド）や各種データ放送（BML，Broadcast Markup Language）が可能となった。また，強い雨により電波が減衰したとき，画質を落として放送の遮断時間を短くする伝送方式を開発した。

音声についても高能率符号化方式（MPEG-2 AAC）を採用することで，従来の半分の128kbps程度でCD並みの高品質ステレオ放送を実現した。

BSデジタル放送の周波数は，それまでのアナログ放送用の8チャンネルのほかに，WRC-2000の再プランで新たに追加された4チャンネルも使えることになった，WRC-2000ではBSデジタル放送用に34.5MHzのチャンネル帯域幅を日本のプラン割り当ての12チャンネルすべてに適用することが承認された。

(2) 新4K8K衛星放送

2018年12月に開始された新4K8K衛星放送には，日本が開発したISDB-S3（Integrated Services Digital Broadcasting for Satellite-3）伝送方式が採用されている[24)]。特徴は以下のとおりである。

ISDB-Sよりさらに伝送効率を上げるために，ロールオフ率0.03（ISDB-Sでは0.35），シンボルレート33.7561Mbaud，変調方式を16APSK（16値の振幅位相信号点をとるデジタル変調），高効率な誤り訂正LDPC（低密度パリティチェックコード）の誤り訂正符号化率7/9とすることにより1中継器当たりの伝送容量約100Mbit/sを実現した。このように，ISDB-S

の伝送容量約52Mbpsと比べて約2倍になったことにより，1中継器で8KTV 1番組，あるいは，4KTV 3番組の伝送を可能としたのは画期的なことである。

新4K8K衛星放送の周波数は，プランの右旋円偏波（電波の進行に伴い電界の向きが右回りに回転する偏波）に加え，11.7-12.2GHzの左旋円偏波（左回りに回転する偏波）も使っている。左旋円偏波は，国際的な取り決めである無線通信規則に定められた調整手続きで日本が獲得したもので，BSAT-4a，BSAT-4bの放送衛星には，右旋円偏波用中継器が12チャンネル，左旋円偏波用中継器が12チャンネル，合計24チャンネルの中継器が搭載されている。

5 おわりに

日本の衛星放送の技術の進展や変遷，歴史を概観した。日本は世界に先駆けて，衛星放送の実現に取り組み，実用化の面でも成功を収めた。これは，いち早く衛星の将来性に気付いた先見の明，キーとなる技術である受信コンバーターなどの研究に取り組んだこと，その結果として小型受信アンテナの使用が可能になったこと，さらには，番組面，サービス開発面での貢献が大きい。

筆者が専門とする放送衛星搭載用アンテナについては，鏡面修整アンテナという新しい技術を導入することで，日本の地形によく合う成形ビームを実現させることができた。これによって，固定ビームについては一定の成果を見た。衛星は放送が最も適したアプリケーションであり，複雑な地形に合わせて日本の国土の隅々まで放送電波を届けるには，構造が簡単で高度な成形ビームが得られる鏡面修整アンテナが最も適している。実際，東経110度の放送衛星には，BSAT-1からBSAT-4シリーズまですべて鏡面修整アンテナが採用されている。なお，今後，12GHz帯より高い周波数を放送衛星に使おうとした場合，降雨減衰が大きくなるという問題がある。しかし降雨量は場所によって時間とともに変化する性質があるので，降雨量，降雨減衰量に応じて，地域によって放射電力を時々刻々変えられるような放送衛星が望まれる。このような軌道上でビーム形状を変えられるアンテナが今後の開発課題である。

放送衛星の開発は当初，国策として進められ，日本の技術力の向上に寄与してきた，他方，1990年の実用衛星調達に関する「日米衛星合意」によって，日本のメーカーは，不利な立場に立たされた。しかし，それを克服して，外国から実用衛星製造やロケット打ち上げを受注する例も見られるようになった。今後，日本の技術がより発展し，ますます放送衛星が発展するような取り組みが望まれる。

注

1）遠藤敬二編（1994）『NHKにおける宇宙中継に関する技術開発史』兼六館出版
2）野村達治（1974）「放送衛星問題の行方」『国際電気通信連合と日本』日本ITU協会
3）日本放送協会（1984）「放送衛星２号システムの概要（放送衛星特集）」『技研月報』Vol.27，遠藤敬二・泉武博・森下洋治・金原晃・高尾廣・今西正徳（2001）『放送衛星の基礎知識～ BSデジタル放送を中心として～』兼六館出版，横山正基（2015）「衛星放送実用化の道のりー安定な衛星放送システム実現までの苦難の道ー」『通信ソサイエティマガジン』No.32
4）IEEE（1984）“Milestones First Direct Broadcast Satellite Service” https://ethw.org/Milestones:First_Direct_Broadcast_Satellite_Service,_1984
5）NHK「テレビ放送の歴史」（NHKアーカイブス）
https://www2.nhk.or.jp/archives/articles/?id＝C0010507
6）総務省「衛星放送の現状」（2023年４月）
https://www.soumu.go.jp/main_content/000730686.pdf
7）正源和義（2011）「放送アンテナ技術の変遷」『映像情報メディア学会技術報告』Vol.35 No.41 pp.23-28
8）1964年，前田義徳NHK会長は初代のABU会長に就任した。
9）NHK総合技術研究所（1971）『研究史 '60 ～ '69』
10）食の間は放送衛星が地球の影に入るため，太陽電池での電力供給ができなくなる。現在では高機能なバッテリーが搭載されて食期間も衛星放送は継続できるが，当時は食が起こっている時間帯は衛星放送を停止していた。
11）TWTAは受信した微弱な電波を高出力に増幅する真空管型の機器で，固体増幅器に比べて高出力，高効率なので，今でも12GHz帯放送衛星の増幅器として使われている。しかし，当時はTWTAの製造技術が確立しておらず，世界中で故障事故が相次いだ。
12）正源和義（2014）「日本の衛星放送の歴史」電気技術史研究会，HEE-14-04, 2014.1.
13）内海要三（2007）「衛星放送受信技術」MWE2007.
14）正源和義（2020）「日本の衛星放送（BS）の周波数～アナログBSから新4K8K衛星放送まで～」『電波技術協会報』No.335
https://www.b-sat.co.jp/wp/wp-content/themes/b-sat/img/page/broadcasting-satellite/frequency.pdf

15）日本放送協会（1984）「放送衛星２号システムの概要（放送衛星特集）」『技研月報』Vol.27，梶川実他（1983）「放送衛星２号搭載用アンテナ（PFM）の開発」『昭和58年電子情報通信学会総合全国大会講演論文集』S7-S8

16）正源和義（1991）「だ円コルゲートホーンの溝の深さの設計と速度分散特性」『電子情報通信学会論文誌』Vol.J74-B2, No.5, pp.309-316

17）外山昇・正源和義（1984）「コルゲートホーン～放送衛星搭載用アンテナへの応用～」『技研月報』Vol.27 pp.54-58

18）山本海三・矢沢紀彦・森下洋二・佐々木誠・野本俊裕（1990）「放送衛星３号の開発に反映されたTWTAおよびマルチプレクサーの研究」『NHK技研R&D』No.11 pp.1-7

19）同上

20）高松秀男（2011）「スーパー 301条と日米衛星合意」『RFワールド』No.15

21）正源和義・王丸謙治（1990）「鏡面修整オフセット複反射鏡による放送衛星搭載用成形ビームアンテナ」『電子情報通信学会論文誌』Vol.J73-2, No.10, pp.528-535)，正源和義・西田勇人（1992）「鏡面段差をなくした放送衛星搭載用鏡面修整複反射鏡成形ビームアンテナ」『電子情報通信学会論文誌』Vol. J75-B2, No7, pp.447-4556

22）K. Shogen, H. Nishida, N. Toyama "Single Shaped Reflector Antennas for Broadcasting Satellites", IEEE Trans. Antennas & Propag., Vol.40, No.2, pp.178-187（1992），正源和義・西田勇人・外山昇（1992）「放送衛星搭載用１枚鏡面修整アンテナ」『NHK技研R&D』No.22, pp.15-26, 正源和義（2012）「放送アンテナ技術の発展とスーパーハイビジョン時代への課題」電子情報通信学会アンテナ・伝播研究会報告（2012年1月18日）
https://www.ieice.org/cs/ap/wpdat/history/lecture/rekishi201201.pdf

23）ARIB:「衛星デジタル放送の伝送方式」, ARIB STD-B20, 2001.5, ITU-R: "RECOMMENDATION ITU-R BO.1408-1, Transmission system for advanced multimedia services provided by integrated services digital broadcasting in a broadcasting satellite channel", 2002.

24）ARIB:「高度広帯域衛星デジタル放送の伝送方式（ISDB-S3）」, ARIB STD-B44 2.1版, 2016.3, ITU-R: "RECOMMENDATION ITU-R BO.2098, Transmission system for UHDTV satellite broadcasting", 2016.

正 源 和 義（しょうげん・かずよし）

東北大学 工学研究科情報工学専攻修士課程修了。博士（工学）。NHK放送技術研究所にて，放送衛星システム，アンテナ伝搬技術，伝送技術の研究に従事し，特に放送衛星搭載用成形ビームアンテナ実用化に貢献。NHK技術局，B-SATなどで，ITU-R（国際電気通信連合 無線通信部門），ABU（アジア太平洋放送連合）などの国際対応に従事。WRC-2000（世界無線通信会議）の12GHz帯放送衛星再プランに寄与。

8 デジタル転換への軌跡

黒田　徹

（元NHK放送技術研究所）

2000年から始まった衛星デジタルハイビジョン放送以降デジタル化を支える各種技術はさらに進化が進み，今ではその4倍の精細度を持つ4K，16倍の8K映像も放送されている。これらのデジタル映像は通信経由でも提供され，あらゆる手段で映像を入手できる時代になっている。

しかし，これらデジタル映像が家庭に届くまでに，さまざまな議論や課題があった。本稿では地上デジタル放送の実現を軸に，デジタル転換への軌跡を述べる。

1 デジタル化の初期

放送のデジタル化は，2000年を待たなくてはならないが，1980年ごろより，その動きが始まっていた。ICの進展に伴い，ラジオやテレビの受信機内の回路がデジタル化されていくとともに，1980年代にはCD（Compact Disc）などパッケージメディアが登場し，いわゆる電波の部分を除きデジタル化が急速に進んできた。

放送の分野では，1984年の衛星放送，1989年のMUSEハイビジョン定時実験放送の開始など，放送機器や信号処理の多くはデジタル化されていたが，電波の部分はアナログ方式を継続していた。

このようななか，1985年に文字多重放送が開始された。これは，アナログテレビ放送に文字をコード化してデジタル信号として多重する仕組みであり，誤り訂正やデータをパケット化して多重するなど，その後のデジタル放送の考え方が導入された。また，1990年代に開始されたFM多重放送は，デジタル信号をアナログFM放送に多重するが，文字多重放送の技術に加え，デジタル変調した信号をFM放送に多重するという，技術的にはデジタル放送に向けて一歩進んだものになった。

2 デジタル化の課題

多重放送の進展に伴い，技術要素としてはデジタル放送の基礎が築かれてきたが，完全デジタル化に向けては多くの課題があった。

(1) 新たな帯域の必要性

多重放送は，新たに多重放送が開始されても，従来の受信機はそのまま利用できる特長を持っている。例えば，文字多重放送が開始されても，多重信号を解釈する機能のない従来のテレビでも，引き続きテレビは視聴できる。**図1**にFM多重放送を例に多重技術と受信機の互換性のイメージを記載する。

図1　FM放送信号と受信機の進化

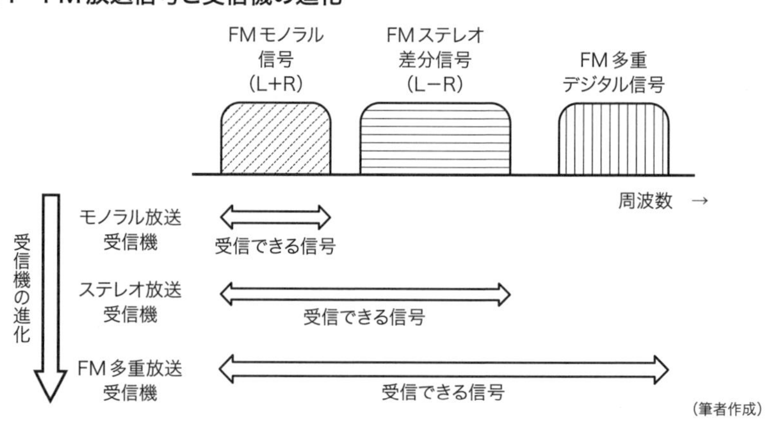

(筆者作成)

図1に示すとおり，新たなサービスを実現する信号を従来の信号に多重（FM多重放送の場合は周波数多重）する。従来の受信機は従来の信号のみ受信し従来どおりのサービスを受信するが，新たな受信機は，拡張した

信号も受信・解釈でき，新たなサービスが受信できるようになる。

しかし，完全デジタルテレビ放送は，多重放送ではないため従来のテレビでは全く受信できず，別の新しい周波数を確保し，そこでデジタル放送を開始し，従来のアナログ放送と両方同時に放送する，いわゆる「サイマル放送」を行うことが必須となる。

放送の歴史では，図1に示すとおり，白黒からカラー放送，モノラルFM放送からステレオ放送というアナログ時代の進化も含め，すべて「新たな信号を多重」するという技術を用い，従来の受信機を利用しながら新たなサービスを開始してきた。そのため，デジタル放送を開始する際に，新たな帯域を必要とすることは放送開始以降初めてのケースであり，その周波数確保や運用面も含め，大きな課題となった。

同じころ，1990年代に携帯電話のデジタル化が行われた。これも，従来のアナログ携帯電話では利用できず，新たな帯域を使って新たな端末で利用するものであり，また将来の普及も見据え，より多くの帯域が必要となってきていた。そのため，高い周波数を使っている衛星放送はともかく，携帯電話で利用しやすいUHF帯を使っている地上テレビ放送に，新たなデジタル放送用の帯域を割り当てる余裕はなかった。

当時の日本の地上アナログ放送には，VHF帯で1～12チャンネル，UHF帯で13～62チャンネルの計62チャンネル（1チャンネルは6MHzの帯域幅を持っている）が割り当てられていた。東京地区ではNHKが2チャンネル，民放が5チャンネル，県域放送が各県1チャンネル，放送大学が1チャンネルと合計9チャンネルしか利用しておらず，余裕が十分ありそうだが，実際には，津々浦々まで地上テレビ放送を届けるために，全国で約1万5,000チャンネルが必要で，上記62チャンネルを全国で使いまわしていた。遠くの地域をカバーするための電波が飛んできて，実際にテレビとして受信できないほど弱い電波となっていても，同じチャンネルに重なった場合は妨害となり，正常な受信ができなくなる。当時のテレビ放送の状況を，面積当たりのチャンネル数で計算すると，**図2**に示すとお

図2　面積当たりのテレビチャンネル数

	放送局数	チャンネル数	面積比を考慮したチャンネル過密度の比率
イタリア	5,087	60	0.44
フランス	10,244	57	0.52
スウェーデン	1,297	54	0.08
ドイツ	8,445	51	0.74
イギリス	3,750	45	0.53
アメリカ	8,456	68	0.02
日本	14,973	62	1

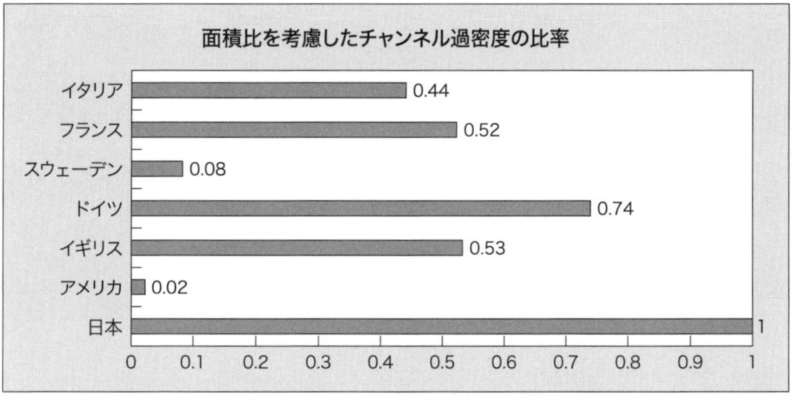

面積比を考慮したチャンネル過密度の比率

イタリア 0.44
フランス 0.52
スウェーデン 0.08
ドイツ 0.74
イギリス 0.53
アメリカ 0.02
日本 1
0 0.1 0.2 0.3 0.4 0.5 0.6 0.7 0.8 0.9 1

［「'96全国テレビジョン・FM・ラジオ放送局一覧」（日本），Broadcasting & Cable 1996年2月（米国），EBUリポート1995年9月（欧州）をもとにNHK作成］

り，日本のチャンネルの過密度が突出していることが分かる。

このような状況のなかで，デジタル放送用の新たな帯域を確保できるかが大きな課題となっていた。

（2）デジタル映像信号の圧縮

当時は，まだデジタル映像圧縮の技術研究が始まったばかりでもあり，ハイビジョンはもとより，標準テレビにおいても，アナログ放送と同等の画質を得るために必要なビット数が大きく，テレビの1チャンネルである

6MHz内で放送を行うことは難しく，特にテレビ放送の圧縮では，リアルタイムで処理を行う必要があり，さらに困難であるとされていた。

(3) 伝送技術

限られた帯域での伝送を考えた場合，容量の大きさと性能はトレードオフの関係にある。(2)とも関係するが，あまり圧縮せずに大きな映像信号を伝送しようとすると，正常に受信できる範囲が狭くなる。衛星放送の場合は，赤道上空3万6,000kmの静止衛星から飛んでくる電波を，家庭で設置できる45cm程度のパラボラアンテナで受信する必要がある。また，地上デジタル放送の場合には，アナログ放送への妨害を抑えるために，その10分の1程度の出力で，同じ範囲をカバーする必要があるなど，伝送技術への高い性能が求められていた。さらに，地上放送の場合には，ビルや山に反射した信号と重なって受信する，いわゆるマルチパス妨害（アナログ放送では映像が2重に映るためゴースト妨害と呼んでいた）という，デジタル伝送技術としては悩ましい問題もあった。

(4) 日本独自の課題

今ではスマートフォンなどを用い，あらゆる場所で動画を視聴できるが当時動画はテレビ放送のみであり，好きな場所や時間にテレビを視聴したいという要望が強く，自動車やバスでテレビ放送を受信したり，携帯型のテレビも多く販売されており，デジタル放送にするにあたって，これらのニーズを無視することはできないほど普及していた。

3 デジタル化を支える基本技術

(1) 映像圧縮技術の進展

1989年にMUSE（Multiple Sub-Nyquist Sampling Encoding）ハイビジョン放送が始まったころ，2節で述べたとおりデジタル映像圧縮技術が未熟で，デジタル放送に適したビットレートにまで圧縮することが困難であった。映像圧縮技術は，放送への応用のみならずパッケージメディアへの適用など多方面からのニーズもあり，1988年に動画の圧縮にかかわる標準化組織（MPEG, Moving Picture Experts Group）が発足した。1995年，ついに動画の圧縮としてMPEG-2 Videoが標準化された。この圧縮技術が，それまで不可能と考えていたデジタル放送を現実のものとするだけでなく，DVDなどのパッケージメディアへも採用され，世界のデジタル化を大きく進展させた。

日本では，MUSEハイビジョン放送を実施していたことから，デジタル化に向けて難しい判断を迫られることになった。しかし圧縮技術は，さらなる進展に向けて研究開発が進められており，衛星放送のみならず，地上放送でもデジタル化の可能性も見えてきたことから，デジタル化に向けた研究・議論が加速された。

結果としてMUSEは日本におけるデジタル化を阻害する象徴として語られ，2007年までの短命となったが，ハイビジョンによる制作，カメラ・VTRなどのスタジオ機器のハイビジョン化，ハイビジョンディスプレーなどの家庭用機器が，MUSEハイビジョン放送により世界に先駆けて開発されていたことから，その後のデジタルハイビジョン化にも大きなメリットとなった。

MPEG-2 Videoによる圧縮映像は，その圧縮の程度により，アナログ時代では経験したことのない歪が発生するが，数十分の1程度の圧縮では問題にならず，前後処理により100分の1程度まで圧縮することにより，

1.5Gbpsのハイビジョン信号が15Mbps程度になり，地上波でも利用可能なビットレートが実現できた。

その後も，圧縮技術の進化は続き，2003年にはMPEG-2 Videoの2倍の圧縮効率を持つMPEG-4 AVC（Advanced Video Coding）が規格化され，後述するワンセグで採用された。さらに，4K8Kで採用されているHEVC（High Efficiency Video Coding）はさらに圧縮効率があがり，もとの情報の1,000分の1程度まで圧縮して放送可能となっている。

（2）OFDMの出現

映像圧縮技術が進展したからとはいえ，特に地上波においては反射によるマルチパス妨害や，周波数有効利用の問題など，2節に示した各種問題を解決しない限り，デジタル放送を実現することはできない。

そのようななか，OFDM（Orthogonal Frequency Division Multiplexing）と呼ばれる方式が登場した。これは，超マルチキャリア伝送技術で，日本でも古くから研究されており，耐マルチパス妨害，周波数利用効率，移動受信性能の面で理論的に優れた性能を有することが知られていた。しかし，受信機において，当時一部高級な測定器にしか利用されていないFFT（Fast Fourier Transform）を使う必要があるなど，価格や装置の小型化が困難で放送の伝送方式としては俎上にあがらなかった。しかし，半導体技術の進展で，ヨーロッパのデジタル音声放送（DAB, Digital Audio Broadcasting）の伝送方式として採用され，1995年にイギリスで放送が開始された。テレビ放送への適用については，DABが1.5MHzの帯域幅であることに対し，日米では6MHz，ヨーロッパでは8MHzと広く，処理速度も高くなることから，さらに困難であった。しかし，OFDMは伝送特性が良いだけでなく，同じ周波数を使って中継局を設置するSFN（Single Frequency Network）も可能であり，周波数有効利用のためにも不可欠の技術となった。しかし，アメリカでは受信機の価格や普及の観点からOFDMではなく従来のシングルキャリアを用いた方式を導入した。そのため，ビルの反射によるマルチパス妨害の多い都市部では受信困難との指摘があったが，アメリカの都市部はケーブルテレビが中心であるなど，直接受信をしているケースがほとんどなく，あまり問題にならなかったようだ。また，図2に示したとおり，アメリカでは面積当たりの使用チャンネルがヨーロッパや日本に比べても少ないことから，周波数に余裕があり，SFNの活用も大きな要件にはならなかった。

一方，ヨーロッパでは比較的周波数が混雑していることや，DABでOFDMを用いた実績もあることから，テレビ放送においてもOFDMを採用した。

日本では，さらに周波数がひっ迫していることや，移動受信もできる方式であることが望まれたこともあり，OFDMを採用するだけでなく，さらに発展させた方式であることが求められた。

(3) BST-OFDM (Band Segmented Transmission - OFDM) の開発

デジタル伝送では，一般にデータ量を多くしようとすると伝送性能が劣化するなど，伝送容量と受信性能はトレードオフの関係にある（図3の斜線部分）。

地上放送に例えれば，ハイビジョンのような情報の多い信号を放送しようとすると，図3の右下の②印となり受信性能は弱くなるため，屋外にアンテナをしっかり立てることが必要となる。移動しながら簡易アンテナで受信するためには図3の左上の①印となり，容量が少なくなりハ

図3　伝送容量と受信性能の関係（イメージ）

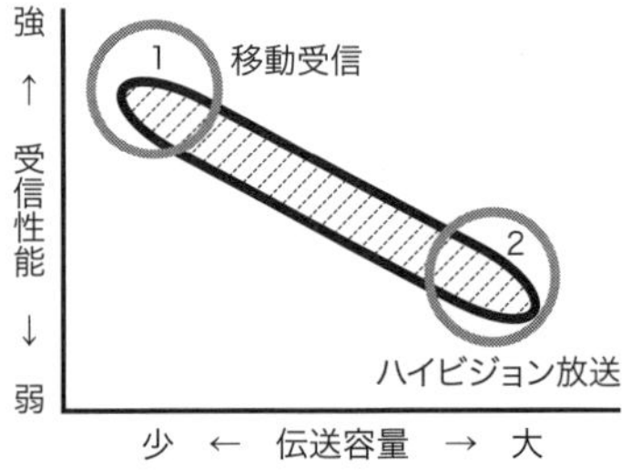

（筆者作成）

イビジョン放送はできなくなる。

アメリカやヨーロッパの地上デジタル放送では，図3の右下の②印を選択しているため，移動しながらテレビを視聴することはできない。従来のデジタル伝送の考え方では，図3の斜線範囲のどこか一か所しか選択することができず，欧米では容量重視の方式を選択した。

日本では，ハイビジョンと移動受信の両方を達成したいとする要望があり，BST-OFDMが開発された。BST-OFDMは，**図4**に示すように伝送帯域幅を複数のセグメントと呼ばれる部分に分割し，それぞれ個別に伝送方式が設定できる。すなわち，一つのセグメントでは図3の斜線部分一つしか設定できないが，伝送帯域幅全体では図3の斜線の範囲を複数持つことが可能となる。

図4　BST-OFDMの考え方

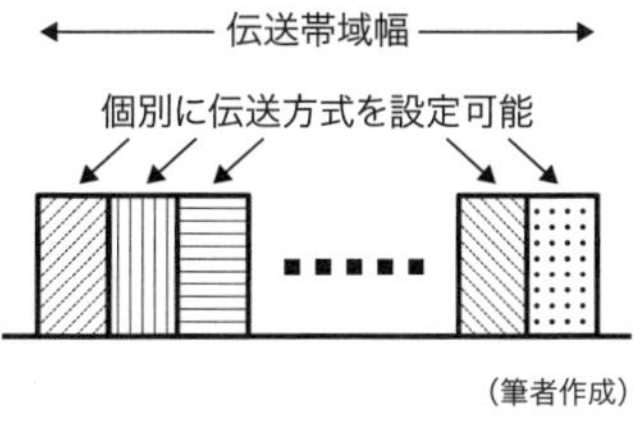

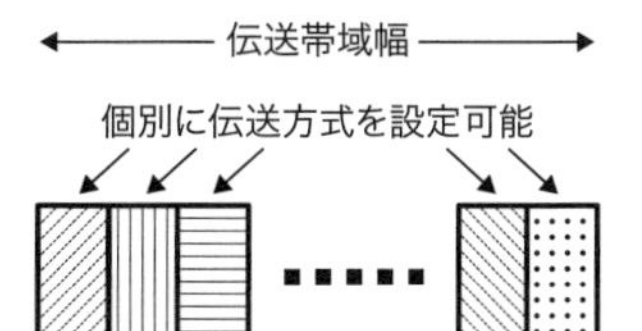

（筆者作成）

日本の地上デジタル放送では，従来のアナログ放送1チャンネルの帯域幅をそのまま活用するため，デジタル放送でも帯域幅は6MHzである。その帯域にBST-OFDMを導入するため，**図5**に示すとおり6MHzの帯域を14分割して，そのうち13個を使って放送を実施している。そのため，セグメント帯域幅は6MHz/14（約429kHz）である。残りの1つは，隣のチャンネルとの干渉を防ぐために使用していない。

図5　セグメント帯域幅

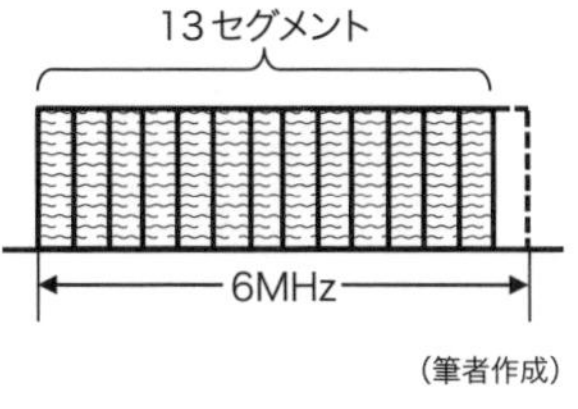

（筆者作成）

図6に，現在の地上デジタル放送のセグメントの利用状況を示す。13セ

図6　地上デジタル放送のセグメント構成

ハイビジョン用（12セグメント）
移動受信用（1セグメント）
6MHz

（筆者作成）

グメントのうち12セグメントを用いてハイビジョン放送，1セグメントを用いて移動受信に利用している。1セグメントを利用していることから，「ワンセグ」という愛称がつけられた。

BST-OFDMを用いることで，図3の①移動受信と②ハイビジョン放送の両方を同時に放送することが可能となった。「ワンセグ」は，ハイビジョン用の帯域の12分の1しかなく，さらに移動受信も可能な方式としているため，伝送できる容量が極めて少なくなる。そこで，ハイビジョン用の圧縮技術よりもさらに進んだMPEG-4 AVCという技術を用い，低解像度ではあるが携帯用の端末で視聴するに十分な画質を得ることが可能となった。

4 国際標準化と国際連携

(1) 国際標準化の必要性

日本で放送を実施するためには，総務省令により方式が規定されることが必要であるが，そのためには方式が国際規格であることが求められている。すなわち，国際標準規格となっている方式を，日本の方式として採用することになる。そのため，日本の放送のために，日本の要件に応じて開発された方式であっても，まずは国際標準化を進めることが必要となる。

放送方式の国際標準は，ITU-R（International Telecommunication Union Radiocommunication Sector：国際電気通信連合無線通信部門）で審議され，勧告に記載されることで標準化される。

ITU-Rでは，提案された研究課題に対し，その解決法として勧告があり，その勧告は基本的に1つの方式が望まれている。複数の方式がある場合には，それを選択するための基準もあわせて記載することが必要となる。

（2）名称と標準化

MPEGでは，3節で示した映像圧縮だけでなく，デジタル放送にかかわる各種標準化を進めていた。特に1994年に規格化されたMPEG-2 Systemsは，映像，音声，データを効率的に伝送するためのパケット（TSパケット，Transport Stream Packet）を標準化し，それ以降の世界のデジタル放送に利用されている。この技術により，映像，音声，データを同じ考え方で扱うことができるだけでなく，例えば地上と衛星放送などのメディア間で共通した信号処理が可能となり，受信機においても受信回路が共通化されることで，地上，BS，CSのすべてのデジタル放送が受信できる「3波共用受信機」の実現にも大きな影響を与えた。ちなみに，新4K8K衛星放送では通信で採用されているIPパケットとの整合性を取った方式（MMT・TLV，MPEG Media Transport・Type Length Value）に進化している。

NHKでも，デジタル放送においては，映像，音声，およびデータを統合して扱い，新しいサービスを実現するとしたISDB（Integrated Services Digital Broadcasting：統合デジタル放送サービス）の考え方が提案され，デジタル放送の名称においても，BSデジタル放送はISDB-S（Satellite），地上デジタル放送はISDB-T（Terrestrial）と呼んでいる。

ITU-Rでは，地上デジタルテレビジョン放送の実現に向けて，米国からはATSC（Advanced Television Systems Committee），欧州からはDVB-T（Digital Video Broadcasting - Terrestrial），そして日本からはISDB-Tが提案され，議論が進められた。基本的には1つの方式を希求するものの，それぞれ特徴が異なることから，例えばATSCはデジタルハイビジョンを放送するため，DVB-Tはマルチチャンネル，ISDB-Tは移動体での受信を含めた階層伝送を実施するためなど，選択するためのガイドラインの議論もあわせて行われた。

欧米の方式の名称には，TelevisionやVideoといった単語が含まれており，テレビを放送するための方式が明確になっていることに対し，ISDB-Tは名称にテレビという表現がないことや，ハイビジョンなどの大容量伝送や，移動体に向けたサービスなど，テレビにもラジオにも適用可能なコンテンツに依存しない放送方式であることから，デジタルテレビジョンというよりもISDBの実現としたほうが良いとの考え方もあった。しかし，主なサービスがテレビジョンであることから欧米とともに選択するためのガイドラインの作成を進めた。

(3) 国際連携

ITU-Rでは議論の俎上に載せるためには，複数国の提案や賛同が必要となる。欧州方式はヨーロッパ各国からの提案であり，米国方式はアメリカ，カナダ，および韓国の賛同を得ていた。日本方式は，技術的には興味を示されたものの，方式そのものへの賛同がなかなか得られない状況であった。しかし，技術的な説明や議論を進めた結果，ワンセグなどの多様なサービスが可能など方式に柔軟性があることから，ブラジルなど南米各国がISDB-Tに興味を示し賛同したことから，欧米方式に次ぐ第3のデジタルテレビジョン放送として国際標準規格となった。

特に，ブラジルではハイビジョンと同時にワンセグを活用し，より簡易なアンテナや受信機でも地上コンテンツを視聴でき，早期普及が可能ではないかとして，ブラジルでの地上デジタルテレビ方式としてISDB-Tが採用された。ブラジルでの採用を受けて，南米ではISDB-Tの採用が進むなど，日本の放送のために開発した方式であるが，柔軟な方式であることや国際標準化したことで採用国が広がった。

これを受けて，南米と日本で，より詳細な仕様について議論をする枠組みを作り，南米でのISDB-Tの早期導入に向けて協力を進めてきた。実際，ブラジルでISDB-Tの電波が発射され，日本のワンセグ対応のスマホを使ってブラジルのワンセグが受信できたときには，感慨深いものがあった。

5 デジタル普及とアナログ停波

2節で述べたとおり，日本のテレビ放送用周波数はひっ迫しており，デジタル放送を導入するためには，アナログテレビ放送のチャンネル（周波数）を移行するなど，デジタル放送用周波数を確保することが必要であった。アナログテレビ放送のチャンネルを変更すれば，受信機の設定変更や，場合によっては混信が発生するなど，その対策に多大な経費が必要となる。デジタル放送導入の経費に加え，これらの経費を放送事業者のみで負担することは極めて困難であることから，アナログテレビ放送を2011年の7月までに終了することや，アナログテレビ放送終了後はテレビ放送に利用していた周波数の3分の1を別の用途に利用することなどを条件に，アナログテレビ放送周波数移行の変更対策は国主導で行うこととなった。

アナログテレビ放送の周波数移行と並行して，地上デジタル放送は，2003年に東名阪，2006年には全国の親局（各地域ごとの中心となる送信所）から電波が発射された。その後段階的に中継局を整備して全国展開していくなかで，2011年にアナログ放送を終了するためには受信機の早期普及が大きな課題となった。当時，アナログテレビ受信機は全国で1億台程度あるといわれており，そのすべてが2011年に廃棄せざるを得なくなり，最低限世帯に1台はデジタルテレビを購入いただくことが必要となる。まだデジタル放送の電波が届いていない地域の視聴者の方々に対しても，地上デジタル放送が受信できるテレビを購入していただくなど，デジタルテレビの普及とアナログテレビの終了を並行して進めることとなった。

実際，2000年に開始された衛星デジタル放送は普及がなかなか進まず，2003年の地上デジタル放送開始後も，その普及に苦戦が予想されていた。しかし，いわゆるデジタル放送化とは直接的に関係のない技術ではあるが，テレビのディスプレーが液晶やプラズマになり，それまでの「箱」

型のブラウン管テレビから，「板」型のテレビになり，ハイビジョン画質を効果的にアピールできる大型画面でも部屋のなかでスマートに設置できるようになった。テレビの設置位置も，それまで主に部屋の角に置かれていたものが，壁に平行に設置できるなど，デジタルテレビ＝薄型テレビ，テレビは「箱から板に」，など，視聴者の満足度も高められ，極めて順調に普及が進んでいった。

結果として2011年の7月24日，一部東日本大震災による被災地域を除き全国のアナログ放送が停波，翌年3月には日本全国で大きな混乱もなく完全デジタル化が達成された。

6 今後の展望

デジタル放送にかかわる基本技術は3節に述べたとおりだが，その後も研究開発が進み，さらに高効率で動画圧縮が可能になってきたり，限られた帯域でより多くの情報を送信できる伝送方式も登場してきている。しかし，これらを実現するためには，5節で述べたように今のデジタル放送と並行して新たな仕組みでの放送を行い，将来的に今のデジタル放送を終了するといったプロセスが必須となる。しかし，デジタル化に際してテレビ放送に利用できる周波数が減少したことから，このような手法が事実上困難であることに加え，放送事業者の経費や，視聴者への負担も大きなものになることから，新たな方式を導入するためにはデジタルテレビ放送を高度化するだけでなく，より多くのメリットを視聴者に提供していくことが必須となろう。

(1) 映像の視聴は伝送路フリーに

現在の地上デジタル放送が開始された当初は，動画はテレビ放送から提供されることがほとんどであり，動画を見ることとテレビを視聴することは同義であった。しかし，現在は動画と言えばネットで提供されるものであり，自ら発信することも可能となっている。すなわち，ユーザーにとってみれば，テレビ放送は提供されるコンテンツの一つの種類となっている。さらに，ネットで提供される動画は，好きなときに視聴できることや，速度を速めた視聴も可能となるなど，リアルタイムのテレビ放送にはない機能が多く含まれている。テレビ局も放送された番組をネットで提供したり，家庭で録画した番組もネット経由で視聴できる機能を持つなど，テレビコンテンツの視聴方法が広がってきている。ユーザーからすると，スカイツリーに代表されるような送信所から発射される電波を受信しているのか，通信のネットワークを経由して送られてきているのか，区別をすること自体意味がなくなってきている。大容量のコンテンツを効率よく送信するには，いわゆる放送型のネットワークがコスト面でも安定性の面でも有利であるが，ユーザーのし好に合わせたコンテンツの提供を考慮すると，双方向性が必須となる。今後の映像サービスを考える際には，配信という観点のみを考慮した場合，放送と通信の区別はなくなり，配信形態の特性を利用し，ユーザーメリットを最大化しつつ伝送コストを最小化するとした視点での検討も必要となろう。

（2）箱から板へ，板から紙へ，さらに先へ

受信機の形態の変化も必要である。デジタル化の際に，「箱から板へ」で普及が加速したように，ディスプレーの形状の変化も必要となる。現在では，スマートフォンでも動画が視聴できるが，家庭での視聴を考慮した場合，より大きなディスプレーでの視聴が望まれる。そのディスプレーが，今と同じ形状で鮮明になるだけでなく，例えばシート型ディスプレーのように，壁に貼れるような紙状のディスプレーが実現できれば，家庭内での視聴スタイルにも変化が生じ，普及が進むことになろう。さらに将来的に

は，視聴環境そのものがコンテンツのなかに入り込むような，空間ディスプレーに進化していくことが期待される。

今のテレビと同様，プッシュ型でコンテンツを視聴する，し好に合わせて見たい時間に見たいコンテンツを視聴する，臨場感高くコンテンツそのものを楽しむなどなど，映像を活用した情報は，今後さらに増加することになろう。本稿で述べたデジタル化の初期は，デジタル化することが大きな目的であったが，今後はデジタル技術を活用し発展させて，どう表現していくか，さらに，それら情報を効率よく安価にユーザーのし好に合わせてどのように伝送するかなど，研究開発を継続し，新たな映像表現を実現してもらいたい。

黒 田　徹（くろだ・とおる）

1982年NHK入局。1985年より放送技術研究所において，FM多重放送，地上デジタル放送の研究および国際標準化業務に従事。1999年より技術局計画部にて地上デジタル放送の設備整備，2002年より総合企画室デジタル放送推進（当時）にて，地上デジタル放送の普及業務を担当。2009年より放送技術研究所，2014年より同所所長。2018年退職。工学博士。

用語解説

本文で記載した用語について，その背景を含め概要を以下に示す。なお，技術の詳細については，専門書等を参照されたい。

(1) ハイビジョン，標準テレビのビット数

映像信号の1秒当たりのビット数，すなわちビットレートは，

ハイビジョンの場合，

1,920(横)×1,080(縦)×8(ビット)×3×30(フレーム)

＝約15億(ビット／秒)＝約1.5Gbit/s

同様に，標準テレビの場合は，

720(横)×480(縦)×8(ビット)×3×30(フレーム)

＝約2.5億(ビット／秒)＝約250Mbit/s

となる。

仮に，今の地上デジタル放送でハイビジョンをそのまま放送しようとすると，地上デジタル放送1チャンネル当たり15Mbit/s程度なので，1.5Gbit/s÷15Mbit/s＝100チャンネルくらいが必要となる。すなわち，地上デジタル放送でハイビジョンを1チャンネルで放送するためには，100分の1程度まで圧縮する必要がある。

(2) MUSE（Multiple Sub-Nyquist Sampling Encoding）とデジタル放送

(1)で示したとおり，デジタル放送においては映像信号の圧縮が必須である。これはアナログ放送においても同様で，例えばアナログ標準テレビであるNTSC(National Television System Committee）を例に考えてみると，白黒テレビとカラーテレビが同じ帯域幅になるよう，色信号の帯域を圧縮し，輝度（白黒）信号の隙間に挿入している。すなわち3分の1に圧縮しているといえる。

MUSEにおいては，デジタル放送でいうMPEGに相当する圧縮処理を，アルゴリズムは異なるがデジタル信号処理で実施している。受信機側においても，受信した信号をデジタル化し，信号処理をしてハイビジョン画像を復元してハイビジョンディスプレーに表示している。これは，処理のアルゴリズムが異なるだけで，デジタル放送と同じ流れとなり，どちらもデジタル信号処理が基本となっている。すなわち，電波に変換する部分（変調と呼ばれている）が，MUSEではアナログ変調であるFMを用い，BSデジタル放送ではデジタル変調である8-PSK（Phase Shift Keying）を用いていることが異なっている。

当時は，デジタル圧縮技術とデジタル変調技術が成熟しておらず，MUSEによる圧縮とFM変調による組み合わせでしか，ハイビジョンを放送することができなかった。このことは，アナログからデジタルという特徴的な言葉で表現されてい

るが，BSデジタル放送の圧縮方式や変調方式が進展し，今の新4K8K衛星放送が実施されていることと同様，技術の進展により放送方式が進化したものである。

(3) OFDM（Orthogonal Frequency Division Multiplexing）

シングルキャリアの場合は，デジタル信号を正弦波に割り当てて，**図A-1**に示すように，1つの区間で1つのデジタル信号を送信するので，図で示す範囲では4つのデジタル信号を送信できる。マルチキャリアは，図の例では4倍の長さを持つ区間を，周波数の異なる4種類の信号にデジタル信号を割り当てる。そのため1つの区間で4つのデジタル信号を送信できるので，同じ時間では，シングルキャリアとマルチキャリアでは同じ数のデジタル信号を送信できる。山やビルなどによる反射で発生するマルチパス妨害では，この区切りの長さが長いほうが影響を受けにくいため，マルチキャリアはシングルキャリアよりも有利となる。マルチキャリアのうち，用いている信号の周波数が，整数倍（2のn乗倍＝1，2，4，8，…倍）の信号を用いているものをOFDMと呼ぶ。今回の例では4つの周波数を組み合わせたが，地上デジタル放送で用いられているOFDMは，組み合わされる周波数が5,617本となり，シングルキャリアに比べて5,617倍の長さを持つため，マルチパス妨害に強いことが分かる。

図A-1　シングルキャリアとマルチキャリアの波形例

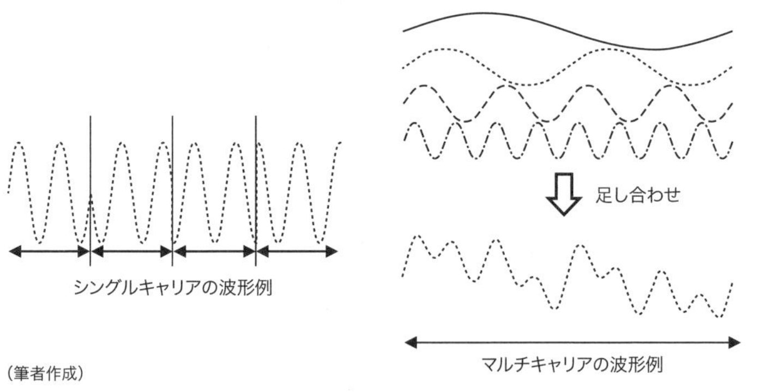

（筆者作成）

(4) FFT（Fast Fourier Transform）

(3)で示したように，OFDMは，1つの区間で異なる周波数の正弦波にデジタル信号を割り当てる必要がある。すなわち，周波数領域で信号を割り当て，それを波形に直して送信することになる。受信機では，送られてきた波形から周波数ごとに割り当てられたデジタル信号を求める必要がある。周波数と波形（時間信号）を変換する方法は，フーリエ変換（デジタル信号処理では離散フーリエ変換）と呼ばれており，処理の数が増えると，計算量（＝回路規模）が急激に大きくなる。これを，少しでも減らし効率的に計算するアルゴリズムがFFTと呼ばれているものである。

(5) SFN（Single Frequency Network）

SFNは，複数の送信所で，同じ内容を同じ周波数で送信する方法である。アナログ放送では，同じ周波数で送信すると，混信妨害となりSFNは利用できなかったが，より高い周波数利用効率が求められるデジタル放送では，SFNを用いることが必須となった。

図A-2の上側にマルチパス妨害の例を示す。OFDMは(3)で述べたように，1つの信号が継続する区間が極めて長いため，マルチパス妨害に強い特徴を持っている。図A-2の下側にSFNの例を示す。SFNを運用している2つの送信所の間の地域などでは，両方の電波が受信され，混信を起こすことがある。しかし，図の上下を見比べて分かるとおり，SFNによる妨害はマルチパス妨害と同様であり，マルチパス妨害に強いOFDMはSFNによる混信にも影響を受けにくい。

図A-2　マルチパス妨害とSFN

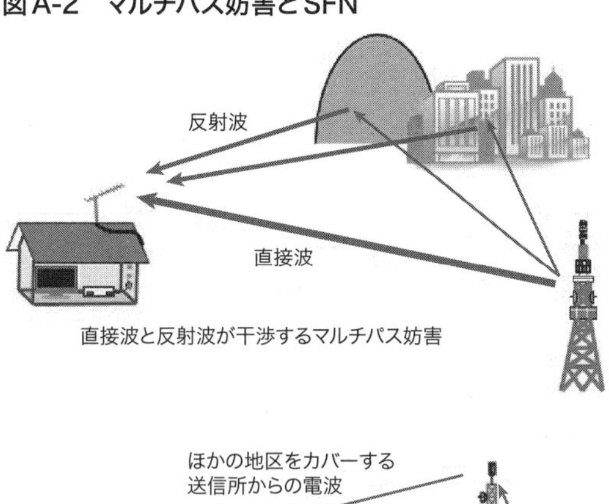

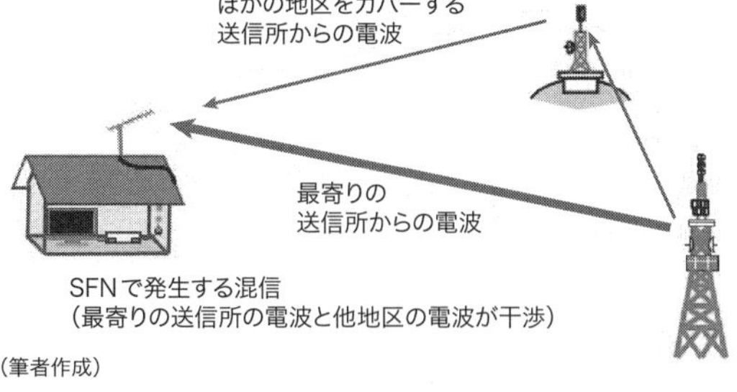

（筆者作成）

第III部

放送技術の最先端

2000年代以降，インターネットによる映像配信メディアが急速に発達し，本格的な放送と通信の融合時代に入った。テレビ放送でもデジタル化が完了するとともに，テレビのさらなる高品質化と高機能化に向けた研究が行われた。また，放送の同時配信など，インターネット時代に対応した技術開発が進み，AI技術の活用や3D，AR／VR技術を通じた表現空間拡張といった新たな分野への進出も試みられている。

このうち，テレビのデジタル化では，衛星および地上のアナログテレビジョン放送が2011年7月に終了し（東日本大震災により東北3県は2012年3月に終了），デジタル放送に完全移行した。また，テレビの高精細化・高音質化では，1995年から開発が進められてきたスーパーハイビジョンが，開発から四半世紀近くを経て，2018年12月，BS4K，BS8Kとして実現した。4Kはハイビジョンの4倍の画素数に当たる約800万画素，8Kは，4Kのさらに4倍，ハイビジョンの16倍の画素数に当たる約3,300万画素の超高精細映像によるテレビ放送である。BS8Kは世界で最初の8Kによる本放送となった。22.2マルチチャンネル音響も相まって，あたかもその場にいるような臨場感が特徴となっている。

また，放送のインターネット同時配信に向けた研究開発も進んだ。NHKは，メディアや視聴環境が大きく変化するなかでも，公共メディアとしての役割を果たし続けていくためには，放送番組をインターネットでも届けることが不可欠だとして，同時配信の取り組みを進めた。2020年4月からは，地上テレビ放送の常時同時配信と，放送後の番組を視聴できる見逃し番組配信を，「NHKプラス」として提供している。2021年3月からは，地域放送局で放送した一部の番組の配信も開始した。

「NHKプラス」の実施にあたっては，サービス機能やユーザーインターフェースなど技術面でもさまざまな検討が行われ，アプリやWebサービスの開発が行われた。また安定した視聴を実現するため，多くの視聴者が同時に視聴できる配信仕様の検討や配信基盤の構築を行った。さらに，社会的な個人情報保護の強化の動きに合わせ，特定の個人の視聴履歴を取得できない仕組みの構築もなされた。従来の放送技術の開発とは異なる視点での取り組みが行われていることになる。

番組制作技術の高度化では，AI技術の進展を生かした研究開発が進んでいる。技術開発は，取材音声の自動書き起こしや，ニュースや気象情報を読み上げるAIを用いたアナウンサー，人物・文字認識，白黒映像の自動カラー化，ニュース性を判断するソーシャルメディア解析，日英自動翻訳技術，スポーツ中継におけるボールや剣先の軌跡可視化技術など，多様な形で進んだ。そうしたAI技術は番組制作現場の働き方改革にも貢献した。

視覚や聴覚に障害のある人々，高齢者，外国人向けのユニバーサルサービスの研究開発も進められた。成果は，音声認識の精度向上による生字幕放送の拡充や，音声合成を応用したスポーツ番組のロボット実況や自動解説，気象やスポーツを対象とした手話CG，外国人のために日本語ニュースをやさしい日本語に変換する技術，といった形で結実した。

将来に向けては，2030～2040年ごろを想定して，2次元テレビだけでなく3次元テレビやシート型ディスプレー，ヘッドマウントディスプレーなど，多様なデバイスで楽しめる放送・サービスの研究が進められている。メディアが大きく変化する一方で，情報の社会的基盤としての役割を果たしていくために，今なおさまざまな技術開発が進められている。

第Ⅲ部「放送技術の最先端」では，インターネットの普及に伴い，放送以外のさまざまな映像配信メディアが現れるなかで，放送技術の世界ではどのような取り組みがなされてきたかをまとめた。放送と通信の融合が進み，メディアが多様化していくなかでの将来展望についても論考では触れている。

■年表

1995年	「NHKオンライン」サイト初公開
1996年	CSデジタル放送（パーフェクTV）開始
1997年	総合テレビ24時間放送開始
1998年	地上デジタル放送の実験開始
1999年	地上デジタル放送日本方式（ISDB-T）の規格化
2000年	BSデジタル放送開始
2003年	地上デジタル放送開始
2006年	携帯端末向け「ワンセグ」開始 ブラジルがISDB-Tの採用決定
2007年	アナログハイビジョン放送（MUSE）終了
2008年	NHKオンデマンド開始
2011年	地上アナログ放送終了（岩手・宮城・福島は2012年終了） BSアナログ放送終了
2013年	東京タワーから東京スカイツリーへのテレビ送信所移転 ハイブリッドキャスト開始
2016年	4K・8K試験放送（NHKスーパーハイビジョン）開始
2018年	BS4K・BS8K本放送開始
2020年	「NHKプラス」サービス開始
2021年	東京オリンピック　BS4K・BS8Kでも放送

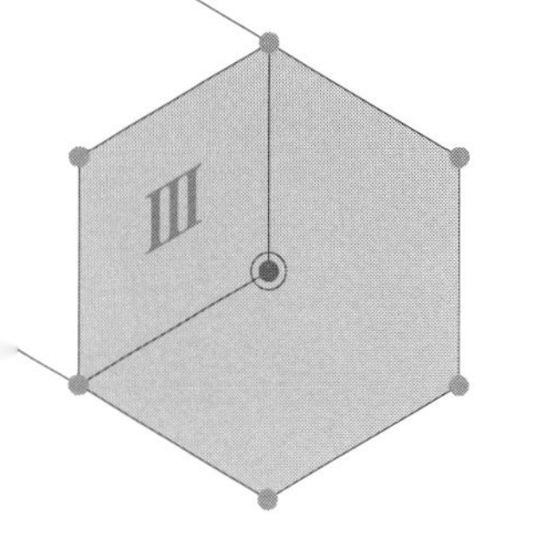

究極の二次元テレビへの挑戦

菅原 正幸

（元NHK放送技術研究所）

1 はじめに
2 4K8Kの研究開始
3 映像フォーマットパラメータの検討
4 ITU-Rにおける標準化
5 おわりに

1 はじめに

本特集はラジオ放送の開始を起点に「放送100年」としているが，それと同じ時期にBairdや高柳健次郎により，テレビの初期のデモがなされている。その後の技術開発はテレビジョンの「ビジョン」に関わる部分すなわち映像を撮影し，表示する技術（ここではベースバンド技術と呼ぶ）と，「テレ」に関わる部分すなわちその映像を遠隔地に届ける技術（ここでは伝送技術と呼ぶ），を両輪として進展してきた。それらの技術開発とユーザーニーズ，経済性のバランスが取れて，広く普及したのがStandard Definition Television（SDTV：標準テレビ）と言って良いであろう。SDTVで525または625で安定するまでは，走査線数は技術の進展に伴って増えていて，それらのいくつかは“high definition television”と呼ばれていた[1)]。

テレビの映像・音声のフォーマット（例えば映像の画素数や音声のチャンネル数）は，サービスの仕様であると同時にシステム内のインターフェースの仕様である。前者は，フォーマットのパラメータ値により，どのような視聴体験を提供できるかが決まる。例えば，高画質映像を大画面で表示し，より高い臨場感の視聴体験を提供するためには，多くの画素数が必要である。後者は，エンジニアリング的な話であり，エコシステム内のインターフェースを標準化することが，テレビのような多数のユーザーを対象とするサービスでは，効率の観点から必要である。また，映像フォーマットは伝送技術の開発上でも前提となる。無線通信を所掌するITU-R（国際電気通信連合の無線通信部門）が，映像フォーマットの国際標準を策定していることもこれを理由とする。

SDTVは，技術，ニーズ，経済性が絶妙にバランスしたシステムであったと述べたが，技術の進歩は継続するので，時代が進むにつれて，より高い性能でバランスすることが可能になっていく。この新たなバランス点を探求したのが，High Definition Television（HDTV：高精細度テレビ）と言えるだろう。日本のハイビジョン開発がその基になったことは，前項で述べられているとおりであるが，その特徴は，例えば「臨場感」という切り口で人間科学的な面からニーズを研究し，それを基に仕様を策定したことである[2)]。

4K8Kの研究開発も同様のアプローチをとっている。検討対象のパラメータは，ハイビジョンの大きな変更が画素数（走査線数）とアスペクト比だったのに対して，フレーム周波数，表色系など，全種類に及んだ。その背景としては，究極の「二次元テレビ」としての仕様を策定するという研究目標があったことと，技術面では，アナログからデジタルへの技術転換，ディスプレイのCathode Ray Tube（CRT：ブラウン管）からFlat Panel Display（FPD：フラットパネルディスプレイ）への移行がある。

本稿では，以上の観点から4K8Kフォーマットの開発と国際標準化の経緯について概観してみたい。

2 4K8Kの研究開始

テレビジョンの「ビジョン」の部分の技術開発が目指す到達点の考え方の一つは，人間の視覚特性から見て，それ以上に性能を向上させても効果がなくなることと言える。その観点から言うと，HDTVは進歩の余地のあるシステムである。例えば，標準視距離における視角は水平方向で約30度であり，視角180度以上の人間の視野をカバーする範囲は限られている。畑田らは，視角と臨場感の関係の実験結果から，ハイビジョンの設計値である30度を臨場感が増加しはじめる点としており，より広視野映像での臨場感の向上を示唆している[3)]。

そのような漠とした将来像を念頭に超高精細映像の研究がNHK技研において始まったのが1995年である。

ハイビジョンの本格サービスの開始は，2000年にBS放送，2003年に地上放送がそれぞれデジタル化されることを待つ必要があったが，1990年代の半ばには多くのベースバンド技術が開発され，BSのチャンネルを用いてMUSE方式[4]による実用化試験放送が行われていた。そのような状況で，ハイビジョンの次の放送サービスを目的とした研究がNHK技研で始まった。新たなテレビジョンサービスの映像フォーマットは，1節に述べたように，どのような視覚体験を目標としているかにより導かれるものであるが，この段階では，ハイビジョンの4倍の画素数の画像を実際に撮影，提示（デモ）することが先行して研究された。そして，その結果，実現された装置により，詳細な視覚体験と画素数の関係の研究がなされることになる。これについては，3節で説明する。

テレビシステムのデモには，最低限，カメラとディスプレイが必要である。実用化試験放送が始まったとは言え，最先端の技術により実現していたカメラやディスプレイのハイビジョンデバイスをさらに2倍，4倍の性能（画素数）にすることは短期間でできるものではなかった。その課題を解決するために，複数のデバイスを用いた並列化の手法がとられた。デジタル領域における並列化は，並列間の不ぞろいが生じないことから容易であるが，カメラとディスプレイは，アナログ部を持っているので，並列間の不ぞろいが不可避である。そして，それが人間の視覚に検知されるような分割は好ましくない。そのような観点から，2並列のいわゆる空間画素ずらし方式が用いられた。この方式は，アナログ的な不ぞろいに起因する影響がナイキスト周波数（システムが表現できる最も細かな模様）に現れるので視覚に検知されにくい。カラーテレビにおいて解像度に最も影響の大きい撮像，表示システムに緑用の素子を2枚用いるこの方式を適用した。2つの素子間の空間的なアライメントは光学プリズムにより精確に行うことができる。これに，赤用，青用の素子各1を加えたシステムを，デュアルグリーン，あるいは4板方式と呼んだ[5]。

NHK技研新館披露式典でのデモに用いられたカメラとディスプレイ（2002年）

4板方式によるカメラと投射型ディスプレイ（プロジェクタ）に，フレームメモリによる記録装置を加えたシステムが開発された。スクリーンサイズは，7m×4mであり，最前列の座席では視角110度の広い視野を提供するものであった[6)]。

なお，本稿では詳述しないが，映像が上下方向も含め格段に広い視野の表現を行うことから，音声についても上下方向を含めた3次元的な表現が必要とのことで，スーパーハイビジョン用の音響として22.2マルチチャンネルシステムが開発された[7)]。

これらのシステムは，2002年3月6日のNHK技研新館披露式典でのデモを含め，多くの人々にデモされ，多くの肯定的な反応があった。それらを受けて，2005年の愛・地球博での展示[8)]を次のマイルストーンとする本格的な研究開発が進められることになる。

3 映像フォーマットパラメータの検討

本格的な研究開発の開始にあたって，具体的な開発項目として，カメラ，ディスプレイに加えて放送システムとして必要な各部分と，コンテンツの可能性を探ることが定められた。それらの開発，ひいては放送サービスとして実現するには，まず，ベースバンド信号の形式の標準化が必要となる。ベースバンド信号の形式とは，映像で言えば画素数や毎秒のコマ数（フレーム周波数と呼ぶ）などの映像フォーマットのパラメータの値をさす。システムの各部分の開発，コンテンツの可能性探索と並行して，映像フォーマットのパラメータの検討に2003年に着手した[9)]。

（1）アプリケーション

システムの仕様は，本来，アプリケーション（そのシステムを使ったサービス）は何かを定義し，次に，そのアプリケーションの要求条件は何かを，そして，それらの要求条件を満たすための仕様は何か，の順で定められるものであろう。しかしながら，現実的には，存在していないアプリケーションを仔細に定義することは困難であり，実際の開発過程では，試作とアプリケーション，要求条件，仕様の明確化を繰り返すことになる。

4K8Kシステムについては，「高臨場感映像音響システム」というおおまかなアプリケーションイメージに基づいて開発された2002年のデモシステムの試作後，そのイメージをより具体化する作業が行われた。その作業の結果の一つが，**図1**のイラストである。単なるイラストではあるが，イラストレーターと依頼者（筆者）の間で2～3か月やりとりするなかでイメージを具体化したものである。映像，音響に包まれる体験（その後，没入感，あるいはイマーシブ<immersive>）という言葉を使うようになった）と近寄ってみても映像品質が保たれること

図1　4K8K開発の初期に用いられたアプリケーションイメージ図

を表している。

この，アプリケーションが何か，という点は4節で詳述するITU-Rでの標準化作業においても厳しく問われた。単に従来技術の延長線上での，用途が不明確な，標準化のための標準化は行うべきではないとの考え方がその底流にある。議論の結果として発行されたレポート[10]には，UHDTV（ITUでの4K8Kシステムの呼称。以下，本稿では4K8Kで統一）アプリケーションの効果として，「高い臨場感や実在感」「現実世界のより忠実な映像再現」「より多くの情報提示」，使用される場所として，「リビングルーム」「モバイル，非モバイル機を使った個人スペース」「シアターのような集団視聴」が記されている。

（2）検討対象とした映像フォーマットパラメータ

このようなアプリケーションを実現するための要求条件は，人間が映像，音声をどのように受容するかが，最大の要因となる。映像の場合は，人間の視覚システムとの関連が重要である。テレビジョンはその開発過程で，人間の視覚システムに合うように開発が行われてきた。それらは，空間，時間，階調，色に関する属性に分類される。空間に関する情報量を規定するのが画素数であり，「超高精細度テレビ」の名が表すように，必要な画素数に関する研究が第一に行われた。しかしながら，「究極の二次元テレビ」とのコンセプトのもと，時間，階調，色に関する映像パラメータも視覚システムの観点から検討が行われた。

（3）画素数

図2はどれくらいの大きさの画面をどれくらいの距離で見るかによりアプリケーションを分類し，必要な画素数を検討する際に用いた図である。ITU-R勧告BT.1845は，視角1分が1画素に相当するような条件を最適観

視条件と呼び，この条件での画面サイズと視距離のガイドラインを定めている。これに従って，7,680×4,320画素（8K）システムをプロットした。偶然ではあるが，インチで表した画面サイズとcmで表した視距離が同じ値となっている。

図2　8Kのアプリケーションを説明するために作られた視距離とスクリーンサイズ，解像度の関係を表す図

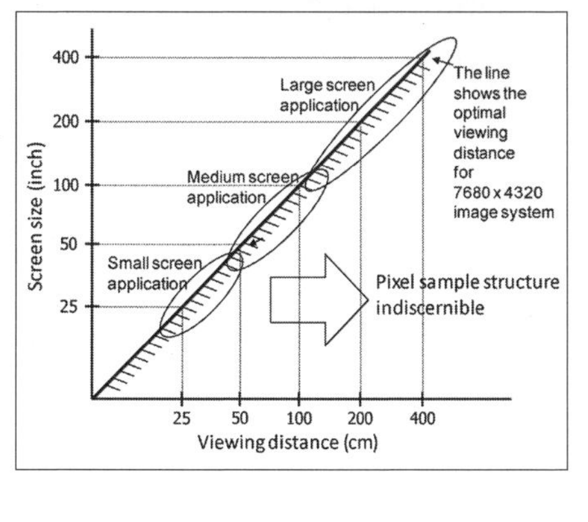

一般的には，観視者のより広い視野をカバーすることにより，「臨場感」に代表される映像効果がより高くなる。一方，視角あたりの画素数を増やすことにより「実物感」に代表される画質が良くなると考えられる。これらの関係は，当然ながら線形ではなく，人間の視覚受容特性による。「究極の二次元テレビ」を目指すうえで，画素数をそれ以上増やしても，これらの効果への影響がなくなる点は，考慮すべき重要な項目となる。それを知るために，以下の心理物理実験，生体評価を用いた実験，違いが区別できるパラメータの差異（弁別限）の測定などが行われた[11)]。

臨場感の主観評価

単位視角あたりの画素数を一定にして，視角に対する臨場感の主観評価実験が行われた[12)]。実験の結果，視角30度（HDTV相当）から100度（8K相当）まで臨場感が単調に増加するとの結果が得られた。しかしながら，この実験は同じ被験者が複数の視角を評価する実験（被験者内要因）であったため，被験者が複数の視角の映像を評価する際に，画面の大きさを直接的に比較した結果が評価に影響を与えるのではないかとの仮説が考えられた。そこでさらに一人の被験者は一つの視角のみを評価する実験（被験者間要因）が行われた。その結果，30度と60度以上の視角間で有意差が認められた。まとめると，被験者内要因実験ではHDTVから8Kまで臨場感が有意に増加する，被験者間要因実験ではHDTVと4K以上で臨場感に有意な差がある，との結果であった。

生体評価（重心動揺）

高臨場感システムの開発にあたっては臨場感の定量的評価が必要であり，主観評価が最初の選択肢となる。しかしながら，主観評価実験では，意図以外のさまざまな主観的要因の混入する可能性がある。そこで，主観の入り込まない客観的な指標で臨場感を評価する実験も併せて行われた[13)]。客観的な指標の一つとして，映像に対する生体の反応，具体的には重心動揺が考えられる。

人間の平衡機能は視角情報を手がかりの一つとしていることから，表示されているシーンと現実世界の違いが小さくなるほど，それらを見ているときの平衡機能の応答の違いも小さくなるとの仮定から，被験者が視角の異なる画像を見ているときの重心動揺（身体の重心が安定せず揺れ動く度合い）の違いが測定された。その結果，76.9度の条件まで重心動揺が減少することが認められた。

解像度弁別

自然画像をコンテンツとして，解像度の増加を識別できる限界を求める実験が行われた。結果は視力2.0以上を含む被験者が角解像度（cycles per degree：cpd）の差を弁別できなくなる点は，40から50cpdであった。この値は，テレビジョンの標準視距離を規定する1画素/1分を30cpdとすると，それ以上の解像度が必要であることを示すものであった。

実物感の主観評価

画像の解像度を変化させて，実物との違いが分からなくなる点を求める実験も行われた。被験者には実物があることは知らせず，また両眼視による奥行きの手がかりを除去するための特殊な装置が用いられている。結果は，50cpdを超えると実物感は飽和傾向であることが分かった。また，広視野映像の負の効果として考えられる映像酔いの評価も行われている。

以上の実験の結果，高い臨場感や実物感を実現するための視角や角解像度などが明らかになり，これを実現するための画素数については，4K相当から最大8K相当が必要であることが分かった。詳細な画素数について，既存システムとの整合性から1,920×1,080の整数倍，最大7,680×4,320画素が必要であるとの結論が得られた。

(4) フレーム周波数

動画像の画質に関連する映像パラメータはフレーム周波数である。これに加えて，標本化デューティ比（一コマ期間で，撮像素子が光を蓄積している，あるいはディスプレイが発光している期間の割合）が動画質に影響する。例えば，撮像素子でのデューティ比は，カメラのシャッタースピードに相当し，デューティ比を小さくすると各コマ内の動被写体のボケが小さくなる。一方，それを動画で見た場合，ストロボ効果（後述）が生じる。

デューティ比はシステム内のインターフェースを取るために必要なパラメータではなく，カメラやディスプレイにおいて設計仕様や運用により決まるものであるが，その設定により映像体験が変わるので，動画質評価時のパラメータに加味して検討が行われた。特に，4K8Kの開発時はディスプレイデバイスがCRT（ブラウン管）からFPD（フラットパネルディスプレイ）への移行期にあたり，ディスプレイのデューティ比が大きくなることに起因して動きぼやけが生じる[14)] ことに注意が払われた。

動画質を評価する指標としては，フリッカー(ちらつき)，動きぼやけ，ストロボ効果，総合画質が検討された。ストロボ効果とは，撮像においてデューティ比を小さくした場合に，ストロボ撮影した静止画の連続のように見える現象である。

検討の結果，まず，大きな画質劣化要因であるフリッカーを完全に除去するためには，80Hz以上のフレーム周波数が必要であることが明らかとなった。そして，そのほかの画質要因について，60Hz，120Hz，240Hzについての主観評価実験が行われ，画質改善効果が60Hzと120Hz間に比して，120Hzから240Hz間は小さいことが明らかにされた。画質の向上の程度と，フレーム周波数の増加によるエンジニアリングの難易度を考慮し，フレーム周波数の最大値として120Hzをターゲットとすることとなった。

(5) 表色系

色の情報は三次元で表すことができ，これを表色系と呼ぶ。よく知られたCIE（国際照明委員会）のXYZ表色系もその一つであり，人間が知覚できるすべての色を正の値により表現できる。X, Y, Z原色は実在の色ではない（虚色）。虚色を原色とするディスプレイは物理的に実現できない。**図3**はXYZ表色系を二次元のxy色度図に表現したものであり，馬てい形の内部が実在の色である。

テレビジョンでは，信号を表す三原色としてディスプレイと同じ赤(R)，緑(G)，青(B) 三原色が用いられてきた。これは，実

図3

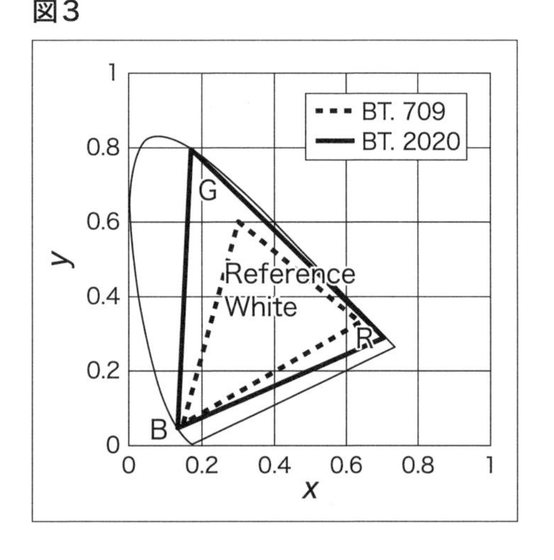

用的な観点から合理的なアプローチである。表示できない信号を扱うことは，テレビジョン応用ではあまり意味がないからである。HDTVの規格策定時までは，CRT（ブラウン管）がほぼ唯一のディスプレイであった。したがって，表色系に関してはCRTの蛍光体により制約される形でそのパラメータ値が決まっていた。

4K8Kの開発時は，CRTからFPD（フラットパネルディスプレイ）への移行期にあたり，さまざまな可能性が考えられた。そこで表示デバイスの制約を取り払った検討を行った。その際の条件が以下である。

●既存のテレビジョンに関係する表色系の色域や実際の被写体のほとんどがカバーされること
●表色系のコーディング効率が既存のテレビジョンシステムと同等であること
●すべての色域が表示可能で，画質を管理できるように，表色系の三原色は物理的に実現可能で，リファレンスディスプレイの三原色と共通であること

その結果，波長が青：467nm，緑：532nm，赤：635nmの三つの単色光による表色系を導き出した。図3にITU-R勧告BT.709に規定されたHDTVの三原色と，同BT.2020（後述）に規定された4K8K三原色を示す。三角形の内部が，それぞれが表すことのできる色の範囲であり，4K8Kでは大幅に拡大されていることが分かる。この範囲を満たすべくディスプレイの開発が進められている。

（6）階調

階調に関しては，隣接する量子化レベル間で表示された輝度レベルの差が検知できないことが，基本的な要求条件となる。検知限に関する視覚特性の先行研究を参照し，12bitではほぼ下回るとの結論を得て，従来の10bitに12bitを追加することとした。

4 ITU-Rにおける標準化

(1) 全体像

新たな映像フォーマットを放送に導入するためには，国際的な標準規格となることが欠かせない。ハイビジョンの国際標準化活動での経験から，ITU-Rにおける4K8Kの国際標準化の取り組みは，比較的早くに開始された。

ITU-Rの放送業務を扱うStudy Group（SG）6においては，2000年代前半にデジタルシネマ（のちにLarge Screen Digital Imagery〈LSDI〉）を取り扱うTask Group（TG）6/9が活動していた。超高精細映像の応用という観点から，この活動への寄与を開始した。デジタルシネマの画素数は，DCI規格では映像は2K（2,048×1,080）または4K（4,096×2,160）で，水平方向が2のn乗となっている。これは，デジタル化がラインセンサー（線状に対象物をスキャンして撮像し，1枚の画像に合成するカメラ）によるフィルムのスキャンから始まったことに由来している。そのようななかで，TG6/9における活動結果として，Recommendation ITU-R BT.1769が2006年に成立し（現在は廃止），画素数として7,680×4,320と3,840×2,160，すなわち，水平，垂直ともHDTVの4倍および2倍を規定したことは大きな一歩であった。

ITU-R SG6 Working Party（WP）6Cにおける4K8Kの標準化活動は，2008年の4月会合において日本の提案により始まった。その後，4K8Kの標準化は時期尚早といった否定的な意見もあったが，ラポータグループ（課題ごとの検討グループ）の議長を引き受けることなどにより，日本が作業をリードした。技術的な寄与は主に日本と韓国から行われ，技術内容については，日韓で意見が異なる場面もあったが，両国の活動は4K8Kの国際標準化の必要性を示すものであった。4年間の研究会期中に4K8K放送に必要な技術基準の基礎となる，映像フォーマットの勧告を作成することを目標に進めた。その結果，2012年に勧告BT.2020として成立した。以下に，意見の違いがあった点について概説する。

(2) 特に議論があった点

表色系

画素数に関しては，アプリケーションで合意できたのちは，HDTVの2倍，4倍の3,840×2,160と7,680×4,320という値に異論はなかったが，表色系については，議論があった。まず，韓国がExtremely High Resolution Imagery（EHRI：映像システムを解像度の観点から分類したときに，HDTV以上の解像度を持つもの）用として三原色に一部虚色を利用する新たな表色系を提案した。これに対して日本は，前述の条件，特にモニタリングの観点で実在色を三原色にすべきとの立場から，4K8K用の表色系を提案し，議論となった。実在色にすべきとの考えには同意が得られたが，赤の色度点については，波長625nmの純色とする韓国案と同635nmの日本案で違いが残った。最終的には，折衷案として630nmの純色とすることで合意した。

色差信号式

表色系以上に議論となったのが，輝度・色差信号式である。HDTVまでの輝度信号式は，Y'信号が輝度を正確に表していない（定輝度でない）ことから，画質への影響は大きくないものの，課題のあることはテレビ技術者の間ではよく知られていた[15)]。

これを提案してきたのが韓国である。一方，現在の「非定輝度」の隠れた利点，例えばエンコードしたままの信号処理結果がRGBで行った場合と同じになるなど，については十分に認識されておらず，ようやく色差信号式に関するラポータグループの活動のなかで，明らかになった。その結果，「定輝度」と「非定輝度」方式それぞれに利点と欠点があるとの理解となり，結果として両方式を並記する形の勧告となった。

ラポータ会合で，検討結果をEBU（ヨーロッパ放送連合）の専門家にデモし意見聴取している様子（右から，WP6C議長Wood氏，韓国代表Choi氏，筆者）

(3) フレーム（フィールド）周波数

規格に記載されるパラメータ値は，一つに統一されることが，標準化の趣旨からして理想的である。テレビの映像パラメータでは，歴史的経緯により，SDTVでは走査線数（画素数に相当）が525本と625本，フィールド周波数が60Hzと50Hzで，地域により異なっていた。これらの地域間で番組を交換する際には，信号変換機が必要であった。HDTVの標準化では，画素数が1,920×1,080に統一され，番組交換の利便性や機器の簡素化に大きく貢献した。しかしながら，フレーム（フィールド）周波数はSDTVと同じ60Hzと50Hzが規定され，それぞれの地域でSDTVと同じ値が使われていた。これは，各地域でHDTVとSDTVの相互運用性を維持したいというのが大きな理由である。

また，日本や米国で用いられている60Hzはより正確には59.94Hzであり，フラクショナル周波数と呼ばれる。これが，NTSC（National

Television System Committee：全米テレビジョンシステム委員会）方式が白黒からカラーに移行する際に，色副搬送波と音声搬送波の干渉を見えにくくするための変更であったことはよく知られていることである。その後導入された映像信号のフレームを時間で管理する放送局システムでは，フラクショナル周波数を扱うには工夫が必要となり，その不便さは今日まで続いている。

以上のように，4K8KのITU-Rでの標準化開始時のフレーム周波数の課題としては，世界が50Hz圏と60Hz圏に分かれていること，60Hz圏では整数周波数でない59.94Hzが使われていることの二つがあった。

4K8Kの映像パラメータの規格であるITU-R勧告BT.2020は，2012年に成立後，これまでに2014年，2015年の2回，改定されている。フレーム周波数に関する規定を見ると，60Hzを超える周波数が2012年版では，120Hzのみの規定であるが，2014年版を経て2015年版になると100Hzと120/1.001Hzが追加されている。これは以下の経緯によるものである。

まず，日本の寄与文書により60Hzを超えるフレーム周波数の必要性が合意された。そのうえで，従来のフレーム周波数では難しいものの，60Hzを超える高フレーム周波数は世界統一が望ましいことから，50Hz圏，59.94Hz圏，双方にとってそれぞれ，従来フレーム周波数との変換においてどちらか一方だけが2倍という「メリット」を享受するのではない，120Hzが選定されたものである。これにより，いったんは長年の悲願であった世界統一とフラクショナルフレーム周波数からの決別が達成された。この背景には，デジタル信号処理の進歩により，単純な整数関係でなくても，以前に比べれば容易に，そして高画質なフレーム周波数変換が可能になったことがある。

しかしながら，その後，50Hz圏である欧州から，電源周波数に同期して明るさが変化する照明により照らされたシーンを撮影した場合に，50Hz照明（100Hzで明るさが変化する）を120Hzで撮影すると20Hzのフリッカーが生じるので，100Hzを規格に含める提案があった。照明のLED化などにより，そのようなケースは減るということで説得を試みたが，納得が得られず，100Hzも追記することとなった。それに伴い，59.94Hz圏側も，世界統一のメリットがないのであればということで，2倍の119.88Hzを含めることを主張し，最終的に，60Hzを超える高フレーム周波数も，120Hz，119.88Hz，100Hzの三つの値が記載され，フレーム周波数の統一はなされなかった。

個人的には，フレーム周波数が統一されなかったこと，および，フラクショナルフレーム周波数から決別できなかったことは，50Hz圏の要求を入れないと標準化の合意はできなかったであろうし，フラクショナルでない整数の倍速フレーム周波数では，60Hz圏の現在の周波数のちょうど倍にならないので，倍速システムを導入する難度が増すことは分かりつつも，大変残念に思う。特にフラクショナルフレーム周波数に関しては，前述の編集に加え，放送局設備がIP化されつつある現在では，正確な時計システムを用いるため相性が良くない部分があり，今後も付き合っていかなければならない不便な点である。

このことは，そのときの課題をスマートな方法で解決しても，技術が変わるとそれが逆にあだになってしまう例と言える。NTSCをカラー化する際に，音声副搬送波の周波数のほうを変更するという選択肢はなかったと思うが，ついそう考えてしまう。インターレース（飛び越し走査）もアナログ圧縮技術では優れていた

図4　ロンドン五輪での
パブリックビューイング実施箇所

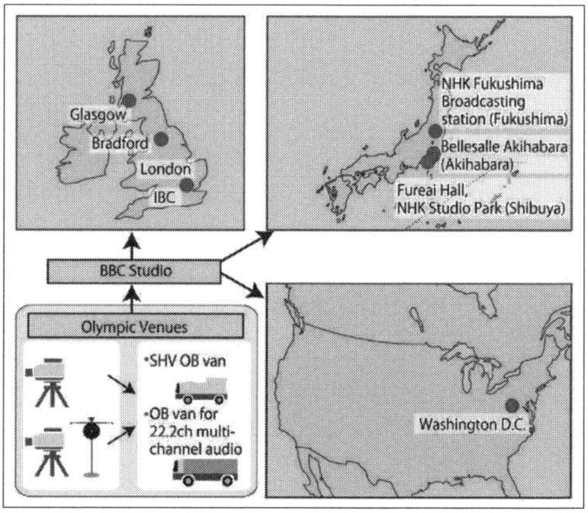

が，デジタル圧縮の普及で逆に不便になってしまったという点では似ているかもしれない。多くの映像システムがプログレッシブ（すべての走査線を一本ずつ順番に伝送）に移行することにより（4K8Kもプログレッシブのみが規定），インターレースのデメリットは減少しつつあるが，フラクショナルフレーム周波数の端数の問題はどのように解決されていくだろうか。

（4）普及展開活動

ITU-Rでの標準化が成功した要因として，国際的な普及展開活動がある。2005年の愛・地球博の翌年から，NAB show（全米放送事業者協会の見本市）やIBC（国際放送機器展），さらには標準化の審議を行っているITU-R本部においてもデモが行われた[16)]。大画面のシアター形式に加えて，後年は家庭サイズの直視型ディスプレイも加え，アプリケーションとしての説得力と超高精細による映像効果をアピールした。そのハイライトが2012年に，日本，イギリス，米国で実施されたロンドン五輪のパブリックビューイングであった[17)]。イギリスにおいては，開会式を含めた五輪競技をBBCと共同で8Kにより中継制作した。制作したコンテンツは，ネットワークを通じて伝送し，BBCと共同でイギリス国内においてパブリックビューイングを行った。米国にも伝送し，NBCと協力してパブリックビューイングを行った。日本においても3か所でパブリックビューイングが行われた。パブリックビューイングの評価は高く，「あたかもオリンピックスタジアムで見ているようだった」，「臨場感というものが初めて分かった」などの好意的なコメントが多くあった。欧米の放送事業者とともに活動を行うことにより，新たなメディアへの理解を共有し，国際標準化をスムーズに進める助けとなった。

5 おわりに

4K8Kは，日本では2018年に新4K8K衛星放送としてサービスが開始された。ここに至るまでには，技術面で見ただけでも，映像分野，音声分野で，圧縮，多重化，伝送，記録，表示技術や，番組制作，送出を行うためのシステム構築，運用技術などが，多くの人たちにより開発されたことはいうまでもない。それらについては，NHK放送技術研究所編『スーパーハイビジョン技術』[18]を参照願いたい。

最後に，メディアの形態という面から今後の方向性を考えてみたい。まず4K8Kの二次元映像については，今後，浸透の速度を速めていくであろう。ただし，かつてのように一つのフォーマットに統一されることはなく，必要に応じてフォーマットが使い分けられることになると思われる。これは，システムのデジタル化により多様なフォーマットを容易に扱えるようになってきたことが大きい。8Kの普及については，視角100度の広視野な視聴形態が広まり，併せてそれに対応した（従来の視野を対象としたものとは異なる）映像制作（プロダクショングラマー）の開発が望まれる。広視野視聴が広がるには，ディスプレイの進歩がキーと考えられる。ハイビジョンの普及に合わせてサイズが拡大してきたLCD（液晶ディスプレイ）やOLED（有機ELディスプレイ）などのサイズは，100インチ程度まで達している。このサイズのディスプレイが家庭に入ることは不可能ではないが，広く普及するにはやはり物理的な困難が伴う。導入ができたとしても，使わないときにも存在する「スペース」が美しくない，無駄との感覚もある。それを解決するディスプレイとして，現在の延長線上のものとしては，丸めて片づけることができるディスプレイが登場している[19]。また，空中ディスプレイ[20]は物理的な制約を抜本的に解決すると期待される。いずれにしても，現状の8Kディスプレイはハイビジョンの歴史に当てはめるとCRTに相当するというのが筆者の見方であり，広視野な視聴形態が本格的に普及するためには，FPDがCRTの奥行き方向の物理制約を解決しハイビジョンを普及させたようなディスプレイ技術のブレークスルーが待たれる。

4K8Kは高臨場感を目指したシステムであるが，「究極の二次元テレビ」の名が示すように，あくまで二次元のテレビジョンサービスを目指したものである。三次元テレビに必要な立体感の手がかり[21)]としては，二次元網膜像から得られる要因を強化してはいるが，それ以外の調節，ふくそう，両眼視差，運動視差などは提供しない。またテレビジョンサービスであるので，固定したスクリーンを限定された位置から見ることを前提としている。実際の視覚体験と同じあるいはそれ以上の体験をしたいというのは，人間の欲求の一つと考えられるので，立体感の手がかりを現実と同じように与え，さらには，自由に動き回れるような仮想世界を映像化するような方向のメディア進化は続くものと考えられる。いわゆるXRの世界である。しかしながら，その映像を使うサービスはかならずしも現在のテレビ放送と似たようなサービスに限らないだろう。ビジネスとして成立しやすいエンターテインメント分野に限らず，教育や医療を含む産業分野での利用も想定される。4K8Kの標準化において，初めにまずそのアプリケーションが問われたように，新たな映像メディアの要件，仕様はアプリケーションが何かにより定められるべきものであろう。一方，新たなアプリケーションを現実的なものとして想像し作り出すには，一定の技術的な実現可能性を示すことが助けとなる。技術開発とアプリケーション開発を両輪として映像メディアがさらに発展することを期待したい。

参考文献

1）A. Abramson, "The history of television, 1880-1941", McFarland, Jefferson NC USA, 1987
2）二宮佑一・大塚吉道（1996）『ハイビジョン方式技術』コロナ社
3）畑田豊彦・坂田晴夫・日下秀夫（1979）「画面サイズによる方向感覚誘導効果ー大画面による臨場感の基礎実験」『テレビジョン学会誌』vol.33, no.5, pp.407-413
4）二宮佑一（1990）『MUSEーハイビジョン伝送方式』コロナ社
5）菅原正幸・三谷公二・齋藤敏紀・藤田欣裕・末次圭介（1995）「4板撮像方式における画素ずらし効果についての検討」『テレビジョン学会誌』vol.49, no.2, pp.212-218
6）M. Sugawara, M. Kanazawa, K. Mitani, H. Shimamoto, T. Yamashita, F. Okano（2003）. "Ultrahigh-Definition Video System with 4000 Scanning Lines," SMPTE Motion Imaging Jounal, vol.112, no.10-11, pp.339-346
7）K. Hamasaki, K. Hiyama, T. Nishiguchi, K. Ono（2004）, "Advanced Multichannel Audio Systems with Superior Impression of Presence and Reality," AES 116th Convention: Paper 6053
8）安藤孝・金澤勝・濱崎公男（2005）「地球博スーパーハイビジョンシアター 〜走査線4000本級超高精細大画面映像と22.2マルチチャンネル音響システム〜」『映像情報メディア学会誌』vol.59, no.4, pp.502-505
9）NHK放送技術研究所（2003）『研究年報』, 同（2004）『研究年報』
10）菅原正幸（2008）「スーパーハイビジョンの開発における人間科学的側面からの研究」『電子情報通信学会論文誌』vol.J91-A, no.6, pp.613-621
11）K. Masaoka, M. Emoto, M. Sugawara, Y. Nojiri,（2006）"Contrast effect in evaluating the sense of presence for wide displays," Journal of the SID, vol.14, no.9, pp.785-791
12）栗田泰市郎（1999）「ホールド型ディスプレイにおける動画表示の画質」『電子情報通信学会技術研究報告』vol.EID99, no.10, pp.55-60
13）江本正喜・正岡顕一郎・菅原正幸（2007）「広視野映像システムの臨場感評価」『信学技報』CQ2006-84, pp.25-30
14）栗田泰市郎（1999）「ホールド型ディスプレイにおける動画表示の画質」『電子情報通信学会技術研究報告』vol.EID99, no.10, pp.55-60
15）大塚吉道（2000）「NTSC-フイールド周波数59.94Hz, 1000/1001の秘密」『映像情報メディア学会誌』vol.54, no.11, pp.1526-1527
16）NHK放送技術研究所（2006）『研究年報』, 同（2007）『研究年報』
17）M. Sugawara, S. Sawada, H. Fujinuma, Y. Shishikui, J. Zubrzycki, R. Weerakkody and A. Quested（2013）"Super Hi-Vision at the London 2012 Olympics," SMPTE Motion Imaging Journal, vol.122（January/February）, pp.29-39
18）NHK放送技術研究所編（2021）『スーパーハイビジョン技術』
19）https://www.youtube.com/watch?v=Jzr7208A-os&t=10s
20）映像情報メディア学会（2021）「空中ディスプレイ」『映像情報メディア学会誌』vol.75, no.2, pp.180-212
21）大越孝敬（1972）『三次元画像工学』産業図書

菅原 正幸　（すがわら・まさゆき）

1983年NHK入局。神戸放送局を経て，1987年から放送技術研究所にて，固体撮像素子，ハイビジョンカメラ，スーパーハイビジョンシステムの研究に従事。この間，ITU-R，ARIB等で4K8Kの標準化に寄与。2000年から2004年，電気通信大学客員助教授。2015年より，日本電気株式会社 放送・メディア事業部。2022年より，リーダー電子株式会社。SMPTEフェロー，映像情報メディア学会フェロー。

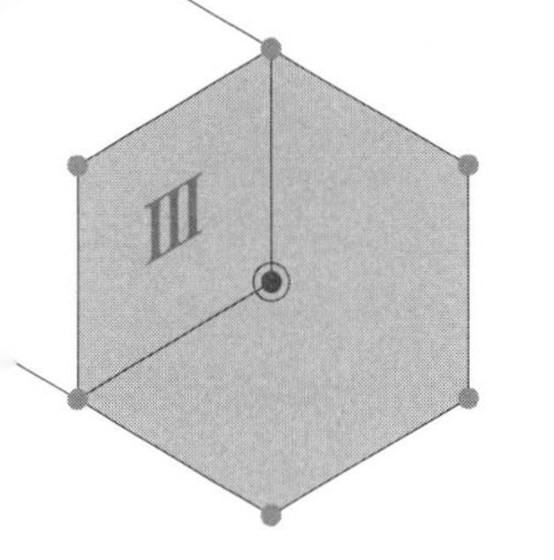

ネット時代の放送技術

藤沢　寛

（NHK放送技術研究所）

1 はじめに

2 放送の高度化とインターネット活用

3 放送とWeb

4 多様性の時代の放送技術（データ駆動型）

5 まとめ

1 はじめに

遠く離れた場所の出来事や物の様子を，人々が同時に家に居ながらにして安価に視聴することのできる放送技術は，人々の安全・安心を支え，多様なコミュニケーションを促進したり，自分だけでは知り得ないことを知ることで興味・関心を広げたり，多くの人たちと感動を共有したりする，といった放送の公共的役割を支えている。この技術を追求してきたことは，無線，有線伝送，および，ラジオ，テレビ受像機の発明以来，白黒からカラー，ハイビジョン，4K，8Kなど，結果として，音声，動画メディアの進化をけん引することにもつながった。一方，電話を代表とする双方向にコミュニケーション可能な通信技術は，個人向けサービスを主軸に，音声にとどまらず，テレビ電話など，動画を含むマルチメディアの実現とインタラクティブなメディアとしての技術発展に貢献してきた。デジタル技術の登場により，放送と通信の技術的垣根が小さくなるとともに，放送通信連携（融合）という言葉が現れ，メディアは，放送によるマスのサービスと通信による個人にきめ細かなサービスが連携・融合されたものになると期待が持たれた。

もう一つ，メディア（放送，通信）に大きな影響を及ぼしているのが，コンピューターネットワークから発展したインターネットである。インターネットは“inter-net”，つまり，相互に接続するネットワークというその名のとおり，物理的な伝送路からサービスをつかさどるアプリケーションまで相互に接続可能なその仕組みが浸透し，世界をまたにかける巨大なデジタルエコシステムを生み出している。特に，インターネット上のアプリケーション，サービスをけん引しているのがWebである。インターネット上には，Webページ，ソーシャルネットワーク等を活用したニュースなど，Web技術を用いた新しい情報発信方法による，さまざまなインターネットメディアが登場した。さらに，動画配信は，Web技術の進化や標準仕様の策定に伴いスマートフォン（スマホ）やテレビなどの身近な端末で番組を視聴できる環境が急速に広まった。動画配信サービスはOTT（Over the Top）サービスといわれ，COVID-19による巣ごもり需要も重なり，好きな時間に，身近なデバイスで見逃し視聴やビデオオンデマンド（VOD）を視聴する，身近な動画メディアとなった。

このようにインターネットの普及をきっかけに，人々のメディアへの接し方が多様になった。今後，冒頭に述べた放送の公共的役割を果たすには，番組を放送で送りテレビで視聴するという視聴環境にとどめるのではなく，人々が生活のなかで日常的に利用している環境（サービス，デバイス）に合わせて，確かな情報を保証して伝達し，興味・関心を広げる手伝いをすることを考えていかなければならない。つまり，放送と通信の連携・融合という伝送路手段的な概念から前進して，人々がメディアに接しているサービス，アプリケーションに対して，情報を視聴者にあまねく届けることの可能な放送メディアの仕組みが必要となる。このため，今後の放送技術は，放送，通信といった伝送路やさまざまなデバイス間を相互に接続させるインターネット，あるいは，そのうえで動作するさまざまなアプリケーション同士を，データの交換・流通によって相互に接続させるWeb上において， 放送メディアを構築するための方法が検討されていくであろう（図1）。

本稿では，デジタル放送の開始以来，放送局が行ってきたインターネッ

図1　将来の放送メディアの構成図

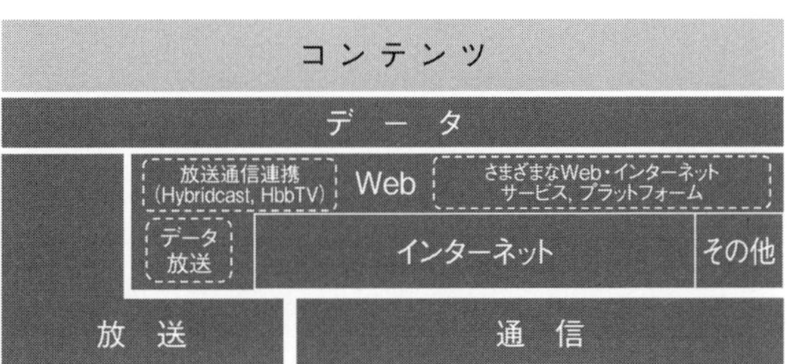

トの活用や放送通信連携サービスに関する取り組みやサービスを紹介するとともに，放送メディアを実現するためにNHK放送技術研究所が提案する「Webベース放送メディア」について紹介する。

2 放送の高度化とインターネット活用

2000年代初頭，国内において，衛星デジタル放送に続き，地上デジタル放送が始まり，高画質な映像，高品質な音声を薄型テレビで見るというスタイルが一般家庭に定着した。また，車や携帯電話などの移動体やモバイル端末で受信することを想定したワンセグ放送サービス，データの伝送機能を活用した新しいマルチメディアサービスであるデータ放送が始まった。放送サービスは，ワンセグによって携帯電話等の通信用のデバイスに対応し，データ放送により，放送専用のテレビが電話回線やインターネットを使った投票型の双方向通信サービスに対応するなど，いわゆる放送と通信の連携・融合時代といわれるようになってきたのはこのころからである。

NHKは，2007年の放送法改正を経て，パソコンやデジタルテレビ向けのVODサービスとしてNHKオンデマンドを開始した。また，2011年にはラジオの聴取状況を改善するために，インターネットを利用したサイマル配信である「NHKネットラジオ らじる★らじる」を試行サービスとして開始した[1)]。

一方，そのころ，インターネット上のサービスは，Twitter, Facebook, mixiといったSNS（ソーシャルネットワークサービス）が大きく台頭してきた時代でもある。放送番組を視聴しながら，ユーザーは番組に関連したコメントや感想を共有するという視聴スタイルが日常的に行われるようになった。また，フジテレビが自社運営の公式サービス「イマつぶ」サービスを開始するなど，放送サービスにSNSを連携させる検討も進められた。NHK放送技術研究所では，2008年ごろ，放送サービスとSNSを融合したソーシャルテレビサービスteleda[2)]の研究が進められた。teledaのコンセプトは，視聴者が安心して情報発信や意見交換を行うことのできるインターネット上のコミュニティーを提供することにより，従来の放送サービスで築き上げた放送局と視聴者の「縦のつながり」に加え，視聴者間の「横のつながり」を築くことで，視聴者間のつながりを活発化し，番組を通してさまざまな価値観や立場の視聴者が出会う言論・情報の空間を実現しようとするものである。現在においても，SNSサービスにおいて動画を複数で一緒に視聴するWatch Party機能が組み込まれたり，BBCによるソーシャルテレビ“BBC Together”[3)]サービスの実験が行われるなど，動画メディアとコミュニケーションサービスの組み合わせによる相乗効果に期待が持たれている。

3 放送とWeb

(1) Webの進化（HTML5）

インターネットの登場後，放送に限らずメディアに大きく影響を与えたプラットフォームはWebであると考えられる。1989年にTim Berners-LeeがWWW（World Wide Web）を開発し，テキストのページがハイパーリンクを介してつながるWebは，画像を貼れるなどグラフィカルなWebブラウザー（NCSA Mosaic）の登場とともに多くの組織，事業社，個人によって情報が発信されるようになった。さらに，1994年にWebの国際標準化団体としてW3C（World Wide Web Consortium）が創設されることにより，Webの相互運用性が確保され，Webは，瞬く間に世界中の情報インフラとなった。NHKも1995年に公式サイト「NHKオンライン」を開始した。

Webブラウザーは，HTML5（現在は，バージョン番号がとれHTML）

への進化により，その用途も，単なるテキストのWebページを表示するものから，アプリケーション実行環境となり，動画や音声に対応したインタラクティブなマルチメディアプラットフォームとしてその用途や需要が飛躍的に拡大した。放送，新聞，雑誌などそれぞれの異なる媒体でサービスを行っていたメディア業界は，このHTML5の登場に大きな影響を受けることになったと考えられる。

例えば，動画配信サービスは従来，パソコンで，そのOSに依存した特別なアプリケーションで視聴されるサービスであったが，HTML5によってOSの垣根を越えるサービスが可能となった。このことは，パソコンだけでなく，スマホやテレビ等の各種デバイスにも影響を及ぼし，簡単にネット動画視聴可能なさまざまなマルチメディア端末が現れることとなった。OTTサービス事業者にとっては，自らデバイスや動画メディアを受信する仕組みを開発しなくても，さまざまなデバイスやプラットフォームに搭載されているWebブラウザーを対象としたサービスが可能となった。その結果，YouTube，Netflixをはじめとする，さまざまな高画質な動画をも対象とするOTTサービスが生まれた。2010年ごろからW3Cで検討されたこれらの機能は，2015年には，日本においてもテレビで視聴可能となり，高画質な動画メディアという側面においても，放送をりょうがするようになり，生活のそのときどきに合わせて好きなプラットフォームで視聴可能なサービスとして，人々の生活のなかに根付くようになってきた。現在では，国内の放送局が実施しているTVer，NHKプラス等のサービスもHTTPストリーミングで配信され，スマホ，テレビでの視聴が可能となっている。

（2）Webとテレビ/ハイブリッド型放送（ハイブリッドキャスト，HbbTV[4)]）

W3CによるHTML5の標準化とともに，多くの市販テレビにHTML5

対応のWebブラウザーやアプリケーションプラットフォームが搭載されることになり，YouTubeをはじめとするネット動画のテレビでの視聴が当たり前のようになった。これと同時期に放送サービスにおいてもテレビ上での高機能なサービス開発が求められHTML5をベースとした放送と通信を連携するアプリケーションプラットフォームであるハイブリッドキャスト（Hybridcast）が登場した。このころからテレビは，アプリケーションを通じてインタラクティブな操作が可能なデバイスとして進化を始めた。

日本に続いて，欧州においても欧州の放送方式DVB（Digital Video Broadcasting）に対応した放送通信連携システムHbbTV2.0（Hybrid Broadcast Broadband TV 2.0）がHTML5に対応した。現在，米国のOTTサービスやプラットフォーマー等に対抗する放送局向けアプリケーションプラットフォームとして普及している。

（3）HTTPストリーミング

先に触れたように，ネット動画が急速に一般家庭のなかまで普及した要因の一つがHTML5の登場であると考えられる。それ以前のHTMLでは，動画の再生は，プレーヤー機能を有する別のソフトウェアをダウンロードし，プラグイン（機能を追加するためのソフトウェア）としてWebブラウザーに組み込むことで実現されていた。例えば，Adobe Flashが代表的な例である。しかし，スマホやテレビなどによる動画再生の需要が高まると，プラグインとブラウザーの間のボトルネックによるCPU処理量の増加や，それに伴う電力消費量，プラグインがセキュリティーホールとなる可能性などが課題となったため，ブラウザーやブラウザー機能を組み込んだアプリで直接動画を再生する需要が増えてきた。

一方，動画配信方式としては，RTSP（Real Time Streaming Protocol），RTMP（Real Time Messaging Protocol），MMSP（Microsoft Media Server Protocol）などの，動画配信専用のサーバーを制御する方式に代わり，近

年は，Webサーバー上にある動画コンテンツをWebページへのアクセスと同様にHTTP（Hyper Text Transfer Protocol）により配信するHTTPストリーミングが脚光を浴びるようになってきた。HTTPストリーミングの例としては，Apple HLS（HTTP Live Streaming），Adobe HDS（HTTP Dynamic Streaming），Microsoft Smooth Streaming，MPEG-DASHなどが挙げられる。HTTPストリーミングは，動画配信用の特殊なサーバーが必要ないことに加え，大規模配信のためのCDN（Contents Delivery Network）などにおいても動画配信専用の構成をとる必要がなくなり，容易に配信環境を整備することができるため，コストメリットが期待できる。なかでもMPEG-DASHは，国際標準化されているため，放送での利用が期待されており，欧州のDVB，HbbTV2.0の規格において採用されているほか，BBCのiPlayer，YouTube，Netflixなど，有名なテレビ向け動画配信サービスでも利用されている。

4 多様性の時代の放送技術（データ駆動型）

（1）インターネットで生まれた新たな課題

動画がさまざまなデバイスで視聴可能になると，人々は生活スタイルや用途に合わせてデバイスを使い分け，ますます動画サービスが拡充されるようになった。例えば，帰宅中の電車のなかで，スマホで見ていたドラマの続きを，家のテレビやタブレットで視聴するというスタイルや，テレビで動画を見ながら，スマホでSNSをする，などである。これら，動画サービス，SNSをはじめとするソーシャルメディアの拡充に伴い，ショート動画を中心に動画を対象として，ユーザー自らが情報発信を行うユーザージェネレイテッドコンテンツ（UGC）が増えてきた。

このように，個人から企業まで，多くの情報発信者やサービス，そして視聴デバイスが生まれた結果，インターネット上には，情報があふれることとなり，視聴者は，必要な情報にたどり着くのが難しくなった。また，放送局などのあまねく情報を伝えることを目的とした情報発信者にとっては，人々のメディア接触手段の多様化が進み，すべての人に情報を提供するのが困難になってきた。これにより，情報の格差や分断，フィルターバブル，エコーチェンバー，フェイクニュースといった，情報伝達における新たな課題が生まれてきた。

インターネットにおける多様性を加速させた重要な要因の一つとして挙げられるパーソナルデータの活用についても触れておく[5)]。インターネットでは，ユーザーのさまざまなサービスの利用履歴をもとに，Webサイトやアプリの表示内容をユーザーごとにカスタマイズしたり，そのユーザーに適合した広告を選択的に表示することで，そのサービスをより利用しやすくする技術的な方法がこの10年で飛躍的に発展した。これらの技法はユーザーの各種サービスの利用行動をOSやブラウザーの機能を用いてサービスを横断的に追跡（トラッキング）して収集・分析することで実現されている。このため，より多くのデータをより多くのサービスにわたって取得できることが，各ユーザーの趣味嗜好などを高精度に推測し的確な情報提供につながる構造になっている。そうした背景から近年では，いわゆるプラットフォーマーと呼ばれる大手IT企業が，それぞれのサービスプラットフォーム上でアプリケーションやサービスを開発・提供し，広告を出す個々の事業者に代わってユーザーのデータを一元的に取得し利用するモデルが確立している。これによって，元来，さまざまな事業者によって分散型のサービスを可能とするインターネット上で，パーソナルデータの一極集中，富の集中などといわれる現象が生じはじめた。

また，この状況はユーザーにとって自身のパーソナルデータをどの事業者が収集し，どのサービスにどのように利用しているのか理解しづらい状況を生み出しており，プライバシー保護に関する懸念が生じている[6)]。並行して各国の法制度の厳格化も進んでおり，欧州で2018年に施行されたEU一般データ保護規則（GDPR：General Data Protection Regulation）[7)]

ではデジタルデータを含めて個人のデータは個人に帰属することを明記するとともに取り扱い事業者には厳しい管理責任と罰則が規定された。国内でも2022年に施行された改正個人情報保護法[8)]では，パーソナルデータの活用を促進する規定が盛り込まれた一方で，事業者の管理責任が厳格化されている。

このように，インターネットが普及することで，人々の生活に根付き，便利になる一方，同時に，新たな課題が生まれてくる。今後，視聴者をはじめとするメディア利用者は，ますます，インターネット/Web上のサービスから，メディア接触を行うことが中心になるであろう。これらの状況を踏まえると，これからの放送は，放送，通信といった伝送路に依らずに適切な情報を届ける役割が求められ，そのために放送技術は，放送，通信で共通かつオープンな技術プラットフォームをインターネット/Web上に構築することが必要となる。そして，その技術プラットフォームは，一人一人にきめ細かに，プライバシーに配慮しながら，バランスよく情報を提供する機能を持ち合わせなければならない。

（2）Webベース放送メディア

インターネット/Webを中心に社会のスマート化が進む時代において，放送というメディアが，情報格差を作らず，人と社会をつなぎ，生活の安全・安心を守る役割を果たすことはますます重要となる。

通信や放送というデジタル情報を伝達する物理インフラが充実する一方，それぞれに対応するデバイスも多様化し，人々は自分の生活スタイルに合わせてその利用を選択するようになってきた。あまねく人々に情報を伝えるためには，特定の物理インフラに依存しない，データやアプリケーション層での相互接続・運用による仮想的なインフラあるいは技術プラットフォームの構築が必要となる。NHK放送技術研究所は，放送と通信インフラに依存せず，「人」「コンテンツ」「環境」それぞれを表すデータをWeb標準技術で連携させ，視聴者の嗜好や状況に応じてアプリケーションや配信元を制御する新しいコンセプトの技術プラットフォームであるWebベース放送メディアを提案している。この技術プラットフォームにより，人の個性や生活環境の違いによらず，すべての視聴者に，適切な方法とタイミングで必要な情報・コンテンツを届ける「人を中心とした放送メディア」を実現することを目指している（**図2**）[9)]。

図2　Webベース放送メディアの概念図

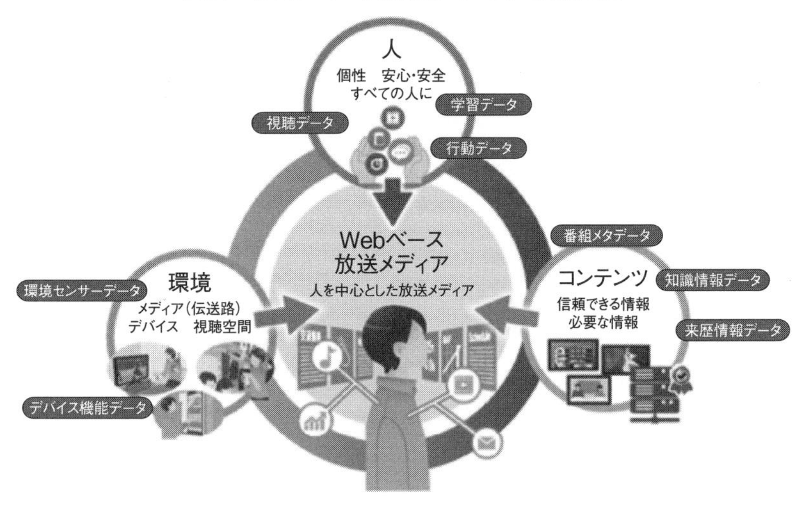

「人」「コンテンツ」「環境」データのうち，放送局が整えるものが「コンテンツ」のデータとなる。「コンテンツ」のデータには，動画や音声，Webサイトやテキスト情報などが想定される。動画コンテンツには，タイトルやコンテンツの概要説明，ジャンルのほか，コンテンツの配信方式やロケーション情報がある。放送番組には特に，放送するチャンネルや番組の開始・終了時刻，ジャンルなどの情報が編成情報としてひもづいている。オープンデータや放送局内のデータと関連づけることで，新しいサービスや放送局ならではのコンテンツの提示が可能となる。「人」の

データ，つまりパーソナルデータには，ユーザーのプロファイルや視聴履歴，位置情報などさまざまあり，サービス事業者が集めたり，ユーザー自身が持っているデータとなる。「環境」のデータは，デバイスのディスプレーの有無，映像再生の可否などの機能に関する情報や，使用可能かどうかを判断するための動作状態に関する情報，デバイスの設置場所に関する情報などが含まれる。これらのデータは，IoTデバイスベンダーやスマートホーム，スマートシティなどの取り組みのなかで整えられるものとなることが想定され，例えば，W3CのWoT WG[10]で標準化が検討されている。

Webベース放送メディアを実現するシステムは，「人」「コンテンツ」「環境」のデータを参照・処理することで，場面や目的に応じた方法でコンテンツを届ける視聴アプリケーションと，その動作を支えるデータ連携・処理技術や放送メディア配信基盤技術で構成される（図3）。

図3　Webベース放送メディアの基本システム構成

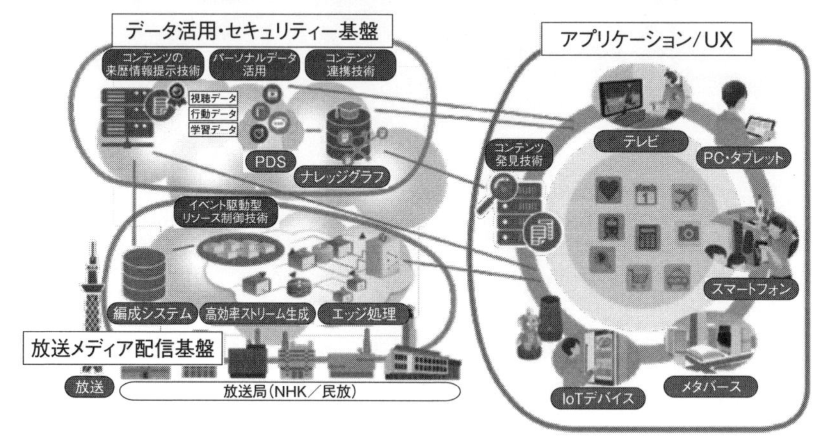

【視聴のアプリケーション/UX】

視聴アプリケーションとしては，実社会で利用されるあらゆるスマートデバイス，IoTデバイスからメタバース等の仮想空間上のデバイスを対象とする。それらの機能や受信環境に応じたコンテンツの取得先を自動で決定する「コンテンツ発見技術」を用いて，放送とネットで提供されるコンテンツを視聴デバイスの違いによらず簡単に視聴できるようにする。コンテンツ発見メタデータ（コンテンツの詳細情報と提供情報を表すデータ）を用いて，デバイスごとに放送・ネット上の適切なコンテンツを自動選択することが可能となる。

【データ活用・セキュリティー基盤技術】

放送局のコンテンツを視聴者に適した形で安全・安心に届け，ユーザーの興味や関心を広げるために，データ活用・セキュリティー基盤を構築する必要がある。その基盤は，コンテンツに含まれる知識情報に基づいて関連する別のコンテンツと連携させるナレッジグラフや，コンテンツの信頼性を担保するための来歴情報提示技術，パーソナルデータの活用技術で構成される。パーソナルデータに関してはその管理をサービス事業者が行うモデルとユーザー自身が持つモデルに大別され，後者ではパーソナルデータストア（PDS：Personal Data Store）が用いられる。現在のOTTサービスのほとんどが，前者の事業者管理モデルで行われており，そのデータを用いたレコメンデーション機能でサービスの差別化を図っている。一方，PDSを用いることで，ユーザーにとっては，特定のサービス事業者に縛られず，ユーザー自身が，パーソナルデータの使い道を自由に選択したり，組み合わせたりすることが可能となる。公共サービスである放送事業には，PDSモデルが適合すると考える。

【放送メディア配信基盤技術】

放送のコンテンツを適切に配信するには，動画サービスを拡張する仕組みが必要となる。その基盤は，リアルタイム映像や収録映像などをクラウド上に集約し，それらを視聴者の好みや視聴場所などに応じて組み合わせて配信する技術や，必要な情報を素早く確実に届けるための低遅延配信技術等によって構成される。

(3) データWeb

Webベース放送メディアの3つの要素を関連づける技術は，データ流通のプラットフォームとしてのWeb（データWeb）である。

先に述べたとおり，Webは，現在は，OSやデバイスに依存しない「Webアプリケーション」のプラットフォームへと変遷を遂げ，その利用環境は，携帯機器やテレビなどの家電製品，自動車などに範囲を広げている。この急速な発展の背景には，Webブラウザーの普及，HTMLの進化のほか，「セマンティックWeb」という概念が存在する。

膨大な量の情報がWeb上にあふれるようになると，Webを知識のデータベースとして捉え，人間だけではなくソフトウェアでその情報を自動処理できるようにする，という構想が生まれた。この考え方を「セマンティックWeb」と呼び，AI関連技術を背景として，自動処理可能なデータ記述手法などの規格化・検討が進められている。Webページを記述するHTMLでは，文書中の個々のオブジェクトの意味や，他の文書へのリンクの意味は明示的に示せない。これをソフトウェアが解釈するために，データの意味情報を記述子で明確に表現し，さらに別のデータとの関係性を明確な意味を持ったリンク情報で表現する技術が必要となる。これがリンクトデータ（Linked Data）である。リンクトデータでは，例えばRDF（Resource Description Framework）という形式でデータを記述する。各企業は，それぞれが持つデータをリンクトデータ化することで，データレベルで他の産業との相互接続したサービスを構築可能とする。各企業は，さまざまなサービスとの相互接続によって，自社のサービスに誘導するために，自社の持つデータをリンクトデータ化したり，API（Application Programming Interface）経由でアクセスできるようにしている。単にデータを公開するだけでなく，自社のサービスを特徴づける知識グラフを構築し，他のサービスにとって有効なデータとして利用しやすくする工夫などが行われている。これらデータ化の概念は，各企業や政府が保有するデータにとどまらず，デバイスなどのモノそのものを表したりや，デジタルツインのような実空間と仮想空間を表現する手段にも用いられることが検討されはじめている[10)]。

さらに，今後のデータ流通において重要になってくるのがパーソナルデータである。先に述べたように，パーソナルデータはこれまで，企業側が抱え込んできたが，プライバシー保護の観点から，個人に帰属させる動きが出てきた。2015年に「個人がパーソナルデータを主体的に管理すべき」という理念を掲げる組織MyDataが発足（2018年にMyData Global[11)]として活動を拡大）するなど，パーソナルデータの活用をユーザーが主体となって行う考え方が広まりはじめている。この考え方を実現するデータ管理モデルとしてPDSまたは情報銀行がある。PDSは個人が自らのパーソナルデータを蓄積・管理する仕組みであり，情報銀行はPDSなどを用いて個人の指示またはあらかじめ設定した条件に基づいて第三者への提供などのデータの活用を受託する事業である[12)]。

海外におけるPDSの代表的な実装例としてはSolid[13)]がある。SolidはリンクトデータやRDFなどのセマンティックWeb技術に関連するWeb標準技術仕様をベースにPDSの実装仕様をオープンソースで開発している。Webの国際標準化団体であるW3Cの創設者Tim Berners-Leeが2016年に設立したSolidプロジェクトにて，開発・実装が活発に進められている。2022年にはベルギーのフランダース政府がSolidに基づくPDSを活用した実証実験を実施している[14)]。また国内におけるPDSの開発・実装例としては東京大学のPLR（Personal Life Repository）[15)]，富士通㈱のPersonium[16)]，㈱DataSignのpaspit[17)]などがある。

BBCでは，放送局によるPDS活用の研究に取り組んでいる。Ricklefs et al.（2021）[18)]ではBBC自身が提供する番組配信サービスである

iPlayerや，他社が提供する楽曲配信サービスであるSpotifyなどの利用履歴を，ユーザーごとに前述のSolid仕様のPDSに蓄積し，レコメンド等に活用した実験結果が報告されている。このほかにもPDS利用に関するユーザー評価などを実施している。

データ流通を促すうえでもう一つ重要な要素となるのが語彙である。リンクトデータがさまざまな組織，産業や，個人のパーソナルデータを相互接続するアプリケーションで利用されると考えると，そこで使われる語彙が重要となる。サービスごとに語彙が異なると，アプリケーションはその解釈のために複雑なパーサーを用意しなければならなくなり，結果的にデータ間の連携が困難となる。この課題の解決のため，Bing, Google, Yahoo!（のちにYandexが加わる）によって，Webページの構造化データを標準化したSchema.orgが作成された。検索エンジンを中心に，Schema.orgによる語彙の統一が進んだことにより，現在は，さまざまな産業のサービスやアプリケーションがデータレベルで相互接続され，Webによる巨大な情報空間が構築されることとなった。放送サービスにおいては，EBU（European Broadcasting Union）やBBCなどが，テレビやラジオ番組で用いられる共通化された語彙をSchema.orgに追加し，放送局の持つコンテンツが，検索エンジンをはじめとする外部サービスと連携できるようになった[19)]。

（4）放送局における知識グラフとパーソナルサービス

放送は，視聴者の視野や興味・関心の拡大につながるよう，社会の多様性を反映したコンテンツを日々提供している。データ流通のプラットフォームにおいては，これらを一方的な手段で提供するだけでなく，ユーザーの生活や状況に合わせた形にしておかなければ，実際にメディアに接触してもらうことが困難となる。

Webベース放送メディアでは，番組等のメタデータ，個人のパーソナルデータ，視聴デバイスの機能を表すデータをリンクトデータで構造化することで，それぞれを連携し，その意味を解釈することで，システムやアプリケーションを動作させるデータ駆動型のサービスを実現する。標準化されたWebの共通概念で動作するため，他のサービスやプラットフォームとデータレベルで連携することで，個人が日常利用しているサービスやデバイスを通じて，放送局のコンテンツや情報を提示することが可能となる。

Webベース放送メディアに限らず，さまざまなサービスプラットフォームにおいてWebによるデータ流通が盛んになると，放送局においては，番組，コンテンツの情報，メタデータをどのように構造化し，整えておくかによって，視聴のされ方，頻度，シーン，価値が変わってくることになる。つまり，今後の放送技術においては，視聴者の視野や興味・関心を広げるコンテンツの提供方法を検討することが重要となり，視聴者が視聴しているコンテンツや接触しているさまざまなサービスのなかから，自分の興味の範囲だけではなく，意外性や異なる視点を持つコンテンツと接触するための技術が求められる。これらを実現するにあたっては，放送局の番組コンテンツのなかに含まれる情報や制作ノウハウなどから作られる「知識グラフ」の構築，およびパーソナルデータとの連携が重要な技術となる。例えば，教育コンテンツから学習順序関連性を知識として抜き取り，コンテンツの教科・科目，あるいはドキュメンタリーやニュースといったジャンルを超えたグラフを自動で構築する技術等である。これをパーソナルデータとマッチングする技術と組み合わせることで，本人の学習レベルに合った適切な学習順序で，興味・関心に応じたコンテンツを提供することが可能となる（**図4**）。

この知識グラフは，教育用コンテンツのみならず，ニュースや教養コンテンツなどにも適用が可能で，さまざまなジャンルをまたいだ視聴により，視聴者の興味・関心を広げる応用が可能となる。例えば，ある健康番組で，特定の食材の効能などを紹介し，別の料理番組で，その食材を使ったレシピを紹介する。また，ニュースの話題から関連する教育番組を紹介するといったように，異なる視点から情報提供が可能になり，いわば，個人に適した総合編成が期待できるようになる。

図4　学びに関する知識グラフを利用した個人向けアプリケーション例

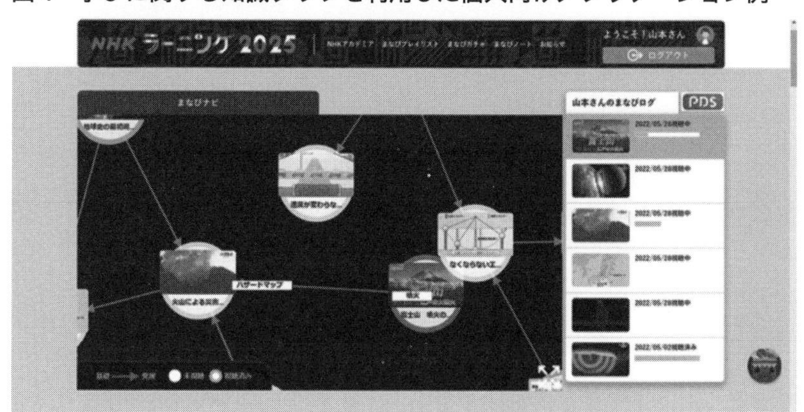

5 まとめ

放送通信連携・融合時代といわれて20年以上が経過した。放送通信連携・融合サービスは欧州を中心に，動画配信サービスは米国を中心に，テレビのネット対応やスマホの普及などの後押しとともに，2010年代に国際的に急速に発展し，成熟期を迎えた。一方，Webの進化はそれだけにとどまらず，ユーザーを中心にデータが流通する非集中型モデルへの転換が図られながら，さまざまなサービスが連携する巨大な情報空間となりつつある。情報空間としてのWebは，放送や通信などの伝送媒体とは無関係にデータ駆動型社会の基盤として拡大し，より便利で身近な存在になるであろう。この進化の過程においては，フィルターバブル，フェイクニュース，プライバシー保護など，メディア産業にとっての新たな課題がすでに生まれている。本稿では，データ駆動型社会を形成するWeb空間のなかで，新しい課題に対応し，多様化する人々の生活に応じる形で放送としての役割を果たすプラットフォーム技術，Webベース放送メディアや，放送局として備えておくべき知識グラフ等について紹介した。このほか，コンテンツの信頼性を確保するための技術や個々の視聴者に合わせた効率的な動画配信技術などの研究も進めている。

放送という限られた事業者でサービスを行うインフラとは異なり，多様な人々がオープンな環境のなかで関わるインターネットにおけるメディアの課題は，本稿で述べたものだけにはとどまらないであろう。放送技術において，新たな課題に迅速に対応するためには，さまざまな産業から生まれる技術と相互連携しながら，発展していく必要がある。そして，相互連携の基本となるのは，各産業が持つデータであり，放送局にとってのデータは，コンテンツが中心となる。コンテンツのデータを意味のある形で構造化して整備しておくことが放送メディアの発展につながることになると考えられる。将来，社会のスマート化が進むとともに，放送技術が進化すると，日常生活のなかの目の前にあるものに対して，その人にとって必要な情報が必要なタイミングでパッと表示されるような時代が来るであろう。

注

1）山本真（2013）「放送通信融合の現在と今後に向けた研究の取り組み」『NHK技研R&D』No.142 p.4
2）米倉律，小川浩司，東山一郎（2010）「テレビ視聴とコミュニケーションを立体化する試み ～番組レビューサイトを用いた実証実験～」『放送研究と調査』（2010年9月）
3）BBC Together, https://www.bbc.co.uk/rd/blog/2020-05-iplayer-watch-party-group-watching-viewing
4）ETSI TS 102 796, "Hybrid Broadcast Broadband TV"
5）松村欣司，藤沢寛（2023）「Webベース放送メディアにおけるコンテンツとパーソナルデータの連携技術」『NHK技研R&D』No.192 p.4-13
6）宍戸常寿「デジタル化社会の現状と課題～データ活用とプライバシー保護の両立のために～」『視点・論点』（2020年7月20日）
https://www.nhk.or.jp/kaisetsu-blog/400/432938.html
7）General Data Protection Regulation,
https://www.ppc.go.jp/enforcement/infoprovision/laws/GDPR/

8）個人情報保護委員会：“令和２年 改正個人情報保護法について”
https://www.ppc.go.jp/personalinfo/legal/kaiseihogohou/
9）Webベース放送メディアプラットフォーム
https://www.nhk.or.jp/strl/media-platform/
10）W3C Web of Things,
https://www.w3.org/WoT/
11）MyData, https://www.mydata.org/
12）総務省（2020）『令和２年版情報通信白書』第１部 情報銀行の取組
https://www.soumu.go.jp/johotsusintokei/whitepaper/ja/r02/html/nd133110.html
13）Solid Project, https://solidproject.org/
14）SolidLab Flanders, https://solidlab.be/
15）橋田浩一（2017）「分散PDSと情報銀行：集めないビッグデータによる生活と産業の全体最適化」『情報管理』Vol.60, No. 4, pp. 251-260
16）Personium, https://personium.io/en/index.html
17）paspit, https://datasign.jp/blog/paspit-announcement/
18）H. Ricklefs, M. Leonard, J. Loveridge, J. Carter, K. Mackay, J. Allnutt, T. Preece, T. Nooney, K. Bennett, J. Cox, A. Greenham, T. Broom, A. Balantyne, T. Al-Ali Ahmed and B. Thompson,2021 “Stronger Together：Cross Service Media Recommendations,” IBC 2021
19）R. V. Guha, D. Brickley and S. Macbeth, 2016, “Schema.org：Evolution of Structured Data on the Web”, Commun. ACM ,Vol.59, No. 2, pp. 44-51

藤沢　寛（ふじさわ・ひろし）

NHK放送技術研究所ネットサービス基盤研究部 部長。
1995年NHK入局，NHK松江放送局を経て，1998年NHK放送技術研究所に所属。地上デジタル放送方式，ソーシャルテレビteleda，放送通信連携システムHybridcastの開発，標準化，実用化等に従事。Webベース放送メディアの研究開発を担当し，現在に至る。

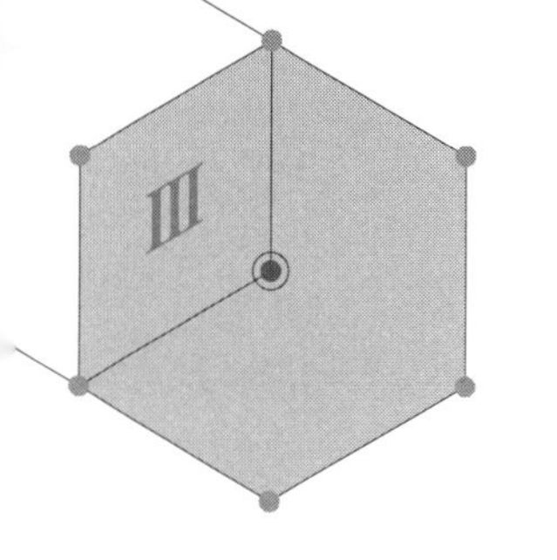

ディレクターとテクノロジー

インターネットとXRによる放送の「拡張」を考える

神部 恭久
（大東文化大学）

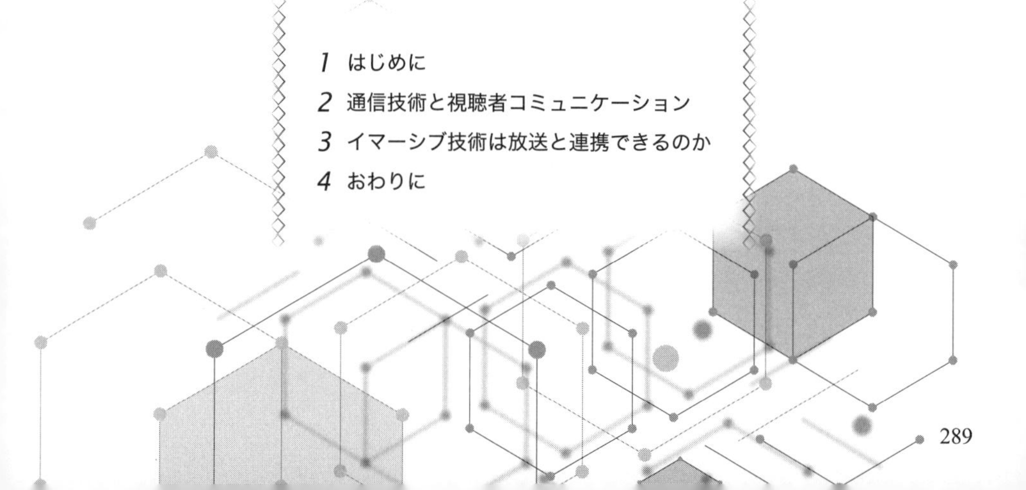

1 はじめに

「送りっ放しと書いて放送」ディレクター1年目の研修で，筆者が講師から聞いた言葉だ。1990年，まだ携帯電話もインターネットもなく，歌番組は電話でリクエストを受け付けていた。視聴者とのコミュニケーションといえばハガキか，頑張ってもFAX。「放送なんて出したら終わりの打ち上げ花火」という比喩に誰もが納得する時代だった。それから三十数年，技術の進歩はすさまじく，放送も様変わりした。

どのような技術が放送を変えてきたのか。まず思い浮かぶのが，4K・8Kなどの画質音質を向上する技術，データ放送，字幕放送，そしてL字など緊急事態に対応するシステムなど，「高品質な情報を広く迅速に伝達する」という放送本来の機能をよりリッチにする技術ではないだろうか。これらは放送技術に関わる専門性の高いエンジニアが中心となって開発した，いわば「放送業界の内部から生まれた技術」である。

一方で「放送が外部の技術を取り入れる」ケースもある。例えばSNS投稿の画面表示などは演出的要請があり，それを可能にする技術的工夫があと付けで導入されたものだ。このような外部技術の活用は，多くの場合，エンジニアよりもディレクターなど非技術職が主導的な役割を果たしてきた。

放送における技術的変化を「エンジニア主導の技術開発」と「制作者主導の技術導入」に分けて考えた場合，前者は具体的な記録が残されているのに対し，後者については資料があっても散発的で全体像が捉えにくい。

そこで本稿では，1990年代から現在に至るまでどのような技術が取り入れられてきたのかを制作者の視点からたどる。「ディレクターたちが新しいテクノロジーに何を期待し，何を成し遂げようとしていたのか」を振り返り，とかく閉塞感をもって語られる放送の未来を考える一つの視座を提供したい。

2 通信技術と視聴者コミュニケーション

1990年代，通信技術が発展し放送にも影響を与えはじめる。本節では急速に普及したインターネットに制作者がどう向き合っていったのか，いくつかの実例をもとに検証する。

（1）1990年　新しい時代の予感

日本でインターネットが普及するのは1995年にWindows95が登場したあとのことだが，その数年前，高度な情報技術が社会を変える予兆はすでに存在していた。

象徴的なビジュアルがある。NASAが発表した『The Virtual Interface Environment Workstation（VIEW）（1990）』だ[1)]。

データグローブを使って探査機を遠隔操作するデモンストレーション映像とともに公開され，「仮想現実（Virtual Reality＝VR）」は流行語になった。この年の7月，NHK教育テレビで『NHKセミナー　―現代ジャーナル―　仮想現実・人間とコンピューターの未来』[2)]が放送され，VRが描く未来イメージを伝えた。

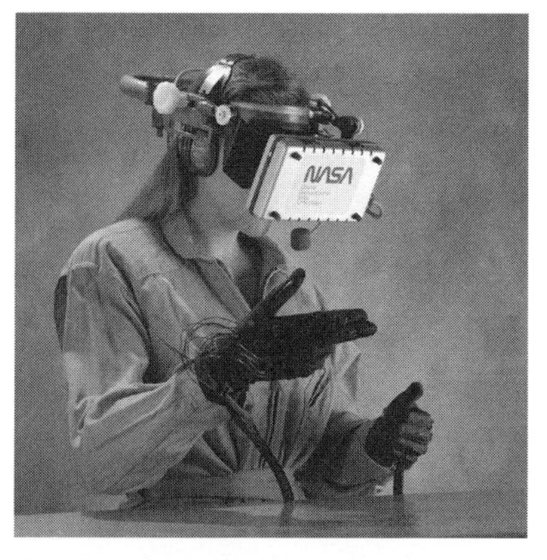

The Virtual Interface Environment Workstation（VIEW）

その2か月前には通信ネットワークが社会や人の暮らしを変えていく様を描いた特集ドラマも放送された。NHKスペシャル『ネットワークベイビー』[3)]である。主人公の京子は新開発のゲームのモニターを命じられ，戸惑いながらCGのキャラクターとコミュニケーションをとりはじめるが，あるとき子どものキャラクターと出会い，心を通わせるようになっていくという物語だ。当時すでに電話回線を使ったネットワークゲーム[4)]は実現しており，ドラマで描かれたようなハイクオリティーで没入感の高い「仮想空間＝メタバース」の実現は近いと感じさせるものだった。実際，ドラマの舞台は放送の2年後，1992年と設定されており「すぐそこの未来」を意識していたことがうかがえる。

90年代最初の年に放送された二つの番組は，通信技術とVRという新しい技術の胎動を伝えるものだった。しかし実際に「すぐそこの未来」が始まるのは，ドラマの設定よりは少しあとのことになる。

（2）1993～1995年　本格的双方向番組の試み

1993年，放送と通信技術を連携し，一方向だった放送を双方向にするという実験番組が放送された。NHK衛星放送（当時のBS2）で8月22日から三夜連続で生放送された『近未来テレビSIM-TV』（以下『SIM-TV』）である[5)]。スタジオベースのバラエティー番組の形式で「押す，動く，楽しい」をキーワードに視聴者が参加できる双方向演出が散りばめられた。

ネットがない時代にどのように双方向を実現したのか，出版された記録[6)]によれば，視聴者は指定された番号に電話をかけ，放送で伝えられるルールに従ってプッシュボタンを押すことで番組に参加した。視聴者の意思はプッシュホン回線のトーン信号となってスタジオのコンピューターに送られ，画面上のアイテムが動き，視聴者は放送をとおして自分の行動が番組に影響したことを確認した。

具体的には以下のようなコーナーがあった。

① おサイケペイント…プッシュホンでTV画面にきれいな模様を描く

② ピコ玉ぴゅん…プッシュホンで画面の玉を動かし音を出す
③ 家庭スイッチング…プッシュホンでスタジオカメラを切り替える
④ ヨーロッパのメディアアート集団[7)]が制作した視聴者参加コンテンツ…プッシュボタンで音楽を演奏したり，絵を描くなど

①～③で画面を操作できるのは同時に1人だけ。20秒ごとに入れ替わるという仕組みだった。④も同時にアクセスできるのは数人に限定されたが，通信技術によってテレビの双方向化が実現した最初の一歩だった。

このことの意味について，前述の記録には次のように記されている。

> 家庭からプッシュホンのボタンを押して，画面がスイッチングされるのと，視聴者が放送局に電話をかけて音声で副調にいるスイッチャーに「指示」して画面をスイッチングするのでは，結局結果は同じではないか，という局の関係者がいた。(中略)
> 「押す，動く，楽しい」とはつまり，「押す」という行為がもたらす<拡張された身体感覚>のことを指しているのであって，もし間に別の人間が入ってしまったら，それは人に頼んだのであって，自分がやったことにはならない。インタラクティヴの楽しみはテクノロジーを介し自分が遠く離れたところでアクションを起こすということにあるのだから。[8)]

『SIM-TV』で使用されたコンピューターは30台に上り，接続された電話回線やISDNも30本近かったという[9)]。いかに大規模で革新的なチャレンジだったかがうかがえる。視聴者の反応も大きかった。電話アクセスは3日間の放送で計26万件に上った。当時FAXや電話での反応が多くても数千件だったことを考えると桁違いで，「インタラクティヴ＝双方向」であることが視聴者に訴求することが初めて示された。

翌1994年12月に放送された『Sim-TV2 グローバル・クリスマス』で

は実用化が始まっていたインターネットをいち早く取り入れ，日本の放送番組として初の番組ホームページが開設された[10)]。新しい双方向演出としては登場人物の行動を視聴者が選択することでストーリーが変わる，マルチエンディングドラマが試みられた。選択機会は3回，その都度二つのストーリーが用意され，投票数のカウントにはNTTコミュニケーションズが提供していたテレゴング[11)]が導入された。多人数の同時参加が可能になったことで双方向演出の幅が広がった。そしてWindows95発売の前月，1995年10月に放送された『Sim-TV3』ではアメリカ，オランダ，京都の3か所とインターネット中継を結んだ。ニューヨークとの中継では，送り返しでインターネットを使ったカラー映像の中継[12)]も試みられた。

3年連続で放送された『SIM-TV』は本格的インターネット社会の到来を前に，実際の番組でさまざまな可能性を検証する壮大な実験でもあった。3作すべてにディレクター(当時）として関わった倉又俊夫は「まだ誰もやっていなかったインタラクティヴを実現するためには外部の技術と放送を接続する必要があった。放送業界ではない外部のクリエイターとのやりとりから新しい演出アイデアが生まれ，それが番組の推進力になった」という[13)]。『SIM-TV』のスタッフには，コンピューター会社，フリーのプログラマー，通信技術に詳しいエンジニアや，新進気鋭のデザイナーら，この番組がなければ放送に関わることがなかったであろうクリエイターが名を連ねる[14)]。通信技術との連携は，放送業界のなかに閉じがちだった番組制作に人的交流という側面でも活性化を促したのである。

（3）1995年以後　ネットコミュニティーとの接続

1995年以後，日本でもインターネットは急速に普及し，視聴者と制作者の関係を変えていく。

日本初の番組ホームページが開設された1994年，全世界のWEBサイトの数（同一ドメインのホームページは1とカウント）はわずか2,738

だった[15)]。それが1995年には2万3,000，96年には25万7,600に増加する[16)]。急増するネットユーザーに向けてホームページを開設し，情報提供を始める番組も増えていく。今では専門のスタッフや外部業者に委託することが多いホームページの運用だが，初期は制作スタッフが番組制作のかたわら行うケースがほとんどだった。

一方，ネットユーザーもインターネットやパソコン通信を使って活発な情報交換を始める。中心になったのが『ニフティフォーラム[17)]』（以下，フォーラム）だ。番組を軸としたコミュニティーが生まれ，そのなかから視聴者と制作者の関係が変わったことを裏付けるケースが登場した。

フジテレビのドラマ『踊る大捜査線』[18)]（以下，『踊る…』）である。1997年1月から3月にかけて放送された，言わずとしれたヒットシリーズだが，放送当初の評判は必ずしも高かったわけではない。

1997年，フジテレビのドラマは黄金時代。平均視聴率30％超えの『ラブジェネレーション』を筆頭に『ひとつ屋根の下2』『ビーチボーイズ』など平均視聴率20％を超えるヒットドラマを量産していた。ところが『踊る…』が20％を超えたのは最終回だけで，平均視聴率は18％台だった。当時のことを振り返ったプロデューサーのインタビュー[19)]によれば，映画化はおろかビデオの発売すら予定になかったという。

状況を変えたのがネットユーザーによる反響だ。前述のインタビューによれば，『踊る…』放送中はフォーラムのサーバーがパンクするほどだったらしい。そこで試しにビデオを発売したところたちまち完売。入手困難ということで，またフォーラムが盛り上がり，直ちに増産となった。放送の翌年，1998年10月に映画『踊る大捜査線 THE MOVIE 湾岸署史上最悪の3日間！』が公開されると観客動員700万人，興行収入は100億円を突破する空前の大ヒットとなる。2003年7月公開の第2弾『踊る大捜査線 THE MOVIE 2 レインボーブリッジを封鎖せよ！』ではさらに上を行く興行収入173億円。この2作は実写邦画の歴代興行収入1位と3位を占めている[20)]。

これだけの経済効果がフォーラムでの盛り上がりを契機に生まれたことになる。出版，テレビ，映画を軸に展開されてきたメディアミックスにインターネットという新しいメディアが加わったのだ。

ここで一つの疑問が立ち上がる。数多い高視聴率番組のなかで，なぜ『踊る…』がネットユーザーに支持されたのか。

当時，視聴者としてリアルタイムでフォーラムに参加していた放送作家の大嶋智博[21]によれば，きっかけはDRAGNETだったという。DRAGNETとは，登場人物の一人，エリート警視正の真下正義がドラマのなかで運営するホームページで，物語に登場する事件の捜査情報などをこっそり公開しているという設定だった。大嶋は「あるとき，たまたま，フォーラムのユーザーがインターネットにDRAGNETがあることを見つけた。Googleなどの検索エンジンも発達していない時代に，偶然の発見から『ドラマが現実とリンクした!!』という衝撃でフォーラムが沸いたことを覚えている」と語る[22]。本来，DRAGNETは劇中のPCに表示するだけの予定だったが，フォーラムの様子を見ていたチーフ演出が密かにインターネットからアクセス可能にしたという[23]。制作者のふとした行動がネットユーザーのマインドに刺さり『踊る…』の大ヒットにつながったのだ。

『踊る…』の成功からわかるのは「ネットが視聴者と制作者を接続するチャンネルになった」ということである。制作者はネットの反響を気にするようになり，視聴者もネットでの発信が制作者に届くことを意識していく。放送そのものの双方向化に加え，ネット上にバイパスができたことで，もはや放送は「送りっ放し」ではなくなったのだ。

（4）2000年以後　モバイル時代の双方向番組

インターネット（以下，ネット）の普及に伴い，「視聴者のご意見募集」でもハガキやFAXから電子メールへのシフトが進む。1999年には

NTTドコモが携帯電話からネットに接続できるiモードを開始。いつでもどこでもネットとつながる時代の放送とは何か，制作者の模索が始まる。

まず登場したのが新しいタイプの投稿番組だ。片手に持ちながら放送を見ることができるという携帯電話の特性をうまく活用したのが2005年にパイロット版を放送，2006年から定時放送された『着信御礼! ケータイ大喜利』(NHK総合)[24)]（以下，『ケータイ…』）だ。

『ケータイ…』はタイトルに大喜利とつくように視聴者から投稿を募集するバラエティー番組だ。生放送でお題を出し，番組ホームページからメールフォームで投稿を受け付ける。放送作家20人が一次選考にあたり，パスした投稿はプロデューサーの確認を経て，出演者が読み上げ，同時に放送画面にも表示されるというものだった。

開発を担当したディレクター(当時）の三好健太郎によれば予想をはるかに超える投稿があったという。「パイロット版の放送では数万件受信したところでサーバーがパンクした。試行錯誤を繰り返し，秒1万件の処理能力にしたところで安定し，多い時は1回の放送で100万以上の投稿があったが無事さばくことができた」[25)]。サーバーの増強に加え，一次選考担当の放送作家20人のPCに，重複せず即座に投稿を振り分けるツールを独自に開発。さらにスポーツ中継のCG作画をしていた会社に依頼し，出演者の読み上げに対しクリック一つで放送画面に投稿を表示するシステムも開発したという。

三好は「視聴者が楽しんでいたのは，思いついたらすぐに投稿し，数分後には人気芸人に読んでもらえるかもしれないというライブ感だった」という。その期待に応えるべく制作者は遅延を減らし，スピードアップするための技術を導入していったのである。

テキストによる投稿に続いて生まれたのが，視聴者が撮影した「映像」を活用する番組だ。2000年代初頭の携帯電話は，ネットアクセスと並行してカメラ機能が充実していった時代でもある。2005年にアメリカで『YouTube』が，2006年に日本で『ニコニコ動画』がサービスを開始すると，それらプラットフォームから「話題の映像を紹介する」タイプの番組が乱立した。

そんななか，オリジナル動画を募集する番組がスタートする。2009年から2017年にかけ，NHK総合テレビで放送された『特ダネ!投稿DO画』（以下『…DO画』）だ[26]。プロデューサー（当時）の茂田喜郎は企画の狙いについて「一般の人が撮影した動画を紹介する番組は増えていたが一過性の特番が多かった。誰もがカメラマンになれる時代の到来を見越して安定した受け皿とするべく，ウイークリー番組とした」と語る[27]。『…DO画』では動画の受信だけでなく，再生専用のサーバーも用意された。放送されなかったものも含め，できるだけ多くの映像をホームページで紹介するためで，時間的制約のある放送をネットで補完するという形の連携だった。『SIM-TV』のディレクターで『…DO画』立ち上げのプロデューサーでもあった倉又は，「投稿してくれた視聴者に対して，確かに番組に参加したという証の動画を目に見える形で残したかった」という[28]。

ちなみに，NHKではニュース向けの動画投稿の窓口として『NHKスクープBOX』[29]を2013年3月から運用している。開発のきっかけは，2011年の東日本大震災だった。当時，ネット経由での受信には容量制限があり，また，携帯電話で撮影された映像はNHKの緊急報道車両に装備した機器では伝送できなかった。この反省から，多様な映像フォーマットや画面サイズに柔軟に対応できる窓口をネットに開設した。受け付けた映像の一部を事実関係を確認し，ニュースで紹介している。

1990年代以降，急速に発展したネットに対して，制作者たちはどのように関わり，どのような技術を番組に導入してきたのかを見てきた。

例としてあげたのはごく一部ではあるが，この時代に生まれた大きな変化である「ネットによって視聴者と制作者がダイレクトに接続された」ことと「ネット接続端末が視聴者の新しいライフスタイルを生み出した」ことを象徴している。前者はコミュニケーションをとおして，後者は直接的な投稿という形で放送番組を「拡張」したのである。

3 イマーシブ技術は放送と連携できるのか

イマーシブとは「没入感がある」という意味で，「視野のすべてを覆うVR（仮想現実）」や，「現実空間にデジタルコンテンツを重ね合わせるAR（拡張現実）」，「前後左右から音が聞こえる立体音響」などがあり，まとめてXRと表記することもある。ゲームやイベントなどのエンターテインメントから，教育，医療などさまざまな分野で活用が始まっている新しい技術だ。しかし，放送との連携に関してはまだ実施例が少なく課題も多い。本節では実例を紹介し，課題とその克服について考える。

（1）2013年　VRブームの再燃

始まりは2013年。アメリカのベンチャー企業Oculus社[30)]が軽量で画質の良いヘッドマウントディスプレイ（HMD）を開発した。1990年代には宇宙開発の技術だったVRが一般向けの新しいメディアとして再び脚光を浴びたのである。

当時VRを体験した人の多くはその没入感に驚いた。筆者もその一人だが，HMDを着け，全視野が覆われると異世界にワープしたかの感覚に包まれた。例えば，「高い塔の上にいる」という設定のVR映像で足元を見ると，落ちるかもしれないという恐怖感で足がすくんで動けないほどだった。

この体験を放送番組と連動させればコンテンツの世界を大きく「拡張」できるのではないか，そう考えた制作者たちの模索が再び始まった。

（2）2016年　VRと放送を連動させる試み

放送業界におけるVR連携の先駆けとなったのが2016年2月に運用を開始したVR映像のポータルサイト『NHK VR NEWS』だ[31)]。その名のとおり，事件やスポーツの現場を捉えたVR映像が集められている。ニュースとVRを連携させた理由について，『NHK VR NEWS』の責任者であるNHK報道局の記者（当時）足立義則は「従来のニュースが伝えてきたのは情報だった」としたうえで，次のように記している。

> VRでは「情報」だけでなく，見ている人がそこに実際に訪れたような「体験」も伝えることができる。それによって大地震の恐ろしさや国家間の紛争の実態などを，見ている人がより強く実感し，他人事ではなく「自分事」に感じてもらえるのではないか，と考えた。[32)]

福島第一原発の内部やアメリカ大統領就任式など，通常見ることができない場所や出来事を伝えるのに，自分の意思で見たい方向を見ることができるVR映像は効果的だ。放送でVR映像を送ることはできないため，ネット配信を使うことになるが，一つ課題があった。VR映像の配信には専用のHMDやスマートフォンアプリを使う必要があり，一般的なホームページでVR映像を視聴することはできなかったのだ。

この問題を解決したのがHTML5[33)]だ。HTML5に対応したブラウザーを使えば，PCの矢印キーなどを使ってVR映像を操作でき，スマートフォンでもアプリを使わずにVR映像を見られるようになった。主要ブラウザーのほとんどがHTML5に対応した2016年『NHK VR NEWS』も運用を開始した。

2016年には，VRと連動した初の特集番組も放送された。NHKスペシャル『神の領域を走る　パタゴニア極限レース141km』（2016年10月2日放送）[34)]だ。南米大陸最南端パタゴニアの荒野を一昼夜走り続けるというハードなスポーツドキュメンタリーである。筆者はこの番組のプロデューサーを務めたが，絶景で知られるパタゴニアでランナー目線のVR映像を撮影すれば，これまでにないメディア体験になると考えた。しかしここでも課題に直面した。

一つ目は撮影方法だ。当時，多くのVR映像は小型アクションカメラを6台組み合わせて撮影し，あとで合成するというやり方だった。ところがこのカメラだとどのような持ち方をしても撮影者の全身が映り込み，ランナーの目線にはならない。

小型カメラを組み合わせたVR撮影用カメラ

調べた結果，ソニーコンピュータサイエンス研究所（以下，ソニーCSL）[35]が東京大学暦本研[36]と共同で研究用に開発した特殊なヘルメットがあることが分かった。両サイドに超ワイドレンズをつけた小型カメラがセットされ，ランナーの頭の位置，つまりランナー目線のVR映像が撮影できる。

©ソニーコンピュータサイエンス研究所
ヘルメット型のVRカメラ「JackIn Head」

ソニーCSLに相談すると使用を快諾してくれ，さらに開発者の笠原俊一研究員[37]自らパタゴニア撮影に同行してくれることになった。ちなみにこのヘルメットには，SF小説[38]に着想を得た『JackIn Head』というコンセプトネームがつけられている。本来の研究目的は，離れた場所にいる他者と視覚を入れ替え，新しい体験共有の形式を創り出そうというものだ[39]。

パタゴニアでは，レースのスタートからゴールまで要所要所でVR動画を撮影した。パタゴニアは風が強く独特な環境音が聞こえるため，音の没入感も意識し，レースを追体験できる2分ほどの動画のVRを9本，絶景をメインにした高画質の静止画VRを9本制作した。

次に直面した課題がVR映像を提供するタイミングだ。放送と同期し，ランナーの進みに合わせて1本ずつ追加していくか，放送の前にプロモーションとして提供するか。スタッフで議論の末，放送前にした。結局，放送とVR映像を同時に視聴することはできないということが理由だった。

結果，数値は公開できないがホームページにはかなりのアクセスがあり，SNS（当時のTwitter）でも番組タイトルがトレンド入りするなど，ネット経由での訴求力はあることが示された。放送のプロモーションとしてはある程度成功したものの，これまでにないメディア体験の提供という点は依然課題として残った。

（3）2017年　リアルタイムVR連動番組の挑戦

放送とVRをより深く連動させることを目指した挑戦的な番組が2017年6月に放送された。BS1スペシャル『知られざるトランプワールド～360°カメラが探訪する新大統領を生んだ世界～』（以下，『知られざる…』）[40]だ。メディア研究の立場から山口（2017）は『知られざる…』を含め，公共放送におけるVR配信の意義について報告している[41]。報告を元に『知られざる…』がどのような番組だったのかを振り返ろう。

最大の特徴は，VR撮影用のカメラをメインカメラとしたことだ。当然，カメラマンの姿が大きく映る。カメラマンの後ろでディレクターが小声で指示をする様子もすべて記録されることになる。普段は見せない撮影の舞台裏も含めてコンテンツの一部とする逆転の発想だった。

実際の放送ではここぞと言う見せ場でVRとの連動が行われた。具体的には視聴者向けにVR映像を見る方法が解説されたあと，TV画面にはVR映像から四角く切り抜かれた映像が映し出され，同時に完全なVR映像がストリーミングで配信された。VR映像を見る視聴者は，放送されている部分に加え，画面の外側や後ろ側も見ることができる。放送から目を離しても，音さえ聞いておけば情報を取りこぼすことはない。

課題はVR映像の配信が放送より徐々に遅れていく可能性があるということだった。通信ではデータの読み込みに時間がかかる場合があるのに対し，放送は進んでいく。この問題の解決に，ある技術が導入された。

> 事前に360°映像を「チャンク」と呼ばれる数秒単位の小さなファイルに分けてサーバー側に用意しておき，サーバー時刻と放送時刻を同期させて，数チャンクずつユーザー側で再生させる仕組みを構築した。ユーザー側で5秒以上再生が遅れると，放送時刻に合った先のチャンクに飛ばして放送に同期させる。この方法で結果的に遅延を1～2秒以内に抑えることができた。さらに視聴者は放送を途中から見始めても，ネットで配信されている360°映像と同期させることができた。[42)]

もし遅れても，遅れっぱなしにはしないという解決策だ。

『知られざる…』に続き，同じシステムを使って，2017年10月には『360°ドキュメンタリー　激流に挑む 密着！ カヌー選手 羽根田卓也』が，2018年3月には『サーフィンの神と呼ばれる男～360度映像で体感 ハワイの海と波』が放送された。

アメリカ大統領，オリンピック選手，そしてサーファーと対象を変えたことで何がわかったのか，3作すべてをプロデュース（当時）した日置一太に聞いた[43)]。費用対効果が課題であると断ったうえで「やはり周囲の環境をおもしろがれるテーマが良い。その意味ではスポーツには展開の可能性があると思う」という。実はVRとスポーツの相性の良さはかねてから期待されていた。実際に2016年のリオオリンピックでは史上初のVR中継が実施され，画質や安定度での技術的課題はあったものの熱狂的な観客とフィールドの様子が29か国に配信された[44)]。東京オリンピックでは一般に向けたVR中継は行われなかったが，今後の進化に注目したい。

（4）ARと放送の連動の可能性

VRと並んで没入感を演出する技術にAR＝Augmented Reality（拡張現実）がある。TV画面に重ねる形でデジタルコンテンツを展開できるため，放送と同時に見ることができる。視覚を奪うVRより放送との相性が良いと期待される技術だ。番組に関連してARを提供する試みも行われている。例えば，NHKでは恐竜や城などの高精細な3次元データをホームページやスマートフォンアプリから呼び出せるようにしたり，東日本大震災で被災した宮城県南三陸町防災対策庁舎をデジタルデータとして再現している[45)]。しかし，今のところARのコンテンツは単体で提供されており，『知られざる…』でVR映像を使って試みられたような，放送とのリアルタイム連動は実現していない。実はここにイマーシブ技術と放送の連動を考える上で避けては通れない技術の壁がある。

この障壁を理解するうえで参考になる番組が，2007年，NHK教育テレビで放送されたアニメーション『電脳コイル』[46)]（監督・磯光雄）だ。

舞台は近未来。現実世界にデジタルデータを重ねて表示する「電脳メガネ」が実用化された社会で小学生たちに起こる不思議な出来事を描く。初代iPhoneが登場したばかりのころに，ARをはじめ，のちに実用化される先端技術の数々を詳細に描き話題になったが，なんといってもメガネをかけた瞬間に現れる攻撃的なキャラクターのリアルな存在感が衝撃的だった。ビルの陰から現れ，壁を抜け，執拗に追いかけてくるのだ。

『電脳コイル』はARでリアリティーを出すためには高い精度が必要になることを教えてくれた。例えば，ビルの角からARキャラクターが登場する際，少しずれるだけでそこにいるようには感じられなくなってしまう。これを避けるには正確に「空間把握」ができていなければならない。

空間だけではなく，時間的「同期」も重要だ。『知られざる…』の例では，チャンク化して配信するという手段をとったが，それでも数秒のずれは避けられなかった。放送と同時に見るARではわずかのズレが致命傷になりうる。例えば，放送の音楽に合わせてARのキャラクターがダンスをするようなケースで0.1秒でもずれればリアリティーが損なわれる。

これらの障壁は越えられるのだろうか。

「空間把握」の克服で期待される技術がLiDAR（Light Detection And Ranging）だ。レーザー光線を発射し，障害物で反射されて戻ってくるまでの時間をもとに距離を高い精度で計測する技術で，ドローンを使った測量や自動運転の研究などに使われている。LiDARはすでに一部のスマートフォンにも搭載されており，視聴者が自分の部屋を手軽に計測できるようになればARと放送の連動が一歩近づく。

「同期」の問題の解決策として期待されている技術がMMTだ。

MMT（MPEG Media Transport）とは映像，音声，データなどを，衛星放送，地上放送，インターネットなど，さまざまな伝送路で送ることができる新しい伝送方式のことだ[47]。現在の放送と違い，映像や音声に加えてタイムスタンプというデータを送信し，放送と通信を完全に同期することができる。4K8K衛星放送では採用されているが，放送設備や受信側でも機材の刷新が必要になるため，地上波への応用は現在検討されている[48]。

LiDARやMMTが一般的に使えるようになるにはデバイスの普及や放送インフラの改革が不可欠で容易ではない。しかし，技術が存在する以上は『電脳コイル』が描いたようなARが実現し，放送とのリアルな連動が実現する可能性はある。

4 おわりに

ディレクターが，通信やイマーシブといった新しいテクノロジーを番組に取り入れ，いかに放送を「拡張」してきたのかを振り返ってきた。

1990年代から2000年代にかけての潮流をまとめると「インターネッ

トが進化し，視聴者の声がリアルタイムで制作側に届くようになったことで，ディレクターは，視聴者の要望を見極めながらテクノロジーを取り入れ，新しい放送の形を生み出した」ということになる。だが，この説明には欠けているものがある。「テクノロジー自体がディレクターと視聴者の対話を活性化した」という視点だ。

インターネットや携帯電話という社会を変えるテクノロジーがあったからこそ，『踊る…』の演出家がこっそり公開したホームページにファンは熱狂し，『ケータイ…』ではわずか44分で100万もの投稿があったのだ。テクノロジーという玩具を使ってディレクターと視聴者が遊んだ結果，放送は「拡張」され，刺激的な新しいメディアであり続けられたのではないだろうか。

この視点で2010年代以降を見ると，インターネットや携帯電話のようなテクノロジーが登場していない。デジタル放送や高画質化は進んだが，放送内部の技術革新であり，ディレクターと視聴者が対話しながら，新しい放送の形を探れるようなタイプのテクノロジーではない。その意味で，イマーシブ技術には可能性があるものの，コストや技術の壁を前にトライアルの数が非常に少なく，遊び方がまだ見つかっていない。こうした状況の結果，放送は「拡張」されず，停滞して見えている。

放送はテクノロジーに依存したメディアであり，技術的変革を求め続ける宿命にある。人工知能やメタバースなど，社会を変える可能性があるテクノロジーが急速に進化を遂げている今こそ，新しいテクノロジーを材料に新しい視聴者と対話を重ねる絶好のチャンスとも言える。果てしないトライアルの先に，次なる「拡張」の扉が開かれることを期待したい。

注

1）https://images.nasa.gov/details/ARC-1992-AC89-0437-6
2）『NHKセミナー　ー現代ジャーナルー　仮想現実・人間とコンピューターの未来 』（1990年7月11日）https://www.nhk.or.jp/archives/chronicle/detail/?crnid=A199007112000001300200
3）『NHKスペシャル　ネットワークベイビー』（1990年5月1日）https://www2.nhk.or.jp/archives/movies/?id=D0009044317_00000
4）電話回線を使いパソコンをホストコンピューターに接続して行うゲーム。代表的なものが『富士通Habitat（ハビタット）』。
5）『近未来テレビＳＩＭ』（1993年8月22～24日）SIMはSatellite Interactive Mediamixの頭文字。https://www2.nhk.or.jp/archives/movies/?id=D0009040304_00000
6）橋本典明監修，NHK・SIM-TVグループ（1994）『インタラクティヴTV』工業調査会
7）ドイツを拠点に活動していたアーティスト集団『ヴァン・ゴッホTV』。（『インタラクティヴTV』pp.60-63，工業調査会）
8）『インタラクティヴTV』p.56，工業調査会
9）重永明義，青木清隆，緒形慎一郎（1994）「近未来TV 'SIM-TV' BSでの双方向テレビ放送」『テレビジョン学会技術報告』18（5），pp.25-30，映像情報メディア学会
10）NHK ONLINEヒストリーでトップページ画像を参照できる。https://www.nhk.or.jp/toppage/history/1991-94.html
11）NTTコミュニケーションズが開発した電話投票システム。選択肢ごとに電話番号が割り振られ，電話をかけただけで投票でき，即座に集計されるという仕組み。
12）インターネットでカラー映像と音声を同期して送信できるシステムStreamworks（Xing社）による。
13）2023年8月取材。
14）『インタラクティヴTV』巻末，工業調査会
15）https://www.internetlivestats.com/total-number-of-websites/
16）https://www.internetlivestats.com/total-number-of-websites/
17）1987年にサービスを開始したパソコン通信『ニフティサーブ』を使って行われていた電子会議室をフォーラムと呼んだ。『ニフティサーブ』は2006年にサービスを終了している。
18）『踊る大捜査線』（1997年1月7日～3月18日全11話）特集ドラマのほか，『踊る大捜査線 THE MOVIE 湾岸署史上最悪の3日間！』（1998）から『踊る大捜査線 THE FINAL 新たなる希望』（2012）まで関連作品を含めて6本映画化されている。
19）映画「踊る大捜査線 THE FINAL 新たなる希望」インタビュー　亀山千広氏が語り明かす「踊る大捜査線」総括（3/5）より　https://eiga.com/movie/57671/interview/3/
20）2023年8月時点。
21）コミュニティーラジオからNHKスペシャルまで幅広く活動。東日本大震災後，放送を続けたオナガワエフエムの番組『佐藤敏郎のOnagawa Now！ 大人のたまり場』で第44回放送文化基金賞受賞。
22）2023年8月取材。
23）TVぴあ責任編集（1998）『踊る大捜査線 THE MAGAZINE』p.96，ぴあ
24）『着信御礼！ケータイ大喜利』（2006～2016年度）https://www2.nhk.or.jp/archives/movies/?id=D0009010519_00000
25）2023年8月取材。
26）『特ダネ！投稿DO画』（2009～2016年度）https://www2.nhk.or.jp/archives/movies/?id=D0009041206_00000
27）2023年8月取材。
28）2023年8月取材。
29）https://scoopbox.nhk.or.jp/
30）2012年，パルマー・ラッキーらが設立。のちにFacebook（現在はMeta）に買収された。
31）『NHK VR NEWS』は現在，名称を『NHK VR/AR』と改め，VRに加えて，恐竜や土偶のARも追加された。NHKの放送にまつわるあらゆるイマーシブなコンテンツを集約するプラットフォームになっている。https://www.nhk.or.jp/vr/
32）足立義則（2016）「ニュースを見るだけでなく「体験」する」『Journalism』2016年8月，pp.36-37，朝日新聞社ジャーナリスト学校
33）HTMLとはWEBページを作成するための言語。HTML5はそれまでに比べて映像や音楽の処理が強化された。
34）NHKスペシャル『神の領域を走る　パタゴニア極限レース141km』（2016年10月2日）https://www2.nhk.or.jp/archives/movies/?id=D0009050565_00000

35) 新領域・パラダイムへの取り組みを通じて新たな技術や事業を創出し，人類・社会に貢献することを目的に設立されたソニー系列の研究所。https://www.sonycsl.co.jp/
36) 東京大学大学院情報学環・学際情報学府　暦本純一研究室。https://lab.rekimoto.org/
37) Superception（超知覚）をキーワードにコンピューター技術を用いて人間の知覚や認知を拡張・変容させる研究を行っている。https://www.sonycsl.co.jp/member/tokyo/198/
38) アメリカのSF作家ウィリアム・ギブスンは著書『ニューロマンサー』で脳に電極をつないで電脳空間に没入することを「ジャックイン」という言葉で表現した。
39) Kasahara, Shunichi, Shohei Nagai, and Jun Rekimoto.（2017）“JackIn Head: Immersive Visual Telepresence System with Omnidirectional Wearable Camera.” IEEE Transactions on Visualization and Computer Graphics 23（3）: pp.1222-1234。
40)『BS1スペシャル　知られざるトランプワールド～ 360°カメラが探訪する新大統領を生んだ世界～（2017年6月4日，11日）
タイトルの「360°カメラ」とは「VR映像を撮影するためのカメラ」を指す。
41) 山口勝（2017）「公共放送による360°映像のVR 配信の意義」『放送研究と調査』2017年10月，NHK放送文化研究所
42) 同上
43) 2023年8月取材。
44) 41）同
45) https://www.nhk.or.jp/vr/AR/bosai_chosya/
46)『電脳コイル』（2007年5月12日～ 12月1日）https://www6.nhk.or.jp/anime/program/detail.html?i=coil
47) https://www.nhk.or.jp/strl/publica/giken_dayori/162/5.html
48) 総務省によって設置された情報通信審議会放送システム委員会で議論が進んでいる。 https://www.soumu.go.jp/main_content/000892077.pdf

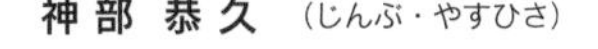

神部 恭久（じんぶ・やすひさ）

大東文化大学社会学部准教授。

1990年NHK入局。『ためしてガッテン』『NHKスペシャル』などを制作。2009年NHKエンタープライズに出向してからは，スマートフォンアプリ『計るだけダイエット』，視聴者参加型ミステリー『謎解きLIVE』，VRドラマ『RE:MINISCIA』（第1回VRクリエイティブアワード受賞），映画『ベニシアさんの四季の庭』配給プロデュースなど，新技術を積極的に取り入れ，ジャンルを横断したコンテンツを制作。
国際映像コンクール『ROSE D' OR』VR・イマーシブコンテンツ部門審査員（2017～2020年）。
2023年より現職。メタバース・生成AIの社会実装などをテーマに研究を行っている。

字幕放送と研究開発

柳　憲一郎　（NHK放送文化研究所）

1. はじめに

聴覚に障害がある人にとって，テレビ番組の音声すべてを楽しめるようになることは長年の悲願であった。字幕放送[1]はそのための重要な手段であるが，日本語の字幕放送を実現するためには，限られた数のアルファベットで表現できる欧米に比べ，困難な点が多くあった。字幕放送実現の歴史は，NHKの2つの研究所が中心となり，その困難を乗り越えた歴史である。

本コラムではそのなかでも重要な2つの出来事を，研究との関連で紹介する。1つ目は，日本で文字多重放送[2]の実用化試験放送が開始された1983年10月3日に，字幕放送番組として放送された連続テレビ小説『おしん』と関連した研究。2つ目は，日本で初めて生放送のニュース番組に字幕が付けられた2000年3月27日の『ニュース7』と関連した研究である。

そして最後に，NHK放送技術研究所（以下，技研）と文研が現在進めている最新の研究を紹介して，今後の字幕の可能性について展望する。

2. 字幕放送の誕生と日本語字幕化の苦労

聴覚に障害がある人には，字幕がなければテレビの内容を理解できないという切実な悩みがあった。ある母親は聴覚に障害がある子どものために画面の横に画用紙を置いてセリフの要点を書いて見せたという。またある家では，聴覚に障害がある子どもが母親に「何があったの？」としつこく尋ね，母親が「後で説明するから黙って！」と怒った。テレビを一緒に楽しめず，2人で泣いたという（NHK 2001）。テレビが普及するにつれて，字幕を付けてほしいという思いが聴覚に障害がある人たちの間で高まった。

イギリスでは，1964年に，開局したばかりのBBC第2テレビが字幕付きニュース “News Review” の放送を開始した。BBC第2テレビは，それまで軽視されがちだったマイノリティーグループ向けの番組を放送することが開局の条件であったためであるが，これはいわゆる「オープンキャプション」と呼ばれる文字テロップで，常に映像画面に表示される字幕情報であった（NHK 1978）。そして，アメリカでは，1973年に公共放送サービス（PBS）がクローズド・キャプショニング・プロジェクトを発足。1980年3月にABC，NBC，PBSがテレビにデコーダーを取り付けることにより，必要なときだけ字幕を付けることができる「クローズドキャプション」の本放送を開始した（NHK 1983）。

そのころ，日本では技研もクローズドキャプションの字幕放送の開発を進めていたが，仮名のほかに複雑な漢字を多数含む日本語の壁に直面していた。アルファベット型の文章で構成されている欧米では，コード伝送方式を採用していたが，膨大な数の漢字をコード化して伝送することは受信機側の負担も大きかった。さらに伝送の途中で，ビル反射によるゴースト妨害や自動車や工場などからのインパルス妨害等により，受信機側で文字が欠落したり，変化したりしてしまう場合があった（山田 1988）。

その問題を解決するために，技研が中心となってファクシミリのように走査信号を送るパターン伝送方式の研究を進め，1983年に文字多重放送の実用化試験放送が開始された。さらに，パターン伝送方式とコード伝送方式の両方を取り入れたハイブリッド伝送方式を実用化し，1985年に文字多重放送の本放送が実現した。

文研では，文字多重放送の実用化に先立つ1978年からテレビ字幕の適切な表示方法の研究を行っていた。研究方法としては，学校放送番組やコメディー「てんぷく笑劇場」，ニュースなどに，さまざまなオープンキャプションの字幕を付けて，どれが読みやすいかを比較。日本各地でのべ約400人を対象に調査を行った。その結果，話者に応じて文字に色を付けることや，出演者の話の全部ではなく，要約して表示することなどが有効であることがわかった（秋山1983）。

そして1983年10月3日，連続テレビ小説『おしん』の放送で字幕が付与された。文研の研究は，主人公おしんのセリフが黄色い文字で表示されたり，要約で表示されたりする形で生かされた。

あの人もなんだか忙しいらしくて　有明海の干拓っての　一生懸命やっているんですけども

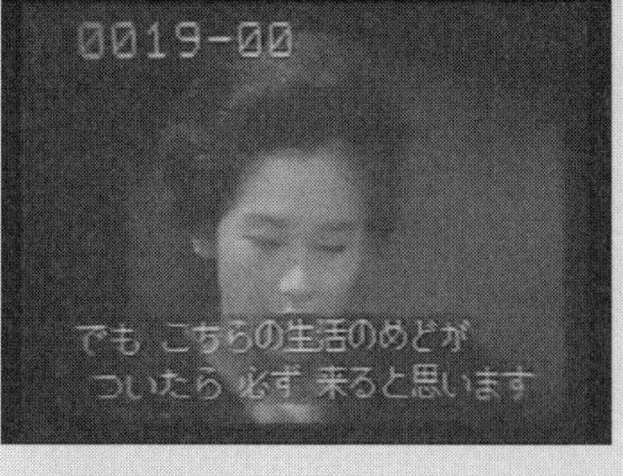

でも　こっちで商売できるめどがついたら　必ず　あの人　出てきて来ると思うんです

実際のセリフは右のように言っている。字幕は最低限の情報になるように要約されている。

技研と文研が地道な研究を積み重ねた『おしん』の字幕放送は大好

評となった。当時の文研の調査によれば，ある人は「感動的によくわかりました。わが生涯で最高の日でした」と手話で語ったという。また，学校の視聴覚室で，いつも昼休みに『おしん』を見ていたろう学校高等部の生徒たちは，次のような感想を持った。「家では家族と一緒にテレビを見ます。母，姉は笑いますが，僕はいつも笑えません。みじめな思いの毎日です。学校のテレビで『おしん』を見ると，今まで50パーセントしかわからなかったのが，100パーセントわかるようになりました」「これまで，画面の口話を読みとるのに精一杯だった。これで救われたような思いである。セリフがわかり，ドラマの流れがわかるということは，どんなにテレビを楽しくさせてくれるものであるか，改めて知ったような気がする」（秋山，塩崎 1984）

3. 世界に先駆けた技術で生字幕を開始

『おしん』の成功から2年後の1985年11月29日，文字多重放送の本放送が開始され，番組数もエリアも徐々に広まっていった。ところがこのときには字幕放送が付けられるのは，ドラマやアニメなどの，放送日より前に完成できる番組だけに限られていた。そのなかで，1995年1月17日に阪神・淡路大震災が発生。災害時の情報取得の課題が浮き彫りになったことにより，生放送のニュースへの字幕付与への要望が出された。しかし，文字数が限られる欧米の言語に比べて桁違いに多い日本語は，欧米のニュース番組のように人間の手入力で生放送に字幕を付けることは難しいという課題があった。1997年には放送法が改正され，放送局に字幕放送の努力義務が課せられたが，生放送のニュースは「技術的に字幕を付すことが出来ない放送番組」として対象から除外された。

この課題を解決したのが，技研の「音声認識」の研究である。技研における音声認識の研究の歴史は古く，1969年には日本語5母音の認識からスタートした。やがて10数字の認識，2,000語程度の文節単位の特定話者音声認識へと進展。1990年代には，2万単語の大語彙で不特定話者の連続音声認識が可能になった。この技術を生放送番組の字幕付与に生かすことを目標として，1996年，技研は早稲田大学，豊橋技術科学大学，電気通信大学，東京工業大学，NTTと連携し「ニュース音声認識プロジェクト」を発足させた。ニュース番組におけるアナウンサーの音声と原稿を大量に収集してニュース音声データベースを構築し，音と単語の統計モデルも用いて，音声認識手法の高精度化の研究を行った。その結果，2000年には音声の単語認識率は目標の95％を達成。音声認識の誤りを人手で修正する方式も組み合わせることにより2000年3月27日，『ニュース7』で初めて，生放送の番組に字幕が付与された。

音声認識をリアルタイムの字幕に利用することを，NHKが世界に先駆けて実用化した。技研で音声認識の研究を開始して，31年目のことだった。

4. 字幕の先の可能性

最後に，字幕を超えた表現法の可能性を提示したい。現在，筆者も含めた技研と文研のグループでは「音楽の可視化による新しいコンテンツ表現」の研究に取り組んでいる。現在の字幕放送では，登場人物の声は字幕によって表現されるため，視覚情報のみでコンテンツの内容をある程度理解することができる。しかし，楽器の演奏部分の音楽は「音符マーク」のみで表現されており，音楽が持つ効果や魅力を，視覚情報で十分に伝えているとは言えない。

そこで技研と文研では，①新たな教育コンテンツの実現・エンターテインメント性の向上（子どもも含めたあらゆる人が音楽そのものへの理解や親しみを深められる），②アクセシビリティ向上（聴覚に障害のある人も音楽コンテンツの内容や魅力を感じられる）という2つの目標に向けて，音楽を可視化する研究を2021年から開始した。

具体的な手法としては，楽曲の音楽的構造とそこから受ける情感との関連性を分析。音楽から想起される情感や音楽そのものがもつ情報を下の写真のようにオブジェクトの形状や動き，色などで表現した映像を試作した。

この研究はまだ開始されたばかりで，音楽により想起される情感指標および表現手法はまだ限定的であり，実用化に向けた研究課題の解決が必要である。しかし，本コラムで振り返ったように，長い時間をかけた基礎研究の積み重ねのうえに，現在の字幕放送がある。いつかは，このような研究が大きな成果を出すかもしれないと期待している。

楽曲の演奏映像に，音楽情報や情感情報をもとにデザインしたオブジェクト映像を合成することで，音楽を可視化した様子（協力：松浦野歩氏）。

注

1）テレビ番組の音声を文字にして伝える放送。映像と字幕を別々に送って受信機側で合成し，利用者が必要に応じて表示／非表示を選択できる字幕を「クローズドキャプション」と呼ぶ。一方，映像と字幕を放送局側で映像に合成して伝送し，番組映像に最初からスーパーインポーズされる字幕は「オープンキャプション」と呼ばれる。

2）アナログテレビ時代の文字多重放送は，字幕放送のほかにニュースや天気予報も伝送され，専用のデコーダーを使うことで受信できた。そのために，字幕放送は文字多重放送に包含される。

引用・参考文献

●秋山隆志郎（1982）「ヨーロッパ4か国の聴力障害者向け放送サービス」『文研月報』昭和57年5月号，4-19頁

●秋山隆志郎（1983）「文字多重放送と聴力障害者」『放送研究と調査』1983年10月号，2-7頁

●秋山隆志郎，塩崎伊知朗（1984）「文字放送と聴力障害者　字幕の表現と理解」『放送研究と調査』1984年10月号，64-67頁

●BBC（1965），*BBC HANDBOOK 1965*，Cox and Wyman

●今井亨，田中英輝，安藤彰男，磯野治雄（2001）「最ゆう単語列逐次比較による音声認識結果の早期確定」『電子情報通信学会論文誌』2001年9月，1942-1949頁

●今井亨（2008）「放送における情報バリアフリーのための研究開発～生字幕制作のための音声認識～」『放送技術』2008年8月号，89-93頁

●字幕制作協同機構　木村紀征・鷲野隆一編（2000）『テレビ字幕放送15年の歩み』社会福祉法人聴力障害者情報文化センター字幕制作共同機構

●宮崎勝，藤森真綱，前澤桃子，竹内優，川島祥吾，小峯一晃，柳憲一郎，澤谷郁子（2023）「音楽の可視化による新しいコンテンツ表現」『映像情報メディア学会技術報告』Vol.47 No.9 35-38頁

●NHK編（2001）『20世紀放送史 下』

●NHK放送文化研究所メディア経営（2002）『デジタル時代の字幕放送～聴覚障害者の情報比較・英米日比較報告』

●NHK放送技術研究所（1991）『研究史'80～'89』

●NHK放送技術研究所（2011）『研究史'00～'09』

●NHK総合技術研究所・放送科学基礎研究所（1981）『五十年史』日本放送出版協会

●NHK総合放送文化研究所（1978）『各国の聴力障害者向けテレビ番組』

●NHK総合放送文化研究所番組研究部（1983）『世界の聴力障害者向けテレビジョンと文字放送』

●竹内優，澤谷郁子，宮崎勝（2022）「音楽の可視化に向けた一検討　ー古典派楽曲における情感楽譜の試作ー」『音楽音響研究会資料』第41巻7号，1-6頁

●山田宰（1988）「文字多重放送の伝送特性」『テレビジョン学会誌』Vol42.No.6，546-552頁

●山田宰（2011）「テレビ文字多重放送の研究開発を振り返って」『映像情報メディア学会誌』65巻7号，907-911頁

柳 憲一郎（やなぎ・けんいちろう）

NHK放送文化研究所メディア研究部 主任研究員。1996年NHK入局。ディレクターとして主に学校放送番組や音楽・伝統芸能番組を制作。2020年に放送文化研究所に異動し，技研との文理融合研究を行う。主な論文に「NHK文研フォーラム2023 研究発表 文理融合で拓く研究の可能性」『放送研究と調査』2023年9月号（共著）など。

第IV部

技術開発の未来像

未来に向けて

第Ⅳ部では，各時代に構想された放送メディアの未来像がどのようなものだったのかを整理するとともに，そうした未来像がどのような帰結を迎えたかについて考察する。

そして，ここまでの検討を踏まえたうえで，技術と社会の関係に詳しい研究者やテレビドラマや時代劇に詳しいコラムニスト，テクノロジーを駆使した作品を発表してきたメディアアーティスト，Webベース放送メディアの研究開発に当たるNHKの担当者が，放送メディアとそれを支える技術の将来をめぐって議論を行った。

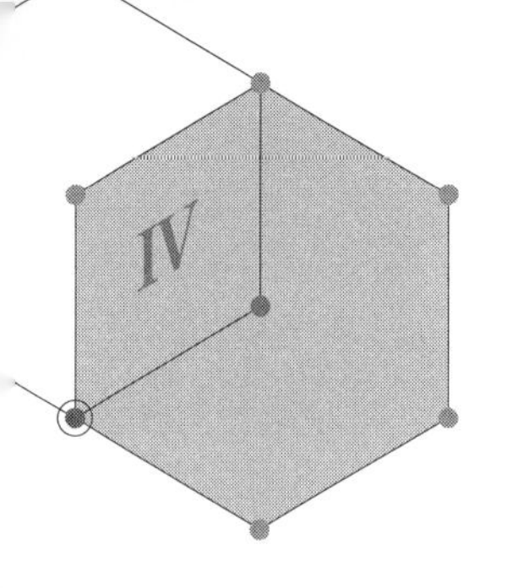

放送メディアの未来像の変遷①

～テレビ登場からニューメディアブームを中心に～

東山 一郎

（NHK放送文化研究所）

1 はじめに

放送というメディアが誕生してから100年を迎える。この間，放送の未来像に関する議論が断続的に，ときに集中的に展開されてきた。数多くの未来が語られてきたのは，放送が電子技術を基盤としたメディアで，技術によって放送の“かたち”が変わりうると捉えられ，そして，この100年のなかで多くの技術革新が予見されてきたからであろう。

本稿は，テレビ放送が始まった1950年代から，多くのニューメディアが実用化された1980年代にかけて，放送メディアの未来像がいかに語られてきたのかを素描していくものである。この時期の『放送文化』や『放送朝日』，『コンピュートピア』といった業界誌や研究誌，「未来学」や「情報社会論」に関する書籍や論考には，評論家やさまざまな領域の研究者，放送当事者などによる未来像が溢れていた。それらの未来像には，SFに近い夢のようなものから具体的な政策論，技術予測や構想が混在している。バラつきがあり多岐にわたる未来像をおおまかに時系列にそって整理し，そのなかで放送に対してどのような願望が抱かれてきたのか，それを実現するためにどのような技術が考えられてきたのかを確認していく。

テレビ登場からニューメディアブームにかけての時期で大きなポイントとなったのは，1960年代後半から情報社会論が飛び交うなかで語られた「メディアの統合」と「カスタムコミュニケーション」を軸としたある意味「万能なテレビ」という未来像である。以下では，まず，1950年代から60年代にかけて語られた未来像について概観し（2節），次に60年代半ばから70年代にかけて世界的な盛り上がりをみせた未来学と情報社会論の議論，そして「万能なテレビ」という未来像を振り返る（3節）。最後に，80年代のニューメディアブームとその実践について確認していく（4節）。本稿に続く「変遷②」では，1980年代後半以降の未来像を検討している。

2 テレビへの願望とラジオの変容

(1) テレビ放送への期待と可能性（1950年代）

ラジオの登場から約30年を経た1953(昭和28)年に，テレビは放送を開始した。ラジオは52年に受信契約数1,000万件（世帯普及率60％）を超え，新聞は53年の発行部数が2,362万部[1]と，先行メディアがすでに家庭生活に浸透していたのに対し，テレビは受像機が高価だったこともあり，NHKの放送開始時点では受信契約数はわずか866件，その半年後の日本テレビ開局時でも受像機の数は2,600台程度だった。先行きが不透明ななかでも，放送の当事者たちは，テレビが向かうべき道について力強く語っていた。

放送当事者たちの願望

NHK編成局長を務めていた春日由三は本放送開始に先立って，テレビは「文化財に恵まれていない全国の人達を考えて，出来るだけ全国の人達が皆平均に文化財を享受できるよう」すべきであると，テレビの基本的な役割を語っている（春日由三 1953：24)。正力松太郎（日本テレビ放送網社長）は53年8月の開局当日に，「テレビの大衆化」を願い「明るく楽しいプログラムを提供」するが，受像機が高額であるため「まず当社の資本において，大型の受像機を街頭の各所に設置」し，「テレビを大衆のなかに溶け込ませ，漸次，各家庭に普及させたい」と挨拶し，テレビは大衆に，家庭に向けたものであるという考えを示した[2]。さらに，NHKテレビ局長だった吉川義雄は，テレビは「芸術であると共に，国民の，人類の血となり，肉となる糧となるものを創らねばならない」ものであり，映画とも演劇ともラジオとも違う「その何れでもないものを，われわれが創造する」のであり，そのためには「生活から遊離」してはならないと語っている（吉川義雄 1953：3）。テレビは生活に密着した芸術性と有益性を兼ね備えたメディアであるべきというわけである。

「テレビの父」とも称された高柳健次郎は，テレビ技術の進歩の道すじを具体的に示している。高柳によれば，ラジオと同様に全国中継が可能になり，国際放送，国際中継へと進み，「次々回あたりには世界のどこでオリンピックが行われても，我国で居乍らみる事が出来る様」になる。受像機は大型化だけでなく「真空管代理の超小型のものが完成」すれば「携帯用のテレビジョンや腕巻き式テレビジョン」が出現する。間もなくカラーテレビに，さらには「立体テレビジョン」や「匂い」「触感」に至り，「全くその場所に在るが如く完全に再現出来る」ことになるという。興味深いのは，高柳が技術の制約や限界についても示していたことである。いかに進歩しても「自分の力だけ」では「任意の場所の光景」や「過去」も「未来」も見ることはできず，テレビは「放送局で放送してくれねば受けること」はできないし，「放送局が現在撮影しているもの」しか見ることはできないと語り，電波のもつ一方向性という制約とともに，番組の内容など技術の力が及ばない領域があることをも指摘していた(高柳健次郎 1952：2-3)。

双方向性とパーソナルコミュニケーション

放送開始から5年の1958年にはテレビ受信契約数は100万件に達した。50年代後半は「一億総白痴化」など，テレビ放送の内容に批判や非難が向けられた時期でもあった。こういった状況のなかで，のちに重要な意味をもつことになる「双方向性」や「パーソナルコミュニケーション」といった考え方が素朴にではあるが語られはじめている。

社会心理学者の南博は，テレビの「受け手の意見とか批判」という大衆からのコミュニケーションが送り手にきちんと受け取られることが重要で，送り手と受け手の関係が双方向的であることが本来のマスコミュニケーションのあり方であると指摘している（南博 1957：9-12）。一方，社会学者の加藤秀俊は，テレビは見るだけのメディア，マスメディアとしてのテレビだけではない違う一面もありうると指摘していた。テレビ電話やカメラ付きインターホンなどを例にあげながら，「もっと日常的なコミュニケイション・メディアとしても，われわれはこれから大いにブラウン管のお世話になる」はずで，「パースナルなコミュニケイションのメディアとしても，テレビは大きな可能性をもっている」と論じている（加藤秀俊 1958：3-4）。

（2）テレビ放送の難点と技術による克服（1960年代前半）

1950年代後半から60年代にかけて，受像機の価格低下や高度経済成長などを背景に，テレビは急速な普及を果たす。テレビ受信契約数は1962年には1,000万件，東京五輪前年の63年には1,500万件（普及率75%）に達した。そして，64年度末にはNHK総合テレビの電波が全国世帯の90％をカバーするに至っていた。このように本格的な「テレビ時代」に入った60年代前半における未来像は，50年代に語られたものと比べより現実的なものに変化していく。テレビが普及し，視聴されるなかで，大衆性や一方向性などテレビ放送のもつ機能についての問題点が指摘され，それらがどのように克服されるべきかという方向で未来像が論じられているのである。

テレビ放送の難点

例えば，作家の司馬遼太郎は，テレビが「万人向け」のメディアであろうとしていることに無理があると，雑誌の編集方法と対比させて論じている。司馬によれば，テレビは「一日のわずかな放送時間のなかで，「主婦の友」も，「面白倶楽部」も，「冒険王」も，「文芸春秋」も，いっしょくたに」盛り込んでいる。今のテレビは「不可能な希望をもちすぎているために，たれをも満足させない結果」になっているという。司馬の提言は，チャンネルごとにイメージやターゲットをはっきりさせるべきだというもので，「君のために作っている」という「君」を指定し，その「興味点や興奮点，理解点，欲求点などを十分に研究し，そこにむかって製作の濃度を濃縮すれば，きっとテレビはおもしろくなる」と指摘している（司馬遼太郎 1961：10）。

東京都立大学教授の磯村英一は，一方向的なメディアであるテレビにおいて視聴者による選択を可能にするためには，チャンネルを増やす必要があると指摘する。磯村によれば，年齢性別で関心は違い，嗜好分化は強くなるので，「放送のチャンネルはできるだけ多くなること」が望ましい。視聴者に選択の機会を与え，「マスコミのもっとも悪い効果である一方的な伝達」に対して視聴者が主体性をもつことができるようになることは「ラジオやテレビの発達のためにも望ましいこと」だという（磯村英一 1963：33）。

テレビは電波を用いるからこそ不特定多数の大衆に情報を即時に同時に伝達できる。しかし，電波の希少性と一方向性によって制約もある。テレビが家庭に浸透するなかで，すでに家庭に入っていた新聞や雑誌・書籍に比べて情報の選択性や記録性などの点で劣るということが改めて指摘され，チャンネルごとの色分け（対象の明確化）や多チャンネル化といったかたちでテレビを変革・拡張する方向性が語られだしたというわけである。

テレビを変革する方向性はそれらに限られたわけではなかった。家庭や大衆に向けたテレビ表現の探求を問いかけたのは，実験的な映画製作などを手掛けていた勅使河原宏だった。勅使河原は，テレビが茶の間に向けたものだから「当たりさわりのないものを」というのは「誤解も甚だしい」，「テレビこそ最も複雑な性格をもったマスメディア」であり，「非芸術的なグラウンド」である茶の間に入り込むには「あらゆる頭脳の総合が必要」で，内容や表現の「最大公約数的妥協」による番組ではなく，最大公約数的に「飛躍」した番組でなければならないと論じている（勅使河原宏 1961：17-18）。

テレビ技術の可能性

この時期，放送業界誌では「未来のテレビ技術」の特集がたびたび組まれ，技術者によるテレビの未来も数多く論じられていた。頻繁に登場するのは，テレビ受像機の大型化や立体テレビ，視聴覚以外の感覚に訴える技術によってテレビの再現性やリアル感をより高めることを目指すような議論[3]であった。一方で，選択性や記録性といったテレビが劣ると指摘される機能を克服しようとする方向にも研究や技術開発の力点がおかれていた。

例えば，元郵政省電波研究所所長の甘利省吾は，重要なのは「即時性，記録性，選択性というまことに虫のいい要求をいかに同時に満たすかということ」で，焦点となるのは電波を「いかに使いこなし，使いわけるか」という点であると指摘している。甘利によれば，「電波新聞と一般に称されるものが実現すれば，ほとんど即時性と記録性が充足」され，「テープレコーダーを組み合わせて若干の工夫をすれば選択性は決して新聞には劣らなくなる」という。加えて，周波数の高い部分を開拓すれば，「従来開発利用されたものの十倍も百倍もある」のだから，多チャンネルなどの要求にも応えられるはずだと語っている（甘利省吾 1964：14）。テープレコーダーは家庭用VTRを想定したもの，電波新聞は空き帯域を利用して放送の内容をテキストで家庭に送信するものなど，テレビの記録・保存を実現する技術として話題にあがっていた。また，高周波数帯の利用のほかにも，衛星中継を直接放送衛星に発展させる方向も議論されていた。

テレビによる現実の再現性を高めようとする方向や，テレビの選択性や記録性を高めようという方向など，幅広い分野で技術の可能性が早い時期から示されていた。これは，放送メディアがそもそも制作・送信・伝送・

受信など諸分野の技術の複合体であり，各分野で技術の改善がなされやすいという背景[4]と，受像機・受信機を担う家電メーカーや行政機関など，放送に関する技術開発が放送局に限らず多岐にわたる領域の技術者によって進められたからであろう[5]。

（3）ラジオの変容〜テレビの普及とラジオの未来

ここで，テレビが圧倒的に普及していくなか，それまでの主力メディアだったラジオがどんな未来を探っていくようになったのかをみていく。テレビが放送開始した1950年代はラジオの全盛期でもあった。この時期の業界誌『放送文化』のグラビア（**図1**）を見ると，テレビの普及と全盛期のラジオが同時に進行していた様が垣間見える。テレビの登場によって，このあとラジオは斜陽に向かい，大きく変容していくことになる。

全盛期のラジオからの変容

50年代，全盛期のラジオは娯楽を中心に総合編成を行い，家庭で専念

図1　左：『放送文化』1955年8月号「ラジオ拝見」：旭堂南陵さん／右：同1955年5月号「テレビ拝見」：春風亭柳橋さん

聴取されていた。ラジオドラマ『君の名は』の放送時間には銭湯の女風呂がガラ空きになるとまでいわれた。放送現場では，ラジオは万能である，誰もがラジオを聴いてくれるといった雰囲気のなかで，『工作機械講座』や『高等数学講座』といった音声だけでは難しそうなものも含めあらゆる領域にラジオは進出していた。しかし，テレビによって総合編成機能も家庭における居場所も奪われていく。ラジオの受信契約数は58年をピークに減少し，61年度に1,000万件を割り込み，テレビがラジオを上回る。この時期，ラジオの未来について関係者や研究者によってさまざまに論じられ，そのなかからラジオの活路が生まれてきた。苦難の時代でもあり，ラジオというメディアが再構成された時期でもあった6)。

議論は本当に多岐にわたる方向で行われた。映像がないラジオはかえって音による自由なイメージを作りだすことができるといった「音による想像性」を追求する方向7)，「何かしながら音楽を聴いてもらう」方向8)，さらには「個人向けに専門化」していく方向9) などが論じられるなかで，ラジオは「ながら聴取」を前提とした「ナマ・ワイド番組」の方向に進んでいく10)。そして1960年代に入ると，「ながら聴取」によって背景音のような状態のラジオに陥るのではなく，「聴かれる」ラジオを目指すべきとの議論が交わされていく11)。そうした議論を経て，特定の時間帯に，限定した対象に向けて，対象に即した内容を届けていく「オーディエンス・セグメンテーション」戦略が見いだされてくる12)。「オーディエンス・セグメンテーション」と「ナマ・ワイド番組」，さらに「パーソナリティー」が加わることで，60年代後半の若者の深夜放送ブームを生み出し，「新しいラジオ」に再構成されていった。

マス・パーソナル・コミュニケーションとトランジスターラジオ

ラジオの未来を考えるうえで常に比較されたのはテレビである。テレビが大衆に向けた存在であり続けるのであれば，すべてのラジオ局が不特定多数に向けた機能をもつ必要はない。特定対象向けのラジオ局が複数存在することによって大衆を満足させる方向性もありうるという考え[13]は，ラジオを変容させた動きの基盤となっていた。日本民間放送連盟放送研究所（以下，民放研）による『ラジオ白書』では，この特定対象に向けたラジオのあり方を「マス・パーソナル・コミュニケーション」と位置づけている（民放研 1964：32-33）。

マス・パーソナル・コミュニケーションを支え，受け手の個人的な聴取を可能にしたのがトランジスターラジオである。ラジオ受信機はレシーバー付きの鉱石ラジオから次第に真空管式ラジオに，その後，エリミネーター式受信機が家庭に入りはじめ，家族そろってラジオを聴くスタイルとなっていった。トランジスターは小型，小電力，長寿命などの特性をもつもので，真空管に替わる素子として1940年代後半に誕生していた。その後，日本では1955年に東京通信工業（のちのソニー）によってトランジスターラジオが発売されている。上述してきたように，トランジスターラジオを生んだ技術の力のみがラジオ放送の姿を変容・再構成させたわけではない。しかし，レシーバーが必要な鉱石ラジオでは個人聴取が基本となり，高出力化した受信機が家族聴取を促したように，受信機器に関する技術が放送の機能を変容させる一因となることも確かである。

3　情報社会論と放送メディア（1960年代半ば～70年代）

（1）未来学ブームと情報社会論

1960年代半ばから70年代にかけて，放送メディアの未来像をも包含する情報社会論が盛んに論じられるようになった。その情報社会論のひとつの端緒になったのは未来学の存在である。未来学は60年代から世界的なブームとなっていた。ドラッカー『断絶の時代』（1969），ベル『脱工業社会の到来』(1973＝1975)，トフラー『未来の衝撃』(1970)『第三の波』(1980) といった著作群である。この時代に語られた「未来」を大括りにとらえると次のようなものである。人類の歴史を巨視的に眺望すると，その発展段階は (1)農業の時代 ── (2)工業の時代 ── (3)情報産業の時代 (工業後社会，知識社会) に区分できる。段階と段階の移行期は，産業革命のような大きな変革をともなう。現在は第2段階から第3段階への移行期で，物質やエネルギーによる変革ではなく，情報にかかわる大きな変革がおこる[14)]。

「情報産業の時代」という表現は，梅棹忠夫の「情報産業論」(1963) からのものである。この論稿が話題となった60年代半ばあたりから，情報化社会とは何か，どんな情報技術の革新がおこるのかといったいわゆる情報社会論が盛んに論じられるようになった。

来たるべき情報化社会とはどのような社会と考えられていたのか。代表的な論者の一人である増田米二が『原典 情報社会』(1980＝1985：37) で示した工業社会と情報社会の対比表を，情報化社会の全体像を俯瞰する意味で引いておく **(表1)**。

注目すべきは，革新的技術の中核が放送ではなくコンピュータであると捉えられていたこと，中央集権的な社会が多中心的な共働社会に移行するであろうと考えられていたことである。荒木功 (佛教大学助教授) も情報社会論の展開をまとめた論稿で，「コンピュータ科学と通信工学の結合による新しい技術は，どうやら情報のマス化よりも個別化・カスタム化を目指しているように思われる」と指摘している (荒木功 1978：171)[15)]。こういった情報・コンピュータ・通信という要素をつないでいく考え方のベースとなったのは，「すべての情報は数値に置き換えることが可能」で「数値化すれば情報を高速に正確に送ることが可能」であるとしたクロード・シャノンの情報理論 (1948) であった[16)]。通信技術のデジタル化の動きは，70年代に入ってISDN (統合デジタルサービス網) の研究というかたちで世界各国で始まっている。

表1　工業社会と比較した情報社会の構図（増田米二『原典 情報社会』より抜粋）

		工業社会	情報社会
革新的技術	中核体	蒸気機関（動力）	コンピュータ（記憶・演算・制御）
	基本的機能	肉体労働の代替と増幅	知的労働の代替と増幅
	生産力	物的生産力（1人当り生産量の増加）	情報生産力（最適行動選択能力の増大）
社会・経済構造	生産物	有用物・サービスの大量生産	情報・技術・知識の大量生産
	生産機関	近代工場（機械・装置）	情報ユーティリティ（情報ネットワーク，データバンク）
	市場	新大陸，植民地，消費購買力	知的フロンティア，情報空間，機会の増大
	リーディング産業	製造業（機械工業，化学工業）	情報関連産業（情報産業・機会産業）
	経済構造	市場経済・分業・生産と消費の分離	共働経済（共働生産・共同利用）
	社会形態	階級社会（中央集権・階級・統制）	共働社会（多中心・相互補完・自立性）
	最高段階	高度大衆消費社会	高度知的創造社会
価値観	価値基準	物的価値（生理的欲求の充足）	時間的価値（目的達成欲求の充足）
	倫理基準	基本的人権・博愛	自己規律・社会的貢献
	時代思潮	ルネッサンス（人間解放の思想）	グローバリズム（人間と自然の共生思想）

（2）情報化社会のなかでの放送メディア

情報化社会の到来は，メディア環境と情報の流通が変化することを予期させるものだった。そのなかで放送がどのような存在，位置づけになるのか，放送がどうあるべきかを検討することが関係者のあいだで大きな課題となり，多様な議論が行われた。大きな方向性として，「メディアの統合」と「カスタムコミュニケーション」という2つの方向性が示されていた。

メディアの統合

メディアの統合については，通信・コンピュータ・メディアの領域のさまざまな論者によって語られているが[17]，具体的な技術と結びつけて論じ大きな影響力をもったのは，米NBC の親会社RCAの会長だったデビッド・サーノフが提示した「サーノフ・ビジョン[18]」であった。サーノフはラジオの原構想を考えたことでも知られ，アメリカのテレビの普及と発展を推進した人物である。サーノフは「きたるべき通信革命の結果，アイデアと情報，あるいは文化と知識を交流させるためのあらゆる技術に変更と統一がもたらされるであろう。さらにその結果，新しい知識が生まれるだけでなく，それを全世界に普及させ，浸透させるための新しい手段も生ずるであろう。…それらは一九七〇年代には具体的な形をとって現われるであろう。と同時に，それらは家庭と社会と国家をつなぐ総合された一つの大きな通信パターンを生み出すだろう」と述べた。具体的には，①大容量の伝送と双方向通信を可能にするレーザー回線，②テレビなどメディアの情報を伝送するマイクロ波，③あらゆる情報の供給源となるコンピュータセンター，④全世界に直接放送する衛星という技術基盤が整備される。さらに音声・映像・電話だけでなく本や雑誌・新聞も電子信号に変えられて伝送され，媒体や通信形態のあいだには区別がなくなる。受信側である家庭では，画像や印刷物に再変換が可能な万能型テレビスクリーンが備えられる。テレビ，ラジオ，新聞，雑誌，書籍が統合され，世界中に届く総合情報伝送網のなかに家庭が結ばれるというものだった（デビッド・サーノフ 1968＝1970：226-229）。

民放研の野崎茂はサーノフ・ビジョンを受けて，万能型テレビスクリーンの姿を描き出している。放送中の番組だけでなく，好きな番組を取り寄せることも，データバンクから資料を映し出し印刷することも，テレビ電話で話すことも，銀行口座の確認もできるという，包括的な情報サービスの汎用再生装置（**図2**）となったテレビ受像機である（野崎茂1969：126-127）。

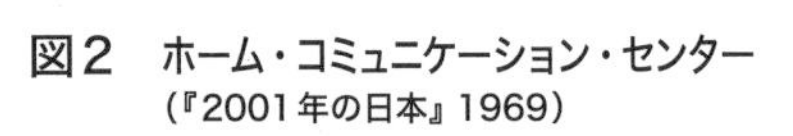
図2　ホーム・コミュニケーション・センター
（『2001年の日本』1969）

カスタムコミュニケーション

これまで論じられてきた個人による選択性を高めていくという方向性は，コンピュータや通信，さらにはCATVの活用も見据えて，双方向通信や個別送受信が可能なカスタムコミュニケーションという表現に変化し，議論も加速していった。

例えば，高橋信三（毎日放送社長，元民放連副会長）は1969年に民放研が開催したシンポジウム「情報産業の将来」において，情報産業が発展するなかで，テレビはマスコミュニケーションとしての放送とより個人化・細分化したコミュニケーション（=「カスタムコミュニケーション」）としての放送の双方を行うことになるだろうという方向性を示している。高橋によれば，情報産業を利用し，情報産業との結びつきによって，特定の人の要望に応じたカスタムコミュニケーションとしての放送を考えなければならない時代がくるという。さらに高橋は，CATVがカスタムコミュニケーションとして発展する可能性が強く，新聞・雑誌・書物が有線システムで伝送される可能性も考えると，「放送と新聞と出版が結合された形」でマスコミュニケーションとカスタムコミュニケーションの仕事の双方をすることになるかもしれないと論じていた（高橋信三 1969：32-35）。

こうした方向性は，NHK放送文化研究所（以下，文研）による『放送の未来像』（1966）にも登場する。同書第3章「送り手と送らせ手の対話」を担当した岩下豊彦（文研）は，20年後の放送では，ゼネラル・サービスと呼ばれる拡散度の高い電波を用いた放送と，インディビジュアル・サービスと呼ばれる集中度の高い光波を用いた放送の2種類を行っているだろうと論じている。岩下によれば，番組は人々の要求にこたえて個別に制作され，レーザー技術による大容量回線と視聴者からの要求を整理するコンピュータによって，各家庭に異なった番組を送信することも可能になっている。そして，放送は不特定多数に向けたという意味ではなく，大量のコミュニケーションを扱うという意味でマスコミと呼ばれることになるという（岩下豊彦1966：73-92）。

これら放送関係者による未来像には，コンピュータと通信網をうまく活用し，個人向けの放送も，統合されたメディアサービスも行う「万能のテレビ」が社会的コミュニケーションの中心として存在するんだという願望が見てとれる。

マスメディアとしてのテレビとは

こういった未来像が提示される一方で，マスメディアとしてのテレビの役割や機能を問い直す議論もなされた。ここでは3人の論を紹介する。

後藤和彦（文研）は，「自分の欲する情報＝娯楽サービスを，自分の欲する時に，欲するかたちで受容することができる状態」を社会的コミュニケーションシステムの理想としていいのか，「人々が必ずしも欲求したり，あるいは欲求を意識したりしていない情報を，一方向的に送りだす」マスメディアが排除されてしまっていいのかを確認する必要があると論じ（後藤和彦 1968：153-157），カスタムコミュニケーションの領域が拡大していく未来においては，今まで放送が果たしてきた「体験の共有」や「予期せぬ情報との出会いの創出」といった機能が発揮されなくなる可能性を指摘している。

一方，民放研の野崎茂は，メディアの成熟とメディアの秩序という視点から，次のように論を展開している。紙媒体には「大マスコミである新聞に月刊誌や専門書，あるいはミニコミ」という「同族メディア」が存在し機能分化され，紙媒体の多様化が達成されている。テレビ放送は「いわばひとりっ子」であるためにマスメディアとしての機能だけでなく，「同族・兄弟メディア」に出すべき要求までつきつけられてきた。CATVやビデオパッケージ（VP）あるいはファクシミリといった同族メディアが成長してくれたほうが好都合で，それによりテレビ放送は「マスコミとしての性格を純化し，むしろ強化する」ことになる（野崎茂 1973：40-41）。新しい映像メディアの成長によって，映像メディア全体の機能分化と多様化がはかられ，映像メディアは豊穣な状態で秩序が形成されるという考えである。

藤竹暁（文研）は前述の『放送の未来像』において，未来においてマスメディアとしてのテレビが果たすべき新たな役割について論じている。藤竹によれば，社会の多様化と複雑化のなかで情報革命が進むと，個別のコミュニケーションシステムが複数構築され，諸機関と民衆とのあいだで情報や認識のギャップが深まっていくという。この状況下では，「放送を特殊的なコミュニケーションシステム相互の討議と調整の場にすること」と「多様に分化した民衆の要求を，収集し，整理し，体系化する公共の広場として，放送を役立てること」が必要であると指摘している（藤竹暁 1966：38）。

4 ニューメディアという実践（1980年代）

（1）ニューメディアの実用化

1980年代に入ると，それまでの未来像を論じるという段階から新しいメディアを実践する時期を迎えることとなった。放送局や行政，企業が新しいメディアに関する実験を進めたこともあり，この時期，新聞・雑誌・テレビ番組でニューメディアという言葉が飛び交っていた。1984年は，衛星放送の試験放送と日本電信電話公社（以下，電電公社）によるキャプテンシステムが開始したことから，ニューメディア元年とも呼ばれた。これまで見てきたような，テレビに向けたさまざまな願望をはじめ，メディアの統合，カスタムコミュニケーションといった未来像が部分的に具現化していく動きが80年代のニューメディアブームであったと捉えることができる。まとめてニューメディアと称されていたが，映像を保存・固定する分野，文字情報を通信網にのせていくもの，放送衛星やCATVといった新たな伝送路（通信網）を開拓する分野，再現性を高める分野（ハイビジョン）からなるものだった。そして，放送と通信の両面からその実践が進められた。ここでは代表的なニューメディアの実用化とその普及状況について概観する。(衛星放送およびハイビジョンについては第2部の正源論稿，第3部の菅原論稿，このあとの松山論稿を参照されたい。)

映像を保存・固定する——家庭用VTRとVP

映像を保存・固定する分野は，テレビ初期から語られてきた，記録性を高めそれによって番組の選択肢を増やすという未来像の具現化にあたるものである。テレビに接続する家庭用VTRは早くから話題に上り，家電業界でもポスト・カラーテレビとして開発が進んでいた。70年代後半のベータ・VHSの規格競争を通じて性能向上と低価格化が進み，80年代を通じて普及が拡大した。家庭用VTRの普及率は80年には2%余りであったが，93年には75%と急増した。ニューメディアとしては，機器としてのVTRよりも，テレビ番組以外のソフトが登場する（選択性が高まる）という意味で，VPと呼ばれた販売用ビデオパッケージが注目を集めていた。家庭用VTRの普及により，VP市場はレンタルを中心に飛躍的に拡大した。86年のビデオカセットの本数はセルとレンタル合計で567万本であったが，90年には3,881万本に達した。大半がレンタルビデオで，映画とアニメが売上金で全体の9割を占めた。ビデオレンタル店の数は1万店を数えた。

文字情報を通信網に——テレテキストとビデオテックス

文字情報の分野も，家庭用VTRと同様に放送の記録性や選択性を高めるという意味で，ニュースや天気予報などの文字や画像情報を電波で送信することをテレテキストと称して早い時期から議論されていた。通信系では，コンピュータによるデータ処理と通信を結ぶデータ通信の活用が70年代を通じ企業レベルで進み，データ通信を家庭に広げようとする動きが活発化していた。その代表例が世界的にはビデオテックスと呼ばれたもので，情報を蓄積した情報センターと家庭や企業を電話回線で結び，利用者のリクエストに応じて情報を提供するといったサービスだった。

テレテキストについては，70年代にNHKと朝日放送によって実験が進められ，85年に文字多重放送として実用化された。テレビ電波に信号を重ねて送信し，信号を文字に変換する専用アダプターをテレビに接続する形式だった。NHKを含め最大時40の放送事業者がサービスを行い，アダプターの低廉化やアダプター内蔵テレビの販売により一時は200万台近く普及した。文字多重放送は，ニュースや株式情報等を伝える独立放送（文字放送）と聴覚障害者向けも含めた字幕放送があったが，NHKではアナログ停波（2011）とともに字幕放送以外の文字放送を終了している[19]。

通信系のビデオテックスは，日本では「マス情報はテレビ電波に，個別情報は電話回線に」といった考えをもとに，郵政省と電電公社の共同でキャプテンシステムと称して開発が進められ，79年末から4年半にわたる実験も行われた。84年に商用サービスが開始された際には，情報センターに情報を提供するのは491社，情報の画面は約15万枚，サービスの内容は、ニュース，天気予報，買い物情報，映画演劇案内など約3,500種類であった。専用端末をテレビなどのモニターに接続するかたちだった。約20万円と高価な端末と全国均一の通信料（3分30円）がかかるのに対してサービス内容や情報が十分ではないという評価で，加入者は伸び悩んだ。5年で100万台を超えるとの予測に対し，実際には8万台余りにとどまった。その後も，見る人が少ないから提供情報にお金をかけられないという悪循環が続き，競馬情報や株式市況のような特定分野以外には利用者が広がらず，2002年にサービス終了した[20]。ビデオテックスについては，端末無料配布などの普及策と安い通信料金から650万台の端末が普及したフランスの例もあり，こういったサービスに対するニーズ自体は存在していたと思われる[21]。

統合された通信網——高度情報通信システム（INS）

各国で研究と開発が進んでいたISDN（統合デジタルサービス網）は，日本では電電公社がINS（高度情報通信システム）という名称で推進していた。**図3**は1982年当時のINSの概念図である。

従来の電話機による通話だけでなく，文字・画像情報や映像情報などをもつ情報処理センターと家庭や企業にある端末，自動車電話などの移動体通信がつながれた通信網というものだった。サーノフなどが示した「メディアの統合」のうち，「コンピュータセンター」や「家庭につながる（映像をも伝送可能な）大容量で双方向可能な回線」といった部分を実用化したイメージである。

1984年，武蔵野三鷹地区でINSのモデル実験が開始された。技術面だけでなく商用化に向けたサービス開発を含むものだった。未来の企業と消費者のかかわりを変えるとも考えられたINSの実験には，銀行や百貨店，食品会社など322社が情報提供者として参加した。キャプテンシステムをはじめ，デジタル電話・ファクシミリ・テレビ会議・テレビ画面に静止画や動画を出す対話型画像応答システムなどの新しいサービスが提供された。民営化されたNTTは87年にこの実験の成果を報告している。デジタル通信技術については成果と見通しを得たが，サービス内容や利用法には課題が残るというものだった[22]。NTT社長の真藤恒が「技術屋のアタマで計画したが，技術屋

図3　高度情報通信システム（INS）概念図
（NHK総合放送文化研究所・日本新聞協会研究所編　1982）

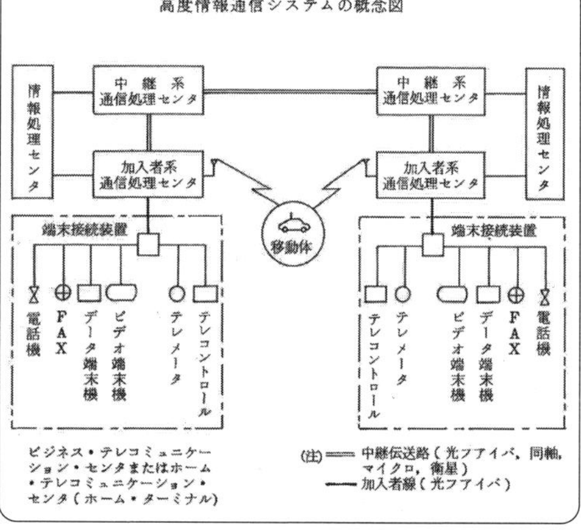

が考えたものでは世の中がとびついてこないことをはっきり示した」と断じたのをはじめ，新聞などでも「一般利用者は『役立つ』実感を得られず」と厳しい評価にさらされた[23)]。88年に開始されたINSネット64は2024年1月から段階的にサービス終了の予定である。

都市型CATVの誕生――多チャンネルの実現に向けて

CATVの進展についてはアメリカが日本より10年ほど先行していた。日本のCATVは，アメリカ同様に難視聴世帯のための共聴施設，自主放送，（他地域の地上波テレビの）区域外再送信と進んできていた。（初期CATVの詳細は第2部の飯田論稿を参照されたい。）

1960～70年代に，米CATV界にはMSO，有線放送都市論，スペースケーブルネットといった大きな動きがみられた。MSOは，買収・統合により複数局の経営を行うCATV局である。有線放送都市論は，多チャンネル化だけでなくケーブルを活用して生活情報や銀行サービス，ショッピングなど地域向け情報サービスを備えた，CATVを中心とする都市形成をイメージしたもの。スペースケーブルネットは，通信衛星を用いた番組配信で多チャンネル化を可能にするものだった。

この動向に啓発されるかのように，郵政省は80年から多目的，多チャンネルサービスを提供する新しいタイプの都市型CATVを設立する取り組みを始めた[24)]。そして，87年に都市型CATVの第1号として誕生したのが多摩ケーブルネットワークだった。開局時のサービスは地上波の再送信のほか，自主制作の地域情報番組や番組供給会社が配信する古いテレビ番組などのベーシックサービス（18チャンネル）とプレミアムサービスとして映画専門のスター・チャンネルが見られるというものだった。都市型CATVは続々と開局したが，加入者が伸びず経営不振の局が多かった。この不振の原因はいくつか考えられた。貧弱な番組供給システムとMSOを阻む規制の存在などである。日本ではスペースケーブルネットがまだ行われておらず，多チャンネル化はすぐには実現できなかった[25)]。また，

「事業主体は地元の企業を中核とすること」などの地元要件や外国資本の出資比率の上限がありMSO化は遅れていた。

その後，各種の規制緩和策により普及がはかられ，さらに通信事業への進出も促された。2000年前後から，放送全体のデジタル化の波のなかで多額の設備投資の必要性が生じたこともあり，合併・買収が続き，広域のMSO化とともにインターネット事業の拡大が進んでいった。一方，このなかで自主放送の存在感が薄れ，地域密着や地域サービスといった初期の目的や役割が軽視されてきているという指摘もある[26)]。

(2) ニューメディアとは何だったのか

前項で触れなかった衛星放送やハイビジョンは順調な普及をみせた。衛星放送はモアチャンネルによって選択性を高め，ハイビジョンは現実の再現性を高めたという点で，テレビ初期からの未来像を一定程度実現させたといえる。この衛星放送やハイビジョンも含めて，新しいメディアは実用化すれば当たり前に普及するというものではなく，その機能や実装された技術のみならず，コンテンツや料金，そして制度などさまざまな条件やタイミングに左右されるものだった。

以下では，このニューメディアの実践について，もう少し時間軸を長くとりやや引いた目で考察してみたい。考察するうえで参照したのは，経済学者ジョージ・ギルダーの『テレビの消える日』（1990＝1993）である。ギルダーの主張のエッセンスをごく簡潔にまとめると，次のようになる。

> テレビというメディアは，信号の調整に真空管を使い，信号を希少な電波で送信し，低価格にするためシンプルで処理能力が低い受像機で受信する形で始まった。このため，限られた放送局と受け身の端末という強い影響力をもつトップダウン型のシステムとなった。IC技術

> によって信号変換も調整も記憶も伝送も可能なユーザー端末機が生まれ，ファイバーとデジタルによって膨大な情報流通が可能になると，家庭や企業の端末機は受信だけでなく知能を備えた送信機として機能し，トップダウン型のメディア構造が双方向型のシステムに変容していく（ジョージ・ギルダー 1990＝1993：25-35）。

このギルダーのエッセンスのなかで，「処理能力の低い受像機→高性能のユーザー端末機」と「トップダウン型→双方向型」という2つの変容に注目すると，1980年代のニューメディアの実践は，この大きな2つの変化の渦中に位置していたとみることができる。

事後的に俯瞰してみると，ニューメディアの実践とは「処理能力の低いテレビ受像機に，VTR・テレテキスト・ビデオテックス・INS・CATV・BS等のアダプターを結合する」ことで「テレビ受像機を高性能化」し，万能型テレビスクリーンに向かうといった動きであり，さらに通信網によるカスタムコミュニケーションも結合しようとした試みとも捉えることができる。しかし，これらの動きの多くは挫折に終わってしまった。

挫折した原因に目を向けると，まず端末機の面では，テレテキストやビデオテックス，INSといった個人による選択や検索行動をともなうものは，複数人で共有し視聴するテレビ受像機とは端末機として相性が悪かったのではないだろうか。今日，自分のPCやスマホを家族にさえ見られるのが嫌なように，である。そして，マスなものとパーソナルなものが同じ端末に同居することが難しいことがわかったので，パーソナルなものは独自の端末を求めていくことになったのではあるまいか。

次にメディアの構造的な面である。ニューメディアの代表格だった都市型CATVは，多チャンネル化によって「個人選択」を実現しようとするものだった。これを有線放送というトップダウンに近いかたちで行うには，スペースケーブルネットのような大量の良質コンテンツを仕入れる仕組みとそれを可能にする経営規模が必要だった。だから必要な施策がとられ，トップ部分の事業者のあり方が改められた。ある意味，トップダウン型のメディアにはプロフェッショナルな生産能力が要求されるのである。

通信側からの試みであったキャプテンシステムやINSは，大量の情報に個人による検索や選択によってアクセスさせるものだった。ただ，メディアの構造としては大量の情報を集積した情報センターを中心とした中央集権的なトップダウンに近いシステムだった。情報は集積されたものの，多様な個人の欲求すべてに応えられるほどは大量ではなかったことや，検索されやすく，魅力的な情報に運営側が加工するといったことが行われなかったことが推察できる。大量の個人からの多様な欲求に中央のシステムで応えるという構造に無理があったために，この試みは瓦解したのではないだろうか。そして，情報提供者は独自に情報発信者になり，通信網は多数の情報発信者と多数のユーザーを結ぶような，ギルダーのいう双方向型に向かっていった，あるいは修正されていったのではないだろうか。

こうして見てくると，1980年代のニューメディアの実践は，それまでに論じられてきた「メディアの結合」や「カスタムコミュニケーション」といった未来像を部分的に具現化していく動きであったのと同時に，新製品を世に出し，使い勝手を試すような，新しいメディア技術の実験場としても機能していたと捉えることができる。その実験のなかで，マス向けなのか個人向けなのかといった端末機にかかわる問題点や，通信網の構造といった問題点が見いだされ（それはほかの開発者にも見られていた[27]），その後の技術的な修正につながったのではないだろうか。

5 むすびにかえて

以上，テレビの登場から1980年代のニューメディアブームまでの放送メディアの未来像を時代順に素描してきた。未来像の変遷を簡潔にまとめると次のようになる。

電波を用いることによって不特定多数に同時に情報を伝えることができるというテレビの特性は放送当事者によって自覚され，全国の大衆に向けた芸術性と有益性を兼ね備えたメディアでありたいと夢見られた。

テレビの普及が進むと，低俗番組などの批判とともに，一方的に番組が送られてきて自分で選択できない，記録・保存ができないといったかたちで，テレビの制約（一方向性）についての指摘も現れる。テレビの未来は，こういった制約を克服していくものとして語られ，多チャンネル化や文字情報の送信，VTRの開発などの技術可能性が論じられる。また，技術者のなかでは，立体テレビや五感に訴えるような放送によって現実の再現性を高めていくという未来もテレビ初期から語られていた。

コンピュータと通信網が発達した情報化社会の到来を論じる情報社会論が60年代半ばに登場する。そのなかでは，デジタル信号による情報搬送と汎用再生装置となったテレビ受像機のもとで諸メディアが統合し，さらには個人向けのカスタムコミュニケーションも行うといった万能感のあるテレビの未来が語られていた。

こういったテレビによるメディアの統合，テレビによるカスタムコミュニケーションといった未来像が部分的に具現化していく動きが80年代のニューメディアブームであった。そして，テレビ受像機によってマスメディアと個人メディアを統合する，さらには通信網を使って大量の情報にアクセスさせるといった試みの多くは挫折し，その後，メディアのあり方に修正が加えられていった。

以上のような変遷や実践を経て，結果として，スマホに代表される高性能な個人用端末とインターネットという情報流通網が存在する今日の状況が生み出されてきた。

ギルダーは，双方向型の情報流通システムの出現により，「テレビは消える」としたが，果たしてそうだろうか。

テレビという一方向的で大衆向けのメディアが大勢の時代には，個人向けのメディアの誕生が待ち望まれた。個人向けのメディアが誕生し，それが大勢を占めるときには，テレビというマスメディアの果たす機能やテレビに対する欲求は消えるのだろうか。セレンディピティあるいは「公共の広場」あるいはフェイク対策あるいは災害放送といったかたちで，テレビの機能の社会的必要性はすでに論じられている。欲求についても，全盛期に比べれば減じるとしても，「誰かと一緒にテレビを見たい」「誰かと一緒のときにはテレビを点けよう」といったかたちで残存し，消滅することはないのではないか。

テレビとインターネットが電子メディアという共通項で結ばれた兄弟あるいは同族メディアであるとすると，その機能の分岐点の一つは，端末機の性格とそれがある場所になるのではないか。居間に鎮座するテレビは，社会の最小単位でもある家族に向けたメディアとしての機能を引き続き担うのだと思う。ただし，新しいインターネットという兄弟ができた今日，兄弟が果たす機能と比較して，テレビ自身の機能を吟味し直す必要があるだろう。また，この兄弟は技術的に相互不可侵の関係ではないので，インターネットも活用してテレビに求められる機能を果たしていくべきであると考える。

個人向けと家族向けの違いだけでなく，インターネットとテレビを分けるものは，情報を動かす駆動力の違いなのではないか。アテンション・エコノミーと例えられるように，情報の自由市場であるインターネット上で情報を動かすものは「関心」である。対して，テレビの駆動力は何であるべきか。それは「良心」だと思う。「関心」による市場経済と「良心」による計画経済の併存が，新たなメディアを迎えて拡大した電子メディアの望ましい秩序なのではないかと思う。

最後に，民放研顧問だった金沢覚太郎が，情報化社会に向けて記したことばを引いておきたい。

> テレビの良心とは，テレビを作り送るものの世界観，思想，主義主張をもつことについての自己の良心である。それには知的生産者として

の社会的責任を番組に実現する誠実と勇気がなければ，実際には不可能であろう。（金沢覚太郎 1970：4）

テレビの良心に技術のちからが不可欠であることは言うまでもない。

注

1）日本新聞百年史刊行会編（1960）による。
2）日本テレビ放送網株式会社社史編纂室編（1978）による。
3）例えば，杉靖三郎（東京教育大学教授）は『放送文化』1959年5月号の座談会で，料理番組の進化の方向性として味覚を伝える放送の可能性を語っている。また，中松義郎（発明家）は『放送朝日』1961年7月号の座談会で，ポケットサイズのテレビのさまざまな可能性を論じている。
4）溝上銈（1965）は，鉄道や電灯のように技術システムが大きな複雑な系統で結ばれておらず，新技術によって必ずしもシステム全体の変更を要しないテレビ技術は改善・進歩しやすいと指摘している。
5）日本民間放送連盟未来問題調査会報告書（1971）は，放送事業がソフトメーカー（放送企業）とハードメーカー（弱電企業）との共同連携作業で形成されるという性質をもともと持っていると指摘している。
6）詳しくは，東山一郎（2015）を参照されたい。
7）内村直也（1954），飯沢匡（1956）などによる。
8）多田道太郎（1959）などによる。
9）永六輔（1961），福岡誠一（1959）などによる。
10）ラジオ東京（1959），日本民間放送連盟放送研究所編（1964）などによる。
11）友沢秀爾（1961），児島和人（1963）などによる。
12）オーディエンス・セグメンテーションは，ニッポン放送によって1964年3月から導入された編成手法。その後，多くのラジオ局が導入した。柳治郎（1966），『ブレーン』編集部（1967）などによる。
13）崎山正毅（1964），渡辺忠三郎（1962）などによる。
14）加藤秀俊（1969），荒木功（1978），梅棹忠夫（1963）などによる。
15）同様の主張として，難波捷吾（1968）などがある。
16）ジョン・R・ピアース（1967），高岡詠子（2012）などによる。
17）例えば，ジョン・R・ピアース（1967），ジェームズ・マーチン/後藤和彦編訳（1973=1980）など。
18）サーノフが1965 年12月に行った講演での発言を指す。
19）永田靖人・平塚千尋ほか（1997），NHK編（2001），NHK編（2013）などによる。
20）NHK編（2001），川本裕司（2007）による。
21）NHK編（1986），NHK放送文化研究所編（1994）による。
22）NHK編（2001），川本裕司（2007）による。
23）日本経済新聞1987年3月21日朝刊
24）1985年に①自主放送 5チャンネル以上，②引き込み端子が1万以上，③中継増幅器が双方向機能をもつ，という3つの条件を備えたものを都市型CATVとするとの方針を固めた。
25）1985年の通信自由化を経て，日本初の民間通信衛星が打ち上げられたのは1989年である。
26）NHK編（2001），小林宏一（1985），三浦謹一（1974），山口秀夫（1979），川本裕司（2007）などによる。
27）例えば，iモードサービスを立ち上げた松永真理（2004）は，1980年代のキャプテンシステムの失敗の原因を「徹底して検証しました」と語っている。

引用・参考文献

●甘利省吾（1964）「放送電波の未来像」『CBCレポート』1月号：13-15
●荒木功（1978）「「情報化社会」論の展開」早川善治郎・津金澤聰編『マスコミを学ぶ人のために』世界思想社：155-173
●『ブレーン』編集部（1967）「ラジオ媒体　その現状と展望（II）」『ブレーン』2月号：66-76
●デビッド・サーノフ（1968=1970）坂元正義監訳『創造への衝動』ダイヤモンド社
●永六輔（1961）「何かを育てなければ」『放送朝日』5月号：11-13
●藤竹暁（1966）「未来をひらく放送人」NHK総合放送文化研究所編『放送の未来像』日本放送出版協会：5-39
●福岡誠一（1959）「テレビ時代のラジオ～個室への沈黙」『放送文化』5月号：13
●後藤和彦（1968）「放送の未来を考えることについて」『総合ジャーナリズム研究』7月号：150-160
●東山一郎（2015）「シリーズ ラジオ90年【第1回】テレビが登場した時代のラジオ～その議論と戦略をめぐって～」『放送研究と調査』4月号：2-19
●飯沢匡ほか（1956）「座談会　放送50年　一明日の放送の夢を語る一」『放送文化』3月号：6-13
●磯村英一（1963）「テレビ放送10年を迎えて」『放送文化』3月号：30-33
●岩下豊彦（1966）「送り手と送らせ手の対話」前掲『放送の未来像』：72-104
●ジェームズ・マーチン（1973=1980）後藤和彦編訳『テレコム』日本ブリタニカ
●ジョージ・ギルダー（1990=1993）森泉淳訳『テレビの消える日』講談社
●ジョン・R・ピアース（1967）「通信は世界を変える」アメリカ文芸科学アカデミー編/日本生産性本部訳『西暦2000年の世界と人類II』：135-156
●金沢覚太郎（1970）『テレビの良心 情報化社会における課題』東京堂出版
●春日由三・溝上銈ほか（1953）「鼎談　新しい年への抱負を語る」『放送文化』1月号：20-25
●加藤秀俊（1958）『テレビ時代』中央公論社
●加藤秀俊（1969）「情報社会の文明史的展望」清水幾太郎・辻村明・坂本二郎編『講座 日本の将来5 余暇時代と人間』潮出版社：65-97
●川本裕司（2007）『ニューメディア「誤算」の構造』リベルタ出版
●香山健一・山本明・林進・池田敏雄他共著（1970）YTV REPORTシリーズ・3『情報化社会の未来構図 進展する情報革命とメディアの変貌』読売テレビ放送
●小林宏一（1985）「日本におけるニューメディアの現状」NHK放送文化調査研究所放送研究部編『英文版「放送学研究」21号，1985 特集「日本におけるニューメディアと放送」』：1-25
●児島和人（1963）「ラジオ聴取特性の再検討」『NHK放送文化研究所年報』第8集：81-106
●増田米二（1980=1985）『原典　情報社会 機会開発者の時代へ』TBSブリタニカ
●松永真理（2004）「ケータイとテレビの幸せな結婚」『放送研究と調査』10月号：76-81
●南博・千葉雄次郎ほか（1957）「座談会　マスコミの過去と現在」『放送文化』5月号：6-13
●見田宗介（1996）『現代社会の理論一情報化・消費社会の現在と未来一』岩波書店
●三浦謹一（1974）「有線都市構想の系譜」『放送学研究』26号：131-170
●溝上銈（1965）「放送技術の進歩と電波の諸問題」『放送文化』3月号：68-69
●水越伸責任編集（1996）『20世紀のメディアI エレクトリック・メディアの近代』ジャストシステム
●永田靖人・平塚千尋ほか（1997）「データ・多重放送の現状と課題」『放送研究と調査』7月号：24-37
●中松義郎ほか（1961）「特集 明日の放送 Innovation（技術革新）がもたらすもの ①座談会「人間の技術」としての放送」『放送朝日』7月号：8-22
●難波捷吾（1968）「情報産業とその将来」『YTV REPORT』8月号：11-14
●NHK編（1986）『世界のラジオとテレビジョン1986』
●NHK編（2001）『20世紀放送史』
●NHK編（2013）『NHK年鑑2012』
●NHK放送文化研究所編（1994）「海外の動き」『放送研究と調査』4月号：58-60
●NHK総合放送文化研究所・日本新聞協会研究所編（1982）『メディア・アセスメント研究リポート　No.5 電電公社・INS構想』
●日本民間放送連盟放送研究所編（1964）『ラジオ白書』岩崎放送出版社
●日本民間放送連盟未来問題調査会報告書（1971）「環境変化と民放事業の未来戦略」
●日本新聞百年史刊行会編（1960）『日本新聞百年史』
●日本テレビ放送網株式会社社史編纂室編（1978）『大衆とともに25年<沿革史>』

●野崎茂（1969）「放送」加藤秀俊・真鍋博ほか編『2001年の日本』朝日新聞社：126-127
●野崎茂（1973）「テレビ成長史論への序説」『総合ジャーナリズム研究』冬季号：34-43
●野崎茂（1989）『メディアの熟成』東洋経済新報社
●ラジオ東京（1959）「テレビ時代のラジオ番組 民放各局の動き」『調査情報』10月号：32-37
●崎山正毅（1964）「ラジオ機能の再検討」『放送文化』9月号：64-67
●佐藤俊樹（2010）『社会は情報化の夢を見る［新世紀版］ノイマンの夢・近代の欲望』河出書房新社
●司馬遼太郎（1961）「君のために作る」『放送朝日』5月号：9-10
●杉靖三郎ほか（1959）「座談会 放送技術はここまで来ている」『放送文化』5月号：6-12
●多田道太郎（1959）「テレビ時代のラジオ～ラジオの曲り角」『放送文化』5月号：15-17
●高橋信三（1969）「放送産業のビジョン」日本民間放送連盟放送研究所編『情報産業の将来』現代ジャーナリズム出版会：31-40
●高岡詠子（2012）『シャノンの情報理論入門』講談社
●高柳健次郎（1952）「テレビジョンの将来」『放送文化』10月号：2-3
●多喜弘次（1998）『テクノロジーの眩惑―情報メディア研究を再考す―』北樹出版
●勅使河原宏（1961）「〝茶の間〟は非芸術的なグラウンドである」『放送朝日』5月号：17-18
●友沢秀爾（1961）「「実用主義」の積み上げを」『CBC レポート』11月号：11-13
●内村直也（1954）「テレビとラジオ」『放送文化』2月号：2-3
●梅棹忠夫（1963）「情報産業論」『放送朝日』1月号：4-17
●渡辺忠三郎（1962）「もう一度ラジオの機能再検討を」『CBC レポート』12月号：38-40
●山口秀夫（1979）「米テレビ界における衛星利用の進展～その現状と背景について～」『放送研究と調査』9月号：12-23
●柳治郎（1966）「クラス・メディアとしてのラジオ媒体<ニッポン放送> New Radio とオーディエンス・セグメンテーション」小林太三郎編『市場細分化と広告戦略』久保田宣伝研究所：358-370
●吉川義雄（1953）「二十世紀の新しい窓」『放送文化』10月号：2-3

東 山 一 郎（ひがしやま・いちろう）

NHK放送文化研究所メディア研究部 主任研究員。
1994年NHK入局。大津放送局，マルチメディア局などを経て，2008年より放送文化研究所勤務。メディア史研究のほか，放送博物館リニューアル，特別展の制作などを担当。論文：「災害報道資料のアーカイブ化と活用の試み～NHK放送博物館特別展「東日本大震災 伝え続けるために」の取り組みを中心に～」（共著）『放送研究と調査』（2018年4月号）など。

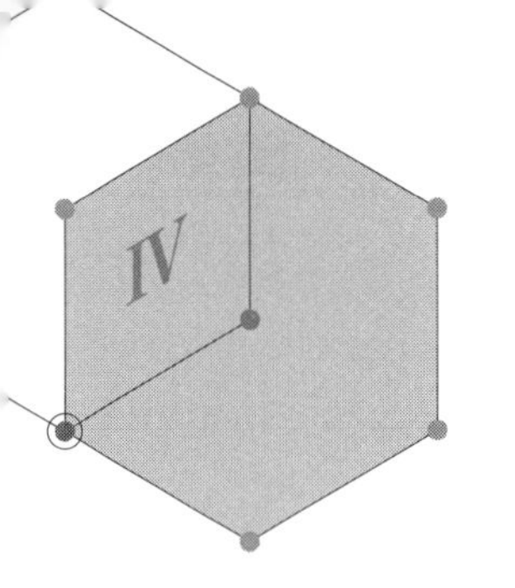

放送メディアの未来像の変遷②
～衛星放送とハイビジョン，デジタル化，そしてインターネットへ～

松山 秀明

（関西大学 社会学部）

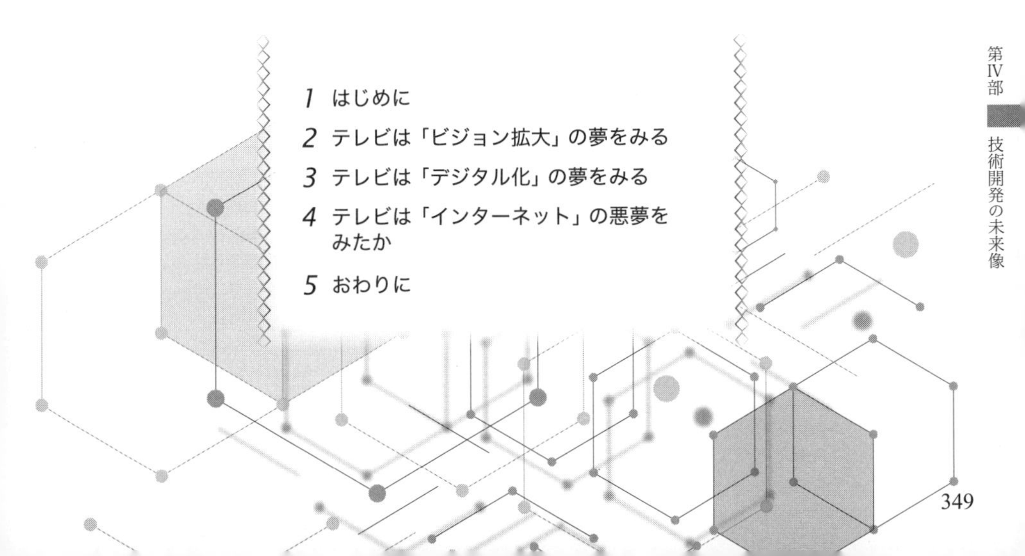

1 はじめに

1990年，アメリカの経済学者ジョージ・ギルダーは『Life After Television（邦題：テレビの消える日）』という本を書いている。ギルダーはこのなかで，当時の日本の「HDTV（高品位テレビ）」の技術躍進に触れ，アメリカの技術者たちが右往左往していると述べている。そして「アメリカはこれまでの戦略を見直し，テレビを離れて新しいテクノロジーの領域に踏みこむことで，技術レースにのぞむべき」であるとして，「テレビ後の時代」に目を向けるべきであると警鐘を鳴らした（ジョージ・ギルダー　1990＝1993）。

ギルダーが言うには「テレビは技術的な意味では，すでに過去の遺物」であるという。これまでテレビというメディアは，電波を一人でむさぼってきた。限られたチャンネルを通じて，国民全体の意識を枠にはめてきた。これからは双方向のテクノロジーが主役の座につくのであり，テレビのような「トップダウン型の放送形態は，もはや時代にマッチしなくなってきた」。だから，アメリカは日本のテレビ技術開発の躍進に惑わされることなく，テレビ後のテクノロジー（ギルダーが言うにはテレコンピューター）に目を向けていくべき，というのである。

今日から見れば，このギルダーによる予言は，ある程度当たったというべきだろう。実際，日本のHDTV開発は迷走し，デジタル転換への対応に苦慮することになった。いまやテレビはインターネット動画配信の波に押され，もはや未来を描きづらくなっている。けれども，1990年前後の日本社会では，テレビにまだ「未来」があり，テレビの技術開発で世界の先頭を走ろうとした。とりわけ1980年代後半からの20年間は，さまざまな技術革新のなかで，必死にテレビ技術の未来を探ろうとした。

郵政省が毎年取りまとめている『通信白書』（のちに総務省『情報通信白書』）の特集テーマを見ると，1980年代後半以降に語られる技術革新のスピードに驚かされる。1989年「重層情報化社会」，1990年「情報通信」，1993年「映像新時代」，1994年「マルチメディア」，1998年「デジタルネットワーク社会」，1999年「インターネット」，2001年「IT革命」，2004年「ユビキタスネットワーク」。もはや死語となった言葉も多い。このなかでテレビは核となる存在として，「未来」を測る指標となっていた。「1980年代後半以降の約20年間は，日本の放送メディアにとってドラスティックな変革の時期であった」(音好宏　2007：19)。

とりわけ日本の放送界では，衛星放送，通信衛星，ハイビジョン，地上デジタル放送，放送と通信の融合といった技術革新が語られ，未来像を支えた。当時，この動きに合わせるように，“テレビはこれから変わる系書籍”が次々に出版されては，一瞬で消費されていった。そこには「21世紀のテレビジョン」「放送ビッグバン」といった威勢のいい言葉が並んだ。書き手は郵政省放送行政局や日本放送協会，日本民間放送連盟研究所，メディア研究者やメディアコンサルタントに至るまでさまざまである(もちろん，単純な未来論ばかりではない)。郵政省（のちの総務省）では，放送のこれからを考えるあまたの審議会が開かれては消え，また新しい名前の審議会が立ちあがっては消えていった。

本論では，1980年代後半から2010年ごろまでの約20年間に絞り，日本におけるテレビの未来像の変遷を記述する。これはその時々の，テレビの未来への一瞬の語りを「歴史資料」として整理する試みである。2010年ごろまでとしたのは，地上デジタル放送が完了したのが2011年であり，かつ同年の東日本大震災を経験して，人びとのテレビに対するまなざしが明確に変わったという認識があるからである1)。ちょうどギルダーが「テレビの消える日」と言ってからの20年間ということになる。

本論で研究対象の土台としたのは，先の『通信白書』(『情報通信白書』）で語られる「放送産業政策」である。これに，各時代に出版されたテレビの未来を語る「書籍」，『放送文化』や『月刊民放』といった「雑誌」の特集，そして，放送記念日特集などの「番組」を加えた。当然ながら，この間のテレビに関するすべての言説を渉猟することなど到底できない。いわゆる業界の裏話なども多く，それらを議論に含めることはしなかった（そもそも，細かな産業の興亡をつぶさに記述する知識が筆者にはない）。1980年代後半以降，大きな技術革新のなかで，いかにテレビの未来が語られ，語られなくなっていったのか。約20年間の変遷をたどりながら見えてくるのは，かつて梅棹忠夫や野崎茂らが語っていたような「哲学」や「思想」は消えうせ，急速な状況変化を前に，それを追うことで精いっぱいとなっている，きわめて「技術決定論」的なテレビの未来観であった。

2 テレビは「ビジョン拡大」の夢をみる

(1) 平成は「エイセイ」時代

1980年代後半，テレビを語るキーワードは「多メディア化」と「多チャンネル化」だった。当時，その議論のきっかけとなっていたのが，衛星放送（Broadcasting Satellites：BS放送）である。もともと衛星放送の構想自体は古く，1965年に当時NHK会長だった前田義徳が会見で語ったことがはじまりである。全国あまねく電波を届けることを使命とするNHKが，難視聴対策のために衛星放送を使って全国をカバーエリアとすることを狙った。はるか上空に浮かぶ人工衛星に電波を送り，そこから各家庭に番組を降らせることで難視聴を解消する。この理念は1980年代後半に入ると衛星放送の開始によって実現し，後述するハイビジョン放送の活用といった新しい考えも加わっていく（青木貞伸　1990）。

1984年5月12日，衛星放送BS-2a（ゆり2号a）が打ち上げられ，世界初となる衛星放送が2チャンネルで開始されるはずだった。しかし，ゆり2号aが故障し，結局1チャンネルの試験放送としてはじまった。1986年2月にBS-2b（予備機）が打ち上げられ，同年12月から2チャンネルの試験放送となった（『通信白書』昭和61年）。そして，ようやく1989年6月1日から，NHK衛星第1テレビと衛星第2テレビは本放送へと移る。実に最初の打ち上げから丸5年かかったことになる。こうしてテレビ業界に新しいチャンネルが生まれ，「多チャンネル時代」が到来したのである。1990年の『新放送文化』「特集　検証　衛星多チャンネル時代」のなかには，次のような記述がある。

> 昭和から平成へ。各界でさまざまに秩序変改の動きがあるが，電気通信という際限ない広い領域に呑み込まれようとしている放送界において，それはとくに顕著である。衛星系，ケーブル系，多重系，あるいはパッケージ系の新メディア群は既存放送界めがけて殺到する。多メディア・多チャンネル時代の到来はもはや避けようはない。秩序の，まことに大きな揺れが始まった。（大森幸男　1990：6）

大森によれば，平成は「エイセイ」時代であると言う。衛星放送がはじまると，地上波ではできないような独自の編成を組むことができた。たとえば世界の放送局のニュースを見ることができる「ワールドニュース」，洋画や邦画をノーカットで放送する「衛星映画劇場」，コンサートなどのライブ中継。ワーグナーの楽劇「ニーベルングの指輪」の全16時間を4夜連続放送というだけで，当時の視聴者はこれまでとの違いを実感したはずだ。志賀信夫（1993）も「衛星放送新時代」として礼賛した。

本放送開始直前，『朝日新聞』誌上では「広告特集　衛星放送特集」が組まれている。そこには「もはや地球という星は，さまざまな国がモザイク状にやわらかく接着した時代ではない。人・物・情報などの流れによって固くリンクされている。衛星放送の番組を見ていると，つくづくそんなことを感じてしまうのである」とバラ色の宇宙観が語られている（『朝日新聞』1987年10月28日夕刊）。また，タレントのタモリに衛星放送で見たい番組を聞き，「音楽なんか多くやったらいいんじゃないの。

俺はジャズが好きなんで，たとえばニューヨークのジャズクラブのライブなんか実況してくれるといいな。編集なんかしないでね」と語らせている（『朝日新聞』1987年12月22日夕刊）。1991年には民間初の衛星放送，日本衛星放送（JSB），通称WOWOWもはじまり，さらに「エイセイ」時代は加速していく。地球規模に，多メディアに，そして多チャンネルの時代がはじまったのである。1993年12月末時点での衛星放送の契約者数はNHKが558万7,000，JSBが144万8,000と好調な出足となった。

この衛星放送につづいたのが，通信衛星（Communication Satellites）である。これまで通信衛星は小型で小出力ゆえに特定の受信者に向けられたものだったが，1989年の放送法改正によってCS放送が一般家庭でも視聴できるようになり，多チャンネル時代はさらに加速した。もはや視聴者にはBS放送とCS放送の区別はつかないため，通信衛星も「事実上の衛星放送」（白川通信　1990）といわれた。これと連動したのが，ケーブルテレビ（CATV）である。もともとケーブルテレビは難視聴対策の共同施設として誕生し，自主放送の開始後，コミュニティー・チャンネルとしての機能を担ってきた。それが都市型ケーブルテレビの登場，そこに新しく通信衛星と連携することで，多チャンネル時代の主要アクターとして期待されるようになったのだ。

1989年（平成元年）の『通信白書』には「スペース・ケーブルネット構想」なるものも登場している（**図1**）。郵政省が主導したこの構想は「CATV施設に対し，通信衛星を利用して，映像情報を迅速かつ大量に提供するもの」とされた。構想の実現のため，CATV事業者に対しては税制面での優遇措置が図られ，必然的にCS放送は「ケーブルテレビの有力なセールスポイントとなっていく」（音好宏　2007：22）。ケーブルテレビに加入していれば，家庭でのアンテナ設置も不要だったため，加入者はすぐに多チャンネル化を実感できた。

結局，「エイセイ」時代とは，ひとことで言えば，「ビジョン拡大」への夢にほかならない。それまで地上波のチャンネル数には限りがあった。

図1　スペース・ケーブルネット構想（『通信白書』平成元年）

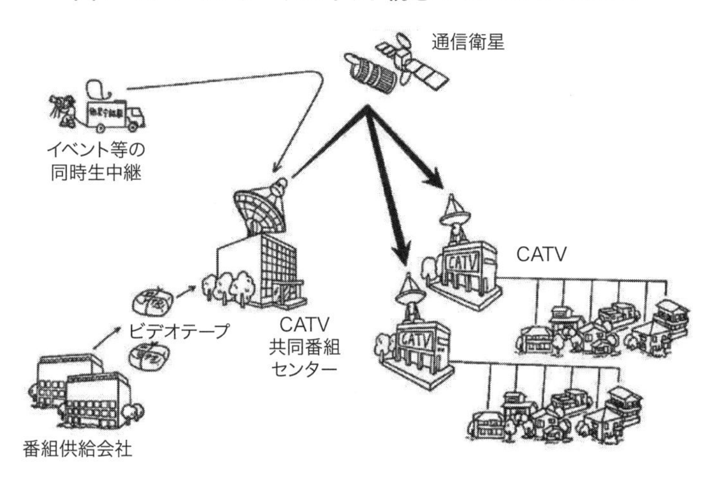

そこに衛星放送や通信衛星の登場によって，「放送量」を拡大することができたのである。これは人びとが視聴できるテレビの「時間枠の拡大（モア・チャンネル）」という夢の実現であった[2)]。ゆえに，1993年（平成5年）の『通信白書』の特集テーマは「映像新時代」となっている。衛星放送や通信衛星の登場によって映像が多様化し，高度化し，映像情報が量的に拡大した未来を描いたのである。

(2) ハイビジョン・シティという幻夢

1980年代後半に夢みられた「ビジョン拡大」はもう一つある。それが，ハイビジョンであった。先に見た衛星放送が量的なビジョンの拡大であったとするならば，ハイビジョンは質的なビジョンの拡大である。ハイビジョンは放送量を拡大するのではなく，画質や音質をより美しくしようとするものだった。もともとハイビジョンはNHKが世界に先駆けて開発し，実用化を進めた高品位テレビ（HDTV＝High Difinition Television）につけられたニックネームである（岡村黎明　1993）。NHKはハイビジョンを「次世代テレビ」として国際的な統一規格にしようと躍起になった。従来のテレビのNTSC方式の走査線は525本，アスペクト比4：3であるのに対し，ハイビジョン（HDTV）は走査線1,125本，アスペクト比16：9で，より高精細なテレビ画面が実現できた。日本では，こうした高精細画像をMUSE方式と呼ばれる映像の圧縮方式を使って放送することを目指した。

郵政省でもハイビジョンに大きな期待を寄せ，たとえば1991年（平成3年）の『通信白書』では，ハイビジョンを「今後の家庭の情報化の核になる」と書き，1992年（平成4年）には「21世紀に向けての高度情報社会において中核的な地位を占める映像メディアとして大きな期待が寄せられている」と書いている。1988年より郵政省放送行政局が発案・音頭をとって「ハイビジョン文化研究会」なるものも発足し，志賀信夫や後藤和彦，村木良彦，小田久栄門，大橋雄吉，小林亜星らが参加した（ハイビジョン文化研究会編　1990）。

> テレビジョンがまず白黒として登場し，やがてカラーへと進化したように，次世代の高度映像メディアは，まずHDTV（ハイビジョン）として登場し，やがてスーパーHDTVへと進むのである。（ハイビジョン文化研究会編　1990：23）

画質をめぐる単線的な未来観だが，そのくらい質的な「ビジョン拡大」の未来は明るかった。同時期，NHKのハイビジョンに対抗して，民放（日本テレビ，TBS，フジテレビ，テレビ東京）でも，「クリアビジョン（EDTV）」の共同開発に取り組んでいる。クリアビジョンでは現行のNTSC方式のまま画像の解像度を上げることができたため，とくに受信機を買い替える必要がなかった。ハイビジョンであれ，クリアビジョンであれ，何よりも重要なことは，当時，「このような映像の鮮明化のための大改革に着手したのは，いまのところ世界中で日本だけ」（白川通信

1990：22）だったという現実である。冒頭で紹介したように，このときジョージ・ギルダーが日本独自のテレビ開発競争にのってはならないと警戒した。日本は世界から孤立しながらも，テレビ技術開発の未来を必死に描いたのである。画質や音質を高精細なものにしようと，質的な「ビジョン拡大」の夢を追い求めた[3)]。

興味深いのは，郵政省がこのハイビジョン技術を使って「ハイビジョン・シティ構想」なるものの夢を抱いていたことである。ハイビジョン・シティとは「21世紀に向けて，都市の生活空間に高度映像メディアを先行的に導入することにより，地域の特性を活かしながら，活気と潤いに溢れた先端都市を構築するもの」（『通信白書』平成元年）であるという。1988年2月から「高度映像都市（ハイビジョン・シティ）構想懇談会」を開催し，ハイビジョン・シティの理念やモデル都市の選定方法などを議論した。その結果，鶴岡，厚木，千葉，静岡・清水，名古屋，京都，堺，広島，松江，山口，佐世保，北九州，大分の13地域がモデル都市に選ばれ，翌年には23地域に増えている。今後打ち上げ予定の衛星放送（BS-3）や通信衛星を利用して，ハイビジョンが地方都市へも伝送されることを見越した壮大な計画だった。

高度映像都市「ハイビジョン・シティ」構想懇談会編（1988）によれば，その都市イメージは10タイプが想定されており**（図2）**，屋内外にハイビジョンのスクリーンを設置して，たとえばイベント会場としてみたり（＝シンボリックタイプ），家庭では家族団らんの場としてみたり（＝エンターテインメントタイプ），教育現場での利用をしてみたり（＝アカデミックタイプ），といったものであった[4)]。これらは「ハイビジョンと地方都市をむりやり結びつけた嫌い」（白川通信　1990：271）があったことは言うまでもなく，先の定義を見てもわかるように，そもそもハイビジョン・シティという概念自体がきわめてあいまいなものであった。

ただ，これは郵政省の単なる夢想ではなかったようで，元TBSの村木良彦（当時トゥディ・アンド・トゥモロウ代表取締役）も，21世紀は

図2　ハイビジョン・シティの10タイプ
（高度映像都市「ハイビジョン・シティ」構想懇談会編 1988）

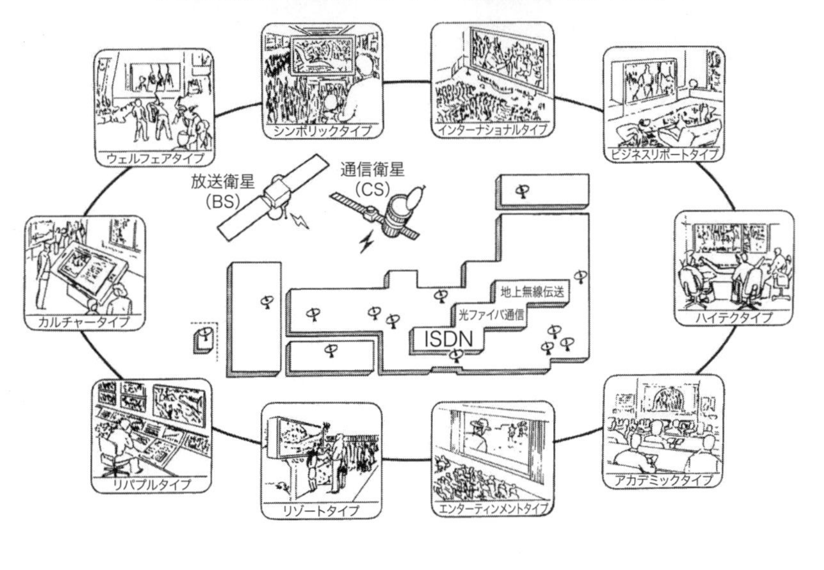

「都市の時代」とともに「映像の時代」であるとし，ハイビジョンは「都市を記録する」と熱弁していた（村木良彦　1991）。村木はハイビジョンの番組制作にテレビの未来を託したのである。しかし，結局，日本で開発されたアナログのMUSE方式が海外で広まることはなかった。とくに欧州諸国が強硬に反対したことが原因だった。これからデジタル技術へと向かおうとしているとき，アナログの伝送方式は，国際的には「前時代的」との評価が下されたのである（岡村黎明　1993）。また日本のテレビ技術開発の輸入を嫌がった当時の貿易摩擦も無関係ではなかっただろう。

その結果，1994年2月には郵政省放送行政局長・江川晃正による「アナログ方式のハイビジョン開発の見直し」発言まで飛びだすこととなった。さらに，『通信白書』内では1995年ごろまで「ハイビジョン・シティ」に関する記述があったが，それ以降，消えていく。高画質，高音質のテレビを実現し，高度映像都市を創ろうという純国産の「ビジョン拡大」の夢は消えたのである。

3 テレビは「デジタル化」の夢をみる

(1) テレビの第2の創成期へ

ハイビジョン・シティの記述がなくなるのと並行して，『通信白書』に現われはじめるのが「放送のデジタル化」である。1994年には郵政省で「放送のデジタル化に関する研究会」が開かれ，「放送のインテリジェント化（高機能化，多チャンネル化，双方向化）」としてデジタルの未来が議論されはじめている。1994年（平成6年）の『通信白書』の特集テーマは「マルチメディア」であり，放送はマルチメディアとのかかわりのなかで論じられるようになっていく。当時，喧伝されはじめたマルチメディアの最大の特徴は，双方向性である。同年の『通信白書』には，放送のマルチメディア化の例として，ケーブルテレビを利用したチケットの予約，衛星を利用した視聴者選択型のテレビのインタラクティブ化などが挙げられている。視聴者からすれば，クイズ番組に参加したり，ドラマのストーリー展開を決められるといった従来ではあり得なかった未来である(岡村黎明　2003)。

この実現のために，すべてを貫くキーワードとなっていたのが「デジタル」である。当時，西垣通（1994）が指摘したように，マルチメディアとは，文字，音声，画像，動画などを統一的に処理する「デジタルな融合のテクノロジー」が前提としてあった。ゆえに，日本のテレビ界は，今度は「放送のデジタル化」の夢を追い求め，世界の趨勢に乗り遅れまいと必死になったのである。以来，1994年5月より郵政省「マルチメディア時代における放送のあり方に関する懇談会」が開かれ，「デジタル化」の議論が少しずつはじまっていく。同年2月の江川発言からの驚くほどの変わり身の早さであると言っていい。ハイビジョンからデジタルへの急激な方針転換であった。

その後，放送のデジタル化が具体化していくのは，1997年3月10日の郵政省による「地上放送のデジタル化」の発表，そして同年6月2日の「地上デジタル放送懇談会」（通称：デジ懇）の発足である。翌1998年6月17日にはデジ懇が中間報告を出し，関東・近畿・中京の3大広域圏は2003年末までに，そのほかは2006年末までに地上デジタルの本放送を開始するとした。そして，1998年10月16日の最終報告では，2010年にアナログ放送を停止するというロードマップを発表したのである（「「地上デジタルテレビ放送」移行へのあゆみ」『月刊民放』2010年7月号）。

郵政省がうたう「放送のデジタル化」のメリットは，1997年（平成9年）の『通信白書』を読めばよくわかる。1997年の特集テーマはまさに「放送革命の幕開け」であった。「放送分野に急速な変革の波が押し寄せている」として，第3章まるまる使って「放送革命」について論じている。白書によれば，「デジタル化による放送の高度化」によって，第一に，経済フロンティアが誕生し，第二に，生活様式が変容するという。つまり，新規参入によってテレビ業界では新しい市場競争が起こり，視聴者も自分のライフスタイルに合わせた能動的視聴へと変容する。

その後，『通信白書』（2001年から『情報通信白書』）では，毎年のように「放送のデジタル化」のメリットを強調しつづけていくことになる。放送のデジタル化によって，まず「データ放送」が可能となり，オンエア画面以外の情報を入手できるようになる。たとえばスポーツ中継では選手の情報や料理番組ではレシピを確認できる。そのほか，いつでも最新ニュースや天気予報，道路交通情報にアクセスすることもできる。また「マルチチャンネル」が可能となり，標準画質で別の番組を同時放送することができ，「臨時編成チャンネル」では野球中継が延長しても，次の番組と並行して放送を継続することができる。また，デジタル化すれば「高品質」な映像や音声になることは言うまでもなく，ハードディスクに保存すれば好きなときに好きな番組が楽しめる。移動していても安定的な受信が可能で，話速変換によって高齢者や障害者にもやさしいサービスを実現することができるとうたった。

郵政省（総務省）では，これらをたびたび絵付きで紹介しつづけた（図3）。いわば「見るテレビ」から「使うテレビ」への移行として，期待感を高めたのである。1997年放送のNHKスペシャル放送記念日特集「新情報革命」においても，アメリカのデジタル放送を紹介しながら「デジタル新時代が始まった」ことを強調し，2001年放送のNHKスペシャル放送記念日特集「テレビはどう変わるのか」では，放送のデジタル化の5つの機能として，①双方向，②蓄積機能，③モバイル，④多チャンネル，⑤高画質，にまとめている。当時，デジタル放送は「テレビの第2の創成期」とまでいわれた（『月刊民放』2003年12月号）。

もっとも，放送のデジタル化によるこのようなメリットはいわば表向きで，地上波テレビをデジタル化することで，余剰周波数帯域を生みだし，

図3　放送のデジタル化のメリット（『情報通信白書』平成13年）

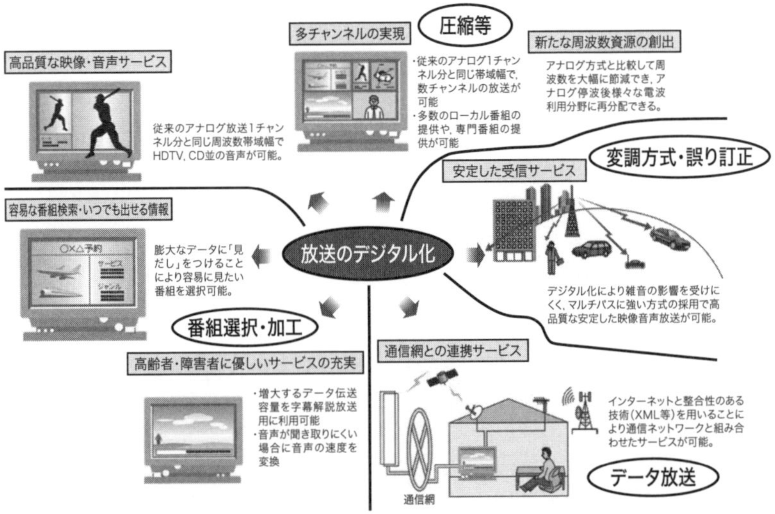

利用しようという思惑もあった。電波が飽和状態になりつつあった当時，テレビが利用している電波資源をデジタル化して節約することで，急成長しはじめた携帯電話やそのほかの無線サービスに開放しようとした。これまで必死にハイビジョンを進めてきた放送業界やメーカーからの反対意見もあったが，テレビは「デジタル化」の夢へと舵を切っていくことになったのである。

(2) 地上デジタル放送へのカウントダウン

ただし，地上デジタルテレビ放送の実現には，さまざまな障壁があったことはよく知られている。地デジ化に要する費用は約1兆円と推計され，テレビ局は機材の更新や送受信施設の建て替えなど，莫大な費用を求められた。1局につき約60億円かかるといわれた設備投資のなかで，地方局は生き残れるのかと心配されるのも，無理のないことであった（鈴木健二　2004）。さらに移行期間中は，アナログとデジタルの放送が共存するため，一部のアナログ放送用電波を別のアナログ帯域に移し，デジタル放送向けに確保する「アナアナ変換」も必要で，その費用は1,000億円を超えると試算された。また東京タワーに代わる新タワーの建設も必要となり，建設場所でもめた。

何よりも，地デジ化によって各家庭に受信機の買い替え（あるいは地デジチューナーの設置）を強いる必要があった。約4,500万世帯にある受信機を買い替えさせることは当時としては無謀に近いと考えられ，地上デジタル放送は「視聴者に多大な負担を強いたという意味では，空前絶後の大事業だった」（原真　2013：66）。当時，水越伸（1999）が指摘したように，郵政省の議論は「放送波のデジタル化」ばかりで，「送り手の表現文化や視聴者文化」に対する議論は薄かった。あくまでも「大きな物語」を描くことで，放送のデジタル化のメリットを強調しつづけたのである。たとえば当時フジテレビ代表取締役社長だった日枝久は「テレビが変わり，日本が変わる」と喧伝した（『月刊民放』2003年12月号）。

もちろん，地デジ化へは慎重に，段階をふみながら行われた。まず1996年6月からCS放送のデジタル化，1998年10月からケーブルテレビのデジタル化，そして，2000年12月からBS放送のデジタル化へと徐々に移行が進んだ。とくに「1,000日1,000万世帯」を目標に掲げたBSデジタル化は重要で，地上デジタル放送移行への助走として必要だった。ゆえに，2000年をデジタル放送元年とする主張もある。

> 「放送のデジタル化」を順調に進めるためのシナリオは，まずは2000年末にスタートするBSデジタル放送によってデジタル放送の視聴者を増やしていきながら，2003年に三大都市圏で始まる地上波デジタル放送が引き継いで増幅させていき，その勢いで全国に広げていくしかないのである。（西正　2000：30）

2000年（平成12年）の『通信白書』でも郵政省はまだ危機感をあらわにし，「地上放送のデジタル化の推進に当たっては，国民に一定の負担をかけざるを得ない面もあることから，国民的理解を得ながら推進する必要がある」と記している。ゆえに，ここから地上デジタル化の完全移行までの，全国的な異様なまでの「カウントダウン」がはじまっていく。2003年12月1日に3大広域圏のNHKおよび民放16社，つづいて2006年12月1日に全国の民放テレビ会社（親局）で地上デジタル放送がはじまって以降，2011年7月の地上アナログの停波に向けて，全国の視聴者に「いままでのテレビが映らなくなる！」「でも，テレビが新しく生まれ変わる！」と煽っていった。

具体的には2009年1月12日から地上波放送局各社が画面上に「アナログ」と書かれた文字を常時表示したり（「目障りだから消してほしい」という苦情もあった），同年7月には日本全国で「地デジで元気キャンペーン」を実施。歌手の北島三郎による「地デジ音頭」や地デジ推進のための統一キャラクター「地デジカ」が登場した。高齢者には戸別訪問をしたり，敬老の日前後の1週間を「『地デジで親孝行』週間」としてキャンペーン化する熱の入れようであった。エコポイントを活用したデジタルテレビの購入促進も行われた（「地上デジタル放送国民運動推進本部（第3回会合）配布資料」2009年7月24日）。

その結果，デジタル用の受信機は急速なスピードで普及していくことになる。2009年3月には普及率が60％を超え，2010年3月には84％，同年12月には95％に達した。この背景には高画質の人気，テレビ好きで生真面目な国民性，官民挙げての地デジ化推進キャンペーンの効果があったとされた（原真　2013）。最終的に，2011年7月24日，東日本大震災で被災した岩手・宮城・福島3県を除く44都道府県でアナログテレビ放送の電波を停止。2012年3月31日には3県も含めて，すべての都道府県で地上波テレビのデジタル化が完了した。ほぼシナリオどおりだった。

たしかに地デジ化を機にテレビ受信機を持たなくなった世帯が一定数出たものの，地デジ化への切り替えは，今日からすれば，ギリギリのタイミングだったと言えるだろう。まだ日本ではテレビへの未来が描けていたからである。もしも2015年の動画配信元年以降にデジタル化がずれ込んでいたら，日本のテレビ離れはもっと加速していたに違いない。テレビはインターネットの悪夢を完全にみる前に「デジタル化」を完了できたのである。その意味で，「デジタル化」はテレビがみた最後の夢だったのかもしれない。少なくとも，テレビがテレビという枠内で未来を語ることができた，最後の技術であった。

4 テレビは「インターネット」の悪夢をみたか

(1) 無視か？ 競合か？ 融合か？ 連携か？

インターネットが普及しはじめた当初，まだ放送への影響は限定的という見方が強かった。というよりも，通信と放送はまったくの別もの，という認識だったと言っていい。事実，1999年（平成11年）の『通信白書』の特集テーマは「インターネット」だが，「放送事業は総じて堅調」との記載があり，競合相手になるという未来を想定していない。もともと学術的なネットワークARPAnetに起源をもつインターネットの通信技術と，電波を通じたテレビの放送技術は性質が異なり，それぞれ別のコミュニケーションとして区別されていたのである。ゆえに，インターネットが普及しはじめたころ，テレビ局自身も，単なる番組の補完的な役割としての利用だった。自社のホームページを開設したり（『月刊民放』2000年4月号には，各民放のホームページ掲載項目の一覧表が載っている），個々のドラマやバラエティ番組のホームページを立ちあげたり，なかには放送の未公開シーンを含んだ有料サイトも登場した。ただし，放送された番組があくまでも主であり，インターネットの情報は従だった。

だから「インターネット放送」なるものが登場したときも，テレビ局がとくに慌てる様子はなかった。インターネット放送は，インターネットを伝送路として，テレビやラジオのように映像や音声を配信するサービスのことである。インターネット・プロトコル（IP）によって，直接，端末から端末へと情報を伝える仕組みだった（西正　2001c）。ゆえに，インターネット放送は，放送法や電波法に基づくものではない。当時，雑誌『放送文化』1998年6月号には「インターネットがテレビになる日」と題する特集が組まれ，インターネット放送の事例が紹介されていた（**図4**）。

インターネット放送は，放送と名が付いているものの，あくまでも通信であり，まだ特定少数向けのサービスであった。放送のように映像や音声

図4 「特集 インターネットがテレビになる日」
(『放送文化』1998年6月号)

を送ることができるが，不特定多数に向けたものではない。それゆえ，当時，テレビを凌駕するとはまったく考えられていなかった。つまり，「地上放送事業者の目には，“マスメディアが無視すべきニッチな世界”と写っていた」(日本民間放送連盟・研究所編 2000：214）に違いない。インターネット放送の特徴は，低コストで送信できる一方で，受信には通信料や接続料といったコストが高くかかり，また，視聴者の特性を把握しやすい代わりに，視聴者数の規模が小さく，さらに低品質の映像というデメリットがあった(郵政研究所編 1998)。まだまだ放送の相手ではなかったのである。そんなことよりも，放送のデジタル化のほうが重要だった。

けれども，しだいに映像や音声が高品質となり，高速のインターネット通信が可能になれば，テレビと「競合」していく未来は容易に想像できた。さらにストリーミング再生が可能となり，受信しながら映像が再生できるようになれば，インターネットが放送に限りなく近づいていくことは言うまでもない。つまり，「テレビ放送という途方もなく高価なマスメディアが，一般人の手の届くミニメディアになっていくのである」(西垣通 2001a：84)。西垣通は早い段階から，インターネットで鮮明な画像が見られるようになれば，「テレビ放送はインターネットと融合して行かざるを得ない」(西垣通 2001a：86）と主張していた。そうなると，岡村黎明が言うように，テレビは映像という最後の砦を失うことになる。

> 通信回線のブロードバンド化で高速・大容量の情報の流れが可能になり，常時接続でき，ストリーミング技術が動画の送受信を可能にするということになると，動画というテレビにとっての最後の砦まで，有力な競争相手が出現することになる。(岡村黎明　2003：30)

こうした状況下で，2001年（平成13年）の『情報通信白書』では「加速するIT革命～ブロードバンドがもたらすITルネッサンス」が特集テーマとなり，「放送と通信の融合」が明確に打ち出されている[5)]。同年11月には「ブロードバンド時代における放送の将来像に関する懇談会」が開かれ，徐々にテレビとインターネットの関係が検討されるようになっていく。両者は果たして融合すべきなのか，連携すべきなのか。この議論の背景には，デジタル放送とインターネットの親和性が高いということが当時から挙げられていた。ただし，こうした流れはテレビ業界にとって，決して面白いことではなかっただろう。急激なインターネットの発達を前に，むしろ，「悪夢」をみはじめたと言ってもいい。

(2) 何でも「コンテンツ」と一くくりにされる時代へ

これまでテレビ産業は，無線の放送局の所有・運営（ハード）と，放送番組の制作・編集（ソフト）が分かちがたく結びついていた。だから，衛星放送やハイビジョン，デジタル化など，テレビはまずハードの夢を追いかけ，それに合わせて新しいソフトを用意するというスタンスだった。これがインターネットの登場によって，思いがけず，ハードとソフトの「部分的な分離の必要」が出てきたのである（西垣通　2001b）。新しい通信技術の登場によって，それまでの無線技術とは別の形で，いきなり同じようなソフトを供給できる環境が整った。これは無線という圧倒的な既得権益を保ってきた放送局にとって，ゆゆしき事態だった。さらに2005

年にはライブドアによるニッポン放送株の買収劇まで飛びだし，まさに寝耳に水だった。これから放送業界全体でデジタル化を推進していこうと夢を追っていた矢先に，いろいろな刺客が現れたのである。

> 放送関係者にとって最大の誤算は，インターネットの劇的な成長だ。1994年の江川発言から2012年の地デジ化完了までの間に，放送のデジタル化のメリットとされた高画質，多チャンネル，高機能はすべてネットでも可能になった。とくに，チャンネル数はネットなら無限だし，双方向などの高機能サービスもネットの方がずっと便利に，しかも安く実現している。当然の結果として，テレビはネットに視聴者と広告を奪われている。（原真　2013：82）

先に見たように，放送のデジタル化は，テレビ産業からすれば「見るテレビ」から「使うテレビ」への劇的な変化だった。ただ，業界内の変化を追っているうちに，その外側ではこれまで培ってきた放送の技術を使わずに，似たような映像を大量に送信できるインターネット動画が急成長をはじめていた。その結果，テレビ番組は何でも「コンテンツ」と一くくりにされる時代に巻き込まれていくことになる。ハードウェアとしての放送局の意味が解体し，映像コンテンツの優劣だけで判断される世の中になったのである。もはや視聴者はテレビで見ようが，インターネットで見ようが，伝送路に関心はない。コンテンツが面白ければ見るし，面白くなければ見ないという論議が出はじめていく。こうして「コンテンツ」という言葉が，独り歩きをしはじめていくことになった。

このテレビにとっての危機感は，2000年代から2010年代に放送されたNHKスペシャル「放送記念日特集」を見ればよくわかる。たとえば2006年の「放送記念日特集」第一夜は「テレビとネット　アメリカ最前線リポート」として，「テレビとインターネットの垣根がなくなりつつある」とアメリカの事情を解説している。つづく2008年の「放送記念日特集」は「映像メディアはどうなるか〜ネットの世界は今」と題し，インターネット上の映像や動画の情報量が加速的に増加し，テレビをしのぐ勢いだと危機感を募らせている。とくに番組内で紹介されている「グリーンTV」（環境専門の動画投稿サイト）の代表は，元BBCのディレクターで「インターネットの出現でテレビは死にました」と語っている。番組最後のナレーションでは「急激な広がりを見せるインターネットメディアの世界。テレビメディアが，その波に飲み込まれようとしています」と締めくくった。これは2016年の「放送記念日特集」のラストナレーションまで引き継がれていくことになる。

> テレビからインターネットへ。インターネットからテレビへ。放送と通信をめぐる動きはいよいよ錯綜し，新しい表現が生まれている世界。インターネットのメリットとは。そしてテレビならではの良さとは。さまざまな模索がつづきます。放送と通信，組織と個人，ジャーナリズムとエンターテインメント。さまざまな境界が消えつつある今，表現の大競争時代がはじまっています。

このとき便利に使われていくのが「コンテンツ」という言葉だった。雑誌『放送文化』でも「コンテンツ流通の新時代」（2005年冬号），「動画新時代と放送局」（2008年秋号）といった特集のなかでコンテンツ論が議論されていく。2005年からYouTube，2006年からニコニコ動画といったネット配信がはじまるなかで，テレビ番組はこれらとフラットな立場で，「コンテンツ」という言葉で一くくりにされていく。もちろん，放送業界もこうした状況に手をこまねいたわけではない。2000年代半ばより放送局では次々に動画配信サービスを開始し，たとえばキー局やNHKでは，第2日本テレビ，フジテレビOn Demand，TBSオンデマンド，NHKオンデマンド，テレ朝動画，テレビ東京ポータルサイトなどがはじまっていく。放送局は，自ら「コンテンツ論」の土俵にあがり，生き残りを図っていったのである[6)]。

しかし，電波送信というハードにあくまでも固執するテレビ業界において，インターネット上での同時配信だけは，依然として高いハードルだった。2006年，当時の総務大臣・竹中平蔵が私的な懇談会のなかで「なぜ，インターネットでテレビの生放送が見られないのか」と述べたというが（音好宏　2007），この発言後も電波以外で番組を同時に流すという議論はつづかなかった。ただ，2011年3月11日の東日本大震災時に，広島県に住む中学生が，自分のスマートフォンでNHKの画面を撮影し，Ustreamでネット配信したのをきっかけに道が開かれたのかもしれない。この行為は違法配信だったものの，当時の被災状況を見て，NHKも同時配信を黙認した。その直後，あくまでも「特別措置」として，NHKや一部の民放でもインターネット同時配信されることになった（村上聖一 2011）。逆に言えば，未曽有の大災害がなければ，放送という枠を超え，テレビはインターネットと「連携」することはできなかったのである。

5 おわりに

以上，1980年代後半から2010年前後までの，放送メディアの未来像の変遷をたどってきた。本章の流れを簡潔にまとめれば，衛星放送とハイビジョンで「ビジョン拡大」の夢をみたあと，テレビは「デジタル化」の夢へと方針転換し，そこに「インターネット」の登場で悪夢をみたということになる。1950年代から1980年代前半までの未来像の変遷とは異なり，これらのなかに明確な「思想」や「哲学」を見いだすことはできなかった。つまり，1980年代後半以降の放送メディアの未来像は，急速なテクノロジーの進展とともに語られた，きわめて「技術決定論」的なテレビの夢の軌跡であったと言っていい。1980年代後半以降では，具体的な技術開発と伴走しながら，テレビの未来を描いたのである。だから，その技術が見えなくなれば，当然，未来像も描けなくなっていく。

実際，ちょうど2000年代半ばより，『情報通信白書』のなかでも「放送」に割かれるページ数が減っていく。主要都市で地上デジタル放送が無事にはじまり，これを超えて，テレビは新しい夢を語ることが難しくなった。インターネットもあくまでも外部の技術革新であり，テレビ産業内部から出たものではない。次第にテレビは自身の未来像を見失っていったのである7)。

本論でも繰り返し述べてきたように，結局，1980年代後半から描かれつづけた放送メディアの未来像とは，日本的でドメスティックな文脈のなかで語られる「技術オリエンテッド」(技術志向) なものに過ぎなかった。『情報通信白書』でも「放送の高度化」というハードの側面ばかりを強調し，それから番組というソフトを考えるという順序だった (いや，ソフトも十分に考えたとは言い難い)。こうしたなかでインターネット動画が出現し，一気にコンテンツ論へと移り，あたふたしているのがテレビの今日と言っていいだろう。1993年に村木良彦は，2015年ごろにテレビはお金を払って見る「ペイテレビ」へと移行して，マスマーケットとしての放送は終わると予言していたが，まったくそのとおりの事態となったのである (村木良彦　1993)。まさに2015年，NetflixやAmazon Prime Videoが日本で有料サービスを開始し，日本のテレビ界に「黒船」となって押し寄せた。

それでもなお，日本ではテレビの未来はハード中心に描かれ，とくに2020年の東京オリンピック開催決定以降は，自国開催のオリンピックに照準を合わせ，高画質テレビの普及が推し進められた。しかし，新型コロナウイルスの蔓延とともに人びとの生活様式が変わり，東京オリンピックが終わると，テレビ技術の未来像は不透明さを増した。テレビ受信機へのネット接続が進み，テレビ受信機が単に番組を受信する装置ではなく，「何らかの映像コンテンツを映し出す機械」(境治　2011) となった。いまやテレビ放送のリアルタイム視聴のみにテレビ受信機が用いられる時代は終わった。NHKや民放はインターネット経由の見逃し配信サービスを拡大し，2020年以降，インターネット同時配信も本格化させているものの，出遅れた感は否めない。テレビ技術の高度化を追い求めていたら，いつの間にかその中身（コンテンツ）がすり替わっていったのである。

これからAI全盛期を迎え，テレビの未来像を描くとすれば，もうハード開発の未来ばかりみないことだろう。より電波を広範囲に，より画面を高精細に，といった「ビジョン拡大」の夢を描く時代はもう終わった。「デジタル化」をして新しい放送形態を試してみても，いまやスマートフォンのなかにあらゆるアプリや短尺動画が氾濫している。さらにインターネット動画配信の拡大によって，ますますテレビのリアルタイム視聴離れが加速している。こうした状況下で，これからのテレビはハードではなく，ソフトに未来像を見いだしていくしかないだろう。その核となる領域こそ，テレビのもつ「ジャーナリズム」にほかならない。ニュースやドキュメンタリーに限らず，ドラマやバラエティであっても，権力をチェックし，社会的弱者に耳を傾け，地方の問題にも向き合っていく姿勢は重要だ。これは本論の趣旨を超えるため，最後に提言だけにとどめたいが，もしテレビがインターネットに悪夢をみたとするならば，インターネットにはできないコンテンツを送出していく未来を描くしかない。現状，テレビにあってインターネットにない最大のものは「ジャーナリズム」である。これからは技術論ばかりではなく，番組論にも未来を託していけば，まだまだ「テレビの消える日」は遠いはずだ。その意味で，放送メディアの未来像は終わらないし，終わらせてはいけないのである。

注

1）2010年代以降のテレビの未来像については，村上圭子による一連の論考を参照されたい。2013年より，『放送研究と調査』にて「「これからのテレビ」を巡る動向を整理する」，2018年より「これからの“放送”はどこに向かうのか？」としてシリーズ化されている。

2）当然，チャンネル（時間枠）の拡大とともに，ソフトの供給不足が懸念された。多メディア・多チャンネル時代ではソフト（番組）が足りなくなると危惧されたのである。事実，『通信白書』でも毎年のようにソフトに関する記述欄を設けている。また，1992年のNHKスペシャル『テレビはどこへゆくのか』では，香港のスターテレビ，ロンドンのワールドサービステレビ，台湾やニューヨークのケーブルテレビを取材し，多チャンネル時代のソフト供給のあり方を提言している。

3）『通信白書』1993年（平成5年）には，UDTV（Ultra Definition TV）なる技術の完成を2005年に実現することもうたっている。それは走査線2,000本レベルの業務用の超高精細デジタル映像システムであるという。高画質化への流れは，のちの4K，8Kまでつづく，日本のテレビ開発の原動力であった。

4）ハイビジョンの推進に関する懇談会編（1987）には，暮らしのなかにいかにハイビジョンが使われるかの事例が載っており，興味深い。46歳の会社員T氏と41歳の妻（環境デザイナー），中学3年生の15歳の長女，小学校6年生の12歳の長男の4人家族は，朝起きるとリビングルームにハイビジョンモニターがあって四季を感じさせる植物や動物の静止画が映しだされている。T氏や子どもたちが出かけたあとは，妻がハイビジョンを利用してホームショッピングをし，長男が通う小学校ではハイビジョンによる合同授業があり，美大を目指す長女は母と美術館へ行き，ハイビジョンでピカソの作品を鑑賞する。夜になるとT氏と長男がワールドカップサッカーの生中継をハイビジョンで楽しむのだという。

5）2001年（平成13年）の『情報通信白書』によれば，「放送と通信の融合」は4つのレベルに分けられるという。第一に，インターネット放送のような通信と放送の中間領域的なサービスの登場（サービスの融合），第二に，ケーブルテレビネットワークのように，一つの伝達手段の共用化（伝送路の融合），第三に，電気通信事業と放送事業の兼営（事業体の融合），第四に，通信にも放送にも利用できる端末の登場（端末の融合）である。

6）ビデオ・オン・デマンド（VOD）自体は，テレビ業界で早々に議論がはじまっていたことでもある。興味深いのは1997年（平成9年）の『通信白書』に「ニア・ビデオ・オン・デマンド」なるものが語られていたことである。当時，衛星デジタル化による多チャンネルに向けて「見たい時間に番組を見ることができるニア・ビデオ・オン・デマンド」の提供が模索された。これは数チャンネルを用いて時差を付けて放送するもので，たとえば2時間の映画であれば4チャンネルを用いることで，30分ずつ時差をつけて放送でき，視聴者は最大30分の待ち時間で最初から番組を楽しむことができるという。インターネット普及以前のオンデマンド視聴の試行錯誤がよくわかる。

7）ただ，こうしたなかでも，その後のスマートフォン時代を先取りするような未来をテレビ業界が描いていたことも忘れてはならない。とくに地上波のデジタル化によって，副次的に，テレビの未来を語る幅は広がった。そのなかの一つが「ワンセグ」であった。ワンセグとは，13ある電波帯域（セグメント）のうちの1つを使った，携帯端末向けの放送のことである。地デジ化によって13セグメントのうち1セグメントが余り，これを「移動体端末による受信専用」チャンネルとした。2006年4月1日の開始以降，独自編成，データ放送，視聴予約など，ワンセグを使った新しい可能性が模索され，大いに期待された。しかし，スマートフォンの誕生，とりわけ2007年のiPhoneの登場によって，国際規格のなかにチューナーが内蔵されず，ワンセグの発展は消えた。ワンセグは「タテ動画」のはしりとしての未来をもっていたが，敗北したのである。ほかにも，2012年に開始した「NOTTV」は，地デジ化によってVHFの高帯域（V-High）が使えるようになったことで，高品質・高画質の「リアルタイム型放送」と「蓄積型放送」が可能になり，24時間放送のみならず，新聞・雑誌・電子書籍・ゲームなどのさまざまなコンテンツを提供する複合的なサービスとして急成長するはずだった（『情報通信白書』平成24年）が，2016年に廃局した。また，2010年前後からさまざまな論者が「スマートテレビ」をうたい，ネットとつながった未来をテレビ主体で描こうとしたが，こちらも単なる言葉だけの流行として終わってしまう。2007年に国内メーカーが主導した「アクトビラ（acTVila）」も，インターネットを経由したストリーミング再生サービスとして，今日の動画配信を先取りしたものであったが，国際的な趨勢のなかで夢破れるかたちとなった。やはり何でも掌のうえで情報収集できる「スマートフォン」という圧倒的な携帯端末と「インターネット動画配信」の荒波を前に，さまざまなテレビの夢は奪われるかたちとなったのである。

引用・参考文献

●青木貞伸（1990）『ニューメディアの興亡』電波新聞社.
●青木貞伸（1992）『次世代メディアを考える』電波新聞社.
●電通総研編（1994）『デジタル放送の時代』日刊工業新聞社.
●ハイビジョン文化研究会編（1990）『ハイビジョンの創造と文化』日本放送出版協会.
●ハイビジョンの推進に関する懇談会編（1987）『次世代テレビ　ハイビジョン』第一法規.
●原真（2013）『テレビの履歴書』リベルタ出版.
●ジョージ・ギルダー（1990=1993）『テレビの消える日』講談社.
●高度映像都市「ハイビジョン・シティ」構想懇談会編（1988）『ハイビジョン・シティ——都市と暮らしの明日を見つめて』日刊工業新聞社.
●水越伸（1999）「デジタル化と放送文化——視聴者と表現者の視点から」『放送文化』1999年5月号，50-55.
●水越伸・NHK「変革の世紀」プロジェクト編（2003）『NHKスペシャル 変革の世紀II　インターネット時代を生きる』日本放送出版協会.
●村上聖一（2011）「東日本大震災・放送事業者はインターネットをどう活用したか——放送の同時配信を中心に」『放送研究と調査』61（6）：10-17.
●村木良彦（1991）「都市を記録するハイビジョン」『月刊民放』21（7）：6-9.
●村木良彦（1993）「発想の転換迫られるテレビの明日」『月刊民放』23（8）：22-25.
●村木良彦（2006）「「矜持」と「窈窕」——デジタル時代の「ソフト・イノベーション」」『月刊民放』36（2）：5-9.
●日本放送協会編（2001）『20世紀放送史　下』日本放送出版協会.
●日本民間放送連盟・研究所編（2000）『デジタル放送産業の未来』東京経済新報社.
●日本民間放送連盟・研究所編（2012）『ネット・モバイル時代の放送』学文社.
●日本民間放送連盟・研究所編（2014）『スマート化する放送』三省堂.
●日本民間放送連盟・研究所編（2016）『ソーシャル化と放送メディア』学文社.
●日本民間放送連盟・研究所編（2018）『ネット配信の進展と放送メディア』学文社.
●西正（2000）『衛星放送とケーブルテレビ』中央経済社.
●西正（2001a）『衛星放送新時代』日刊工業新聞社.
●西正（2001b）『デジタル放送革命』プレジデント社.
●西正（2001c）『図解　インターネット放送』東洋経済新報社.
●西正（2007）『2011年，メディア再編』アスキー.
●西正（2015）『4K，8K，スマートテレビのゆくえ』中央経済社.
●西正・野村敦子（2002）『ケーブルテレビのすべて』東洋経済新報社.
●西垣通（1994）『マルチメディア』岩波書店.
●西垣通（2001a）『IT革命』岩波書店.
●西垣通（2001b）「テレビはネットで甦るか」『月刊民放』2001年8月号，4-7.
●岡村黎明（1993）『テレビの明日』岩波書店.
●岡村黎明（2003）『テレビの21世紀』岩波書店.
●大森幸男（1990）「「衛星多チャンネル時代」とはどんな時代なのか？」『新放送文化』18: 5-9.
●音好宏（2007）『放送メディアの現代的展開』ニューメディア.
●境治（2011）『テレビは生き残れるのか』ディスカヴァー・トゥエンティワン.
●境治（2016）『拡張するテレビ』宣伝会議.
●志賀信夫（1993）『衛星放送の越境と自由化』電波新聞社.
●志賀信夫（2000）『デジタル時代の放送革命』源流社.
●志賀信夫・隈部紀生編（1998）『デジタルHDTVの時代』日本放送出版協会.
●白川通信（1990）『衛星放送とハイビジョン』教育社.
●鈴木健二（2004）『地方テレビ局は生き残れるか』日本評論社.
●高木利弘（2012）『スマートTVと動画ビジネス』インプレスジャパン.
●竹島愼一郎（1997）『テレビはインターネットの夢を見るか』アスキー出版局.
●郵政研究所編（1998）『21世紀 放送の論点』日刊工業新聞社.
●ザテレビジョン編（1993）『2000年のテレビジョン』角川書店.

松山 秀明（まつやま・ひであき）

関西大学社会学部准教授。NHK放送文化研究所 委託研究員。
著書に『テレビ越しの東京史――戦後首都の遠視法』（青土社，2019年）。論文に「放送研究の歩みと課題」『マス・コミュニケーション研究』100号，2022年1月／「日本のテレビ研究史・再考――これからのアーカイブ研究に向けて」『放送研究と調査』67巻2号，2017年2月など。

座談会

放送メディアと放送技術の未来像

左から 飯田豊，市原えつこ，ペリー荻野，藤沢寛（敬称略）

登壇者〈アイウエオ順〉

飯田 豊（立命館大学）
市原 えつこ（アーティスト・妄想インベンター）
藤沢 寛（NHK放送技術研究所）
ペリー 荻野（コラムニスト・時代劇研究家）

司会：『放送メディア研究』第17号 編集担当

（2023年11月6日　NHK放送博物館メディアラボで収録）

座談会に先立ちNHK放送博物館3階のヒストリーゾーンを見学。ラジオ放送開始から，戦時下の放送，テレビの登場，多様化するテレビ番組，多チャンネル時代の到来など，放送100年の歴史をあらためて確認しました。

1. 技術の発達とメディア体験

◎通説とは異なる歴史

――本特集では，ラジオ放送の草創期から，インターネット時代に至るまでの放送技術について，さまざまな観点から考察を行ってきました。特集を締めくくるこの座談会では，研究者やメディアアーティスト，コラムニスト，技術者といった多様な立場から，これまでの放送メディアを支えてきた技術や，技術開発の今後の展望について議論いただこうと考えています。まずは，自己紹介を兼ねて，それぞれのメディア体験についてお伺いできますでしょうか。

飯田　私はメディア論を専門に研究していまして，とくに，メディアの技術史，なかでもテレビの技術史に関心を持ってきました。2016年に，その成果として『テレビが見世物だったころ』[1)]という本を出版しました。この本ではテレビの歴史を，戦前や戦中の博覧会や展覧会のなかで行われた公開実験や実験放送を手掛かりにとらえ直しています。

テレビの歴史は，東京でNHKと日本テレビが開局した1953年，なかでも街頭テレビの登場から始まるのが一般的で，それ以前の話といえば，1926年に高柳健次郎が「イ」の字を映す実験に成功したという世界的快挙があり，その後ブラウン管テレビの実用化を目指し，戦争による挫折を挟んで，戦後に本放送が実現するという技術史が有名です。

ただ，街頭テレビが登場するまで人々はテレビのことを全く知らなかったかといえば，そんなことはありません。ここ放送博物館にも展示されていますが，1930年代の雑誌や新聞には「テレビジョン」を紹介する記事がたびたび掲載されています。ラジオの全国放送網が成立する1928年ごろから，太平洋戦争が勃発する1941年まで，実用化を目指して研究が進められていた「テレビジョン」は，博覧会や展覧会での公開実験や，戦時下での実験放送を通じて，人々に繰り返し公開されていま

1）『テレビが見世物だったころ　初期テレビジョンの考古学』（青弓社，2016年）

した。

現代の博覧会や展覧会における技術展示の担い手は，市原さんのようなアーティストやクリエーターになっていますが，かつては技術者自身が担っていたわけです。これは単にテレビ放送の前史ではなくて，当時の人々がテレビジョンというニューメディアをどのように想像していたのか，技術者はどのようなものとして社会化しようとしていたのか，そういったことを浮き彫りにできます。要するにテレビの未来像の歴史を読み解くことができるわけです。こうした視点は，本特集の第Ⅳ部「技術開発の未来像」の論点と非常に近いと思っています。

たとえば，早稲田大学は1930年初頭に投映型のテレビジョンでパブリックビューイングのような試みをやっていたり，逓信省電気試験所は30年代なかばまでテレビジョン電話の開発を行ったりしています。我々が家庭で慣れ親しんできた「テレビ」の在り方を前提として歴史をさかのぼるのではなく，かつてテレビジョンという技術に開かれていた可能性をつまびらかにしようというのが，この本（『テレビが見世物だったころ』）のコンセプトでした。

近年は，戦後におけるケーブルテレビの歴史を調査していまして，本特集には「テレビ共聴，自主放送，CATV―難視聴対策からニューメディアへ―」（Ⅱ-5）という論稿を書かせていただきました。ただ，私自身は，これまでの人生で一度もケーブルテレビを契約したことはなくて，自主放送も全くなじみがありませんでした。この研究を始めたきっかけは，15年ほど前に，デンマーク出身でノルウェー在住の

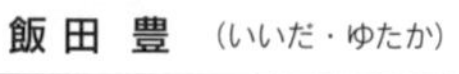

飯田 豊（いいだ・ゆたか）

Profile　p.183参照

アスケ・ダムさんというメディアプロデューサーの方から，1980年前後に静岡県の稲取や岡山県の津山で自ら撮影した自主放送の取材映像をもらったことでした。それがとてもおもしろくて，私自身が慣れ親しんできた「テレビ」とは全く違っていたので，どういう歴史的文脈でこうした自主放送が始まったのかが気になって調べはじめました。それまで抱いていた「コミュニティメディア」や「地域メディア」のイメージが一気に覆されましたね。ビデオ・アーティストでもあったアスケさんは，小林はくどうさん[2]や中谷芙二子さん[3]といったアーティストとも交流があって，70年代に「ビデオひろば」として活動していた小林さんや中谷さんたちが，そうしたケーブルテレビ局の人たちと関わりがあったこともあとになってわかってきました。そこで現在はとくに，日本のビデオ・アートとケーブルテレビの関わりを軸に研究していて，今日お配りした「四畳半テレビ　CATVとビデオ・アートが夢見た「コミュニティメディア」」[4]という論稿もそうした関心に基づいて書いたものです。

戦前のテレビジョンが，現在のテレビの常識とは異なっていたように，コミュニティメディアやケーブルテレビの歴史ももっと広くとらえることができるのではないかという動機で研究を進めているところです。

◎テレビの黎明期に迫る

荻野　私は現在，コラムニスト，時代劇研究家という肩書で活動していますが，初めてメディアの現場に関わったのは1982年，大学生のときのことです。中部日本放送のオーディションを受けて深夜ラジオの語り手として現場に入りました。もともとは脚本家になりたくて，どうしたらなれるかわからなかったので，とりあえず業界に近いかもしれないと思ったんですね。1982年というのは，深夜放送が隆盛でとても面白い時代でした。当時の深夜放送は生放送だったので，けっこうスピード感がありましたね。TBS系列で『ザ・ベストテン』という番組があって，

2）映像作家，造形作家。市民ビデオへの尽力でも知られる
3）芸術家。その作風から「霧の彫刻家」の別名を持ち，メディア・アートの活動で知られる
4）『1970年代文化論』（青弓社，2022年）に所収

テレビの生放送が終わったあとにそのままゲストが系列の中部日本放送の深夜放送の番組にやってくる。そんなメディアミックス的なこともやっていて，ゲストの曲が何位になるかで番組への入りの時間が押したり，ひりひりする現場でした。

当時はスタッフ兼任でしたので，「今から音，録ってこい！」とか「台風来るぞ，行け！」みたいな（笑）経験もしました。先ほど博覧会の話も出ましたけど，バブル時代には「世界デザイン博覧会」があって，ラジオでビジュアルやデザインをどう中継するか工夫を凝らしたり，放送作家でもあったので，手書きで台本を書いては怒られたりの日々でした。それから40年を経て，今もNHKラジオの『マイあさ！』に出演していますので，現在のラジオ現場も見せていただいています。

ということで，私自身は技術というよりソフトを作る現場を目撃してきたということになります。ほぼ枠が決まっていて，あとは任せたと渡される立場。博覧会は行政とも絡むので，大枠は作れないけど，最後の最後にソフトを出す現場であたふたしていたというのが，私の最初のメディア体験です。

テレビ経験で言うと，私が生まれたのが1962年，『週刊TVガイド』が創刊された年，まるまるテレビっ子世代です。テレビなくして生きてはいけない（笑）。そんな子ども時代を経て，ラジオの現場での制作に関わりつつ，1990年ごろからテレビ誌にコラムを書くようになりました。そこで，私の心に浮かんだのが＜テレビの謎＞です。私は研究者ではないけれど，「どうして私たちはあんなにもテレビに夢中になったのか」という謎を解きたいという思いでした。黎明期にテレビに関わってきた人たちに取材して生の声を集めて『テレビの荒野を歩いた人たち』[5)] という本を書きました。このときは技術者にはお会いしていないのですが，石井ふく子さん，橋田壽賀子さん，小林信彦さんなどにお話を伺い，NHKの実験放送に関わっていらした小林亜星さんにもお話を伺うことができました。生放送でドラマを作るというのはどういうことだったのか。

5）『テレビの荒野を歩いた人たち』（新潮社，2020年）

どんなスタンスで番組を作ってきたのか。俳優の久米明さんは時代劇に腕時計をしたまま登場したとか，そんなあたふたした記憶をたどってもらって，生の声を拾い集めなければと思いましたが，結局，謎は解けません。テレビの謎は解けませんが，新しいメディアがお茶の間に浸透していく過程をうかがいながら，テレビの根源に少し近づけたような気にもなりました。

ペリー 荻野（ペリー・おぎの）

コラムニスト，時代劇研究家。大学在学中より中部日本放送でラジオパーソナリティを務め，コラムを書きはじめる。時代劇主題歌オムニバスCD「ちょんまげ天国」をプロデュースし，「チョンマゲ愛好女子部」を立ち上げるなど多くの時代劇企画に携わる。著書に『ちょんまげだけが人生さ』『ちょんまげ八百八町』『バトル式歴史偉人伝』『時代劇を見れば，日本史の８割は理解できます。』（山本博文氏との共著）『脚本家という仕事　ヒットドラマはこうして作られる』など

多チャンネル時代になって，いろいろな配信もあって，今ほど過去のコンテンツが見られる時代はないので，そういう意味でも，これまでのコンテンツが現代を生きる人にどう影響していくのか。これが今，私の興味のあるテーマになっています。

◎技術開発担当者の視点

藤沢　私はNHKのなかで，技術研究畑を中心に歩いてきました。放送技術研究所に異動したのが1998年，アナログ放送からデジタル放送に移行する直前でして，標準規格に関わる技術などの開発に携わっていました。民放の技術者さんと一緒に関東地方を回って，東京タワーから発射された地上デジタル放送の試験電波が適切に受信できるのかどうかを確認することなどをやっていました。

デジタル放送の開発に携わったのち，学生のころから関心のあったイ

ンターネットの技術を放送に活用する研究を始めました。双方向性のある技術を放送技術に適用できるようにしたり，インターネットのサービスと放送のサービスを相互に繋げてみようという研究です。例えば文研と一緒にSNSのプラットフォームと放送番組を連携させるソーシャルテレビプロジェクトもやりました6)。「放送」というのは文字面からは，「送り放す」と一方的に見えますが，本来は，視聴者のみなさんに番組を見てどう感じてもらうかということが大切で，視聴者同士のコミュニケーションを促すことも一つの目的としています。2010年前後くらいだったかと思いますが，このプロジェクトでは放送をきっかけとした視聴者間の横のつながりをいかに構築できるかという検証を行いました。検証を通じて，これからの時代は視聴者の受け取り方，感じ方まで追いかけていくことが，放送技術者にとっても必要なことだと思いました。アメリカではTwitter（現在のX）やFacebookが流行っていましたが，日本にはまだほとんど入っておらず，インターネット上でのコミュニティがいろんなところで動きはじめたばかりの時代ですので，インターネットをコミュニケーションの“場”やメディアのプラットフォームと捉えたときに放送とは何なのかを考えるよいきっかけになりました。

それと並行して，放送と通信を連携するシステムの研究にも取り組んでいました。開発当初は，高画質な動画を送る放送と，伝送容量が小さいけれども，一般に使われはじめた双方向性のあるインターネットを組み合わせることで新しいマルチメディアサービスができるという期待から始まりました。当時，インターネットに対して，デジタル

藤沢 寛　（ふじさわ・ひろし）

Profile　p.288参照

6）米倉律，村上圭子，小川浩司，渡辺洋子，藤沢寛，宮崎勝，浜口斉周「放送番組が媒介する新たな公共圏のデザイン ―番組レビュー SNSサイト“teleda”の実証実験を中心に―」『NHK放送文化研究所年報2012 第56集』（NHK出版，2013年）を参照

放送のような高画質な映像は送れないけれども，視聴者とのコミュニケーションをどう取るか，視聴者の反応とかインタラクションを放送にどう取り入れていくか，といったことを主な研究テーマにしていました。2000年ごろ，日本の放送はデジタル化されましたが，放送のデジタル化は動画を高精細化，ハイビジョン化して，音声をクリアにするということが中心で，送り方は片方向でした。一方，インターネットは，デジタルは当たり前というか，そもそもデジタル技術で成り立っているものであり，メールやテキストや静止画主体のWebページでインタラクティブなサービスやコミュニケーションサービスを行うことが主体で，動画に関してはパソコンで解像度の低い小さな画像を見ることがせいぜいでした。これらの特長を合わせようとしたのが，放送と通信の連携技術で，データ放送やハイブリッドキャストと呼ばれるものです。

現在においては，インターネットで配信される動画がテレビなどで高画質で見られるようになりましたが，実は，データ放送にしてもハイブリッドキャストにしても，あるいは世界中のインターネットでの動画配信を使った放送サービスを見ても，インタラクティブな放送という意味ではいまだこれといったサービスが登場していないのが現状かと思っています。この間ずっと，放送と通信の融合の意味を考え続けているのですが，まだ本当の意味で答えが出ていない。その回答の追求の一つとして，今現在取り組んでいるのは，「Webベース放送メディア」です。視聴者から見れば，伝送路自体は放送だろうがインターネットだろうがどちらでもよいことで，必要なコンテンツ，新鮮かつ興味ある情報にめぐり合うことが重要ですよね。その目的に合う技術とは何かを考えています。デジタル化やインターネットのおかげで，放送技術は多様な方向への進化の可能性がでてきたと思っています。その意味でも，本日のようないろんな立場のみなさんとお話ができることを楽しみにしています。

◎メディアアーティストから見た技術

市原　みなさんのお話を伺っていて，私のようにテレビの世界と縁の薄い者が座談会に紛れ込んで大丈夫かなと不安になってもいます。1988年生まれで，昭和最後のすべりこみです。子ども時代はテレビ番組に胸を躍らせていましたが，中学生になるころにはインターネットに，高校でSNSにはまって，大学時代はほぼソーシャルメディアしかメインで見ない状況で，そのまま現在に至ります。私のテレビ歴は小学校高学年のころで終わっていますから，その後の情報収集はインターネット中心です。

今はメディアアーティストとして活動していまして，今日も巫女の衣装で若干匂わせていますが，＜デジタル・シャーマニズム＞というテーマで作品を作り続けています。日本の民間伝承や宗教儀式などと新しいテクノロジーが紐づいたらどんな可能性があるのかという思考実験をやっています。

もともとはヤフージャパンというIT企業に勤めたあと，独立してアーティストになったのですが，人型ロボットのPepper（君）が世に出はじめたころから会社員の業務でも使っており，また個人の作品としても，人型ロボットを弔いの場に参加させて，死後四十九日間，遺族に寄り添ってくれるロボット＜デジタルシャーマン・プロジェクト＞のプロトタイプを作ったりしていました。

また，仮想通貨をお賽銭代わりにした『仮想通貨奉納祭』[7)] という祭礼型イベントもやりました。仮想通貨という一瞬で資金移動できるシステムと地域の祝祭をドッキングさせて，現場をリアルに盛り上げるという企画でした。自作の『サーバー神輿』に世界中からビットコインを投げるという祭りです。これが意外にも大盛り上がりで2万人くらいが集まりました。

私自身は技術者ではありませんが，いろんな技術者の方とコラボレー

---

7)　仮想通貨奉納祭は2019年11月に東京・中野の商店街を舞台に実施した

ションしながら，いろいろな技術を広く薄く扱っているという立場ですね。新しい技術が生まれると，その技術から派生して，社会全体の倫理観や，死生観など根源的な価値観が変わっていくのが面白いと感じているわけです。ほとんど社会実験のようなかたちで作品を作っているところがあります。そのなかで，日本では問題にならない作品が海外メディアではプチ炎上したりして，国ごとに価値観が違いテクノロジーのとらえ方も異なることに興味を持っています。

ちなみに，私見ですがテクノロジーやテレビ媒体とオカルトって案外相性がよいと考えています。私の出身の早稲田大学に岡室美奈子先生[8)]という方がいらして，まさに<テレビとオカルト>の研究をされています。私自身，岡室先生の影響を少なからず受けています。見えないものを目の前に現すことって，本質的にオカルト性がありますよね。

あと，不思議と博覧会などの国家事業に巻き込まれる傾向があり（笑），2025年の「大阪・関西万博」では日本館の基本構想を作るメンバーに参加させていただいたりしたので，本日はそういった国家的なイベントとテレビ放送の関わりの勉強もさせていただければと思っています。

最近は，「パラレルワールドの日本」「ディストピアの日本」みたいなものを作りたくて，昭和の大衆とテレビ放送をパロディー化する作品作りをしています。ですから，ここ，放送博物館の展示が大変参考になりました。

私は昨年4月に東京藝術大学

市原 えつこ（いちはら・えつこ）

アーティスト，妄想インベンター。1988年，愛知県生まれ。早稲田大学文化構想学部表象・メディア論系卒業，東京藝術大学大学院美術研究科先端芸術表現専攻に在学中。日本的な文化・習慣・信仰を独自の観点で読み解き，テクノロジーを用いて新しい切り口を示す作品を制作

8) 早稲田大学文化構想学部教授・文化推進部参与。前・早大演劇博物館館長。表象・メディア論系で「テレビ史」「オカルト芸術論」「メディア論」など

の大学院に入学し，現在は社会人大学院生になったので，一回り下の学生と一緒に過ごす時間が増え，深夜ラジオの好きなZ世代がいたり，自分の世代にはなかった「推しに課金する」カルチャーに出会ったりしています。彼らは，一周回って古いメディア体験を面白がり，全く違う消費環境を生きている。そんな世代の違いも踏まえ，私自身の記憶も掘り起こしながら，議論についていきたいと思います。

2. 技術史から見たラジオ

◎自作可能なメディア

――ここからは<技術は放送をどう変えてきたか>をテーマに議論したいと思いますが，時代順ということで，まずはラジオというメディアをどのように位置づけるか，お話を伺えればと思います。

市原　一番衝撃を受けたのが，ラジオの受信機を自分で作ってしまうという人が大勢いたことです（笑）。物心ついたころにはすでにパソコンもスマートフォンも出来上がったものが廉価で手に入る時代でしたから，ハードを手作りするという発想はなかったです。ラジオが高価な時代だったから，確かに自作もするかと思いました。

一方で，テレビカルチャーとは縁遠いと思っていた私自身の作家活動の原点はDIYやDIWO（Do it with others）です。テクノロジーの世界には，メイカーズムーブメントがあって，世のなかにないなら自分で作るというハックカルチャーとかDIYカルチャーが生まれています。その源泉が実はラジオの自作にあったのかと気づきました。受信機やハードウェアを自作するというカルチャーはすごく新鮮で，情報機器が廉価で手に入る時代じゃないだけに，ものすごく熱狂したんだろうなと想像したら，とても面白い。ここ放送博物館の展示をもう一度じっくり見たいなと思いました。

飯田　苫米地貢さんの『趣味の無線電話』[9]という，100年前（1924年）に出版された本を持ってきました。これが数万部売れたみたいで，当時の人たちはこういった本を読んでラジオを自作していたみたいですね。

『趣味の無線電話』

放送博物館は苫米地さんに関連する展示が充実していますね。日本でラジオ放送が始まったころ，アマチュア無線のすそ野は，ものすごく広かったようです。

戦後にテレビ放送が始まったときも，アマチュアは存在感を発揮しました。NHKと受信契約を結んでいた866件は，ほとんどがアマチュアの自作した受像機だったと考えられています。まだアメリカからもほとんど輸入されていないし，日本のメーカーも本格的に売り出していないですから。NHKは開局に先立って，まずはアマチュアによる自作文化を醸成することによって，テレビ普及の足掛かりにしようとしました。1950年にはNHKによる強力な支援のもとで，「日本アマチュアテレビジョン同好会」という団体が誕生しています。

市原　当時のアマチュアの方って本当に一般市民だったんですか？

飯田　戦前はいわゆる新中間層で，比較的裕福な家庭の青少年が中心でしょうか。著名なアマチュア無線家はいわゆる実業家タイプでした。営利を目的としないアマチュア精神が求められるようになるのは戦後のことで，当初はどちらかというと，放送でひともうけしようという風潮もありました。

市原　まさにスタートアップ起業家ですね。

飯田　そうなんです。苫米地さんは，『趣味の無線電話』を刊行した1924年，『無線と実験』という雑誌も創刊しています。これは『MJ 無線と実験』[10]というタイトルで現在も継続していて，2024年で創刊100年になります。そもそも当時，受信機を組み立てるために必要な部

9）苫米地貢『趣味の無線電話』（誠文堂書店，1924年）
10）『MJ 無線と実験』（誠文堂新光社）は1924年の創刊以来，第二次世界大戦中と戦後の一時期を除き月刊誌として刊行を続けている

品を売っているお店は都市部に限られていたので，まず全国で雑誌を売って，さらに通信販売で部品も売って，二重に稼ぐという目論見でした。さらに苫米地さんは当初，アメリカにならって自分たちで商業放送を始めることも考えていたはずですが，1923年に発生した関東大震災を機に，公器としてのラジオの可能性を自覚した政府によって「放送は非営利で」という方針になり，日本放送協会が誕生していく流れのなかで，アマチュアは活躍の場を失っていくことになります。

先ほどのオカルトの話も面白いですよね。岡室さんもそうですし，アレクサンダー・ザルテンさん[11]というアメリカの研究者は，明治末の千里眼事件から1980年代の角川映画までをたどり，オカルティズムとメディアエコロジーの関係性について研究されています。無線の普及も宗教的な神秘性と分かちがたく結びついていましたし，アメリカでは60年代後半におけるビデオカメラの登場がヒッピームーブメントと結びついて，反テレビ的でDIY的なビデオコミュニケーション運動にもつながりました。これが80年代になると，いわゆるハッカー文化につながり，初期のインターネットのインターナショナリズム的な考え方，さらにはメイカーズムーブメントにも影響を与えましたし，脈々と今につながっていますね。

市原　現代的な精神とカルチャーの根源が結びついたわけですね。納得しました。

◎インターネットとの類似性

荻野　個人的な感想としては，ラジオは昔から変わらないですね。技術的にどこまで進化しているかはわかりませんが，ブースに入って，台本があって，トークが成立するというプロセスも変わらない。録音技術は進化していると思いますけど，ラジオ制作の魂は変わらないというか。受信機を今でも手作りしている人はいますよね。鉱石ラジオですか，80

11）　1973年生まれ。ハーバード大学東アジア言語・文明学部准教授年代にも手作りキットが雑誌の付録になっていました。現代に至るまで，趣味で自作する人がいるのは，本当に面白いです。

テレビの歴史同様，ラジオもお茶の間で，家族みんなで聞いていた時代からどんどん個のものになっていく。私が聞きはじめたころは，親に聞かれないように枕元に置いて深夜放送を聞くのが当たり前になっていました。笑福亭鶴光さんの下ネタなんて，とてもじゃないけど親に聞かせられないでしょ（笑）。解放区なんです。何を言ってもいいし，何を投稿してもいい，それが誰かに伝わるとうれしい，というメディアがラジオで，そこがテレビと全く違うところですね。

民放ラジオの取材で，鶴光さんや『オールナイトニッポン』の初代パーソナリティの糸居五郎さんにもお話を伺いましたが，当時はまだハガキでしたけど，情熱や欲望をじかにぶつけられる場所がラジオだったと。今はネットの世界が解放区になっていますが，ラジオが個の世界になって解放されたんですね。文化的にはすごく革新的なことだったと思います。糸居さんに至っては，初めはおしゃれな番組だったのが，リスナーの若い人たちの情熱に突き動かされて，どんどん下ネタに変わっていった（笑）。

ところで，私はデンスケ[12]の時代を知っているのですが，藤沢さんはデンスケをお使いになったことありますか？

藤沢　私はないです（笑）。

荻野　私が「音，録ってこい」と言われていた時代には大きなデンスケ抱えて走っていました。今は録音技術も進んでいますが，ハートの部分は変わらないと思います。その意味でも，手作りラジオで聞きたいという人が今もいるのが面白いですよね。

話は飛びますが，数年前，ある放送局が「ラジオを聞く場所を写真に撮って送って」というキャンペーンをしたことがあります。面白いですよ。畑で農作業しながらだったり，自分の部屋だったり，車のなかだったり，ネット経由だったり，さまざまです。受信できる環境は大きく変

12）1950年代から放送現場で利用されるようになったオープンリールあるいはカセットの可搬型録音機

わったけど，聞く人たちの解放されたい気持ち，自分の情熱を伝えたい気持ちはずっと変わっていないと思いました。

市原　今はインターネットやSNSで発散していますが，当時はラジオがはけ口になっていたということですね。

荻野　サブカルチャーとして受け入れられていたということでしょうね。来たハガキは全部読むと宣言したパーソナリティがいて，ほんとに延々と3時間以上読み続けたという話を聞きました。それくらい自由度が高くて，リスナーの思いを受け止めてくれるメディアとして双方向性はすごく強いですね。インターネットとちょっと違うのは，パーソナリティを愛しているからこそ成立しているところでしょうか。

市原　結局はパーソナリティの人柄。ただ人が往来しているだけのプラットフォームではなくて，属人性が強いところも面白いなあ。

飯田　リアルタイムには知らないのですが，80年代にはミニFMも流行りましたよね。技術的に簡単な仕組みなので，だれでも送信機を使って送り手になれる。トランシーバーと同じ原理です。強い電波を出すのは違法なので，微弱な電波で半径500mくらいの範囲で放送するという。

荻野　イベント会場がありましたよね。

飯田　夏は海辺などに設置されました。『波の数だけ抱きしめて』（1991年）という映画に描かれていますね。

荻野　中山美穂さん主演ですね。朝ドラでも『つばさ』（2009年NHK）という作品がありました。多部未華子さんが主演でした。

飯田　遠くまで電波を届けるために，「リンク」といって別のミニFM局が中継に入るとか，見方によっては，かなりインターネットに近い理念で運営されていました。ある意味，インターネット前史として再評価できるかもしれませんし，少なくとも配信の文化とは共通点が多いです。そもそもユーチューバーが視聴者のことをリスナーと呼ぶのもラジオに由来していますしね。

◎ラジオと技術者

藤沢　ちょうど私の先輩ぐらいまでは，趣味がラジオ作りとかアマチュア無線という方がいらっしゃいましたね。昔は，技研を目指す人はたいていがラジオ作りにはまっていた人かもしれませんね（笑）。秋葉原に行ってパーツを集めて，自分でハンダを当てて。

市原　秋葉原の電子パーツ屋さんはそんなラジオ作りのカルチャーから生まれたんですね。

藤沢　そうですね。僕自身は雑誌の付録で組み立てたくらいですけど，ラジオの受信機は今も安価で出回っていますし，電源容量がほぼ要らず，電池をあまり食わないということも非常に重要で，災害のときなど重宝されます。

市原　ラジオ自体に技術育成のためのメディアという側面もあったのですか？

藤沢　たぶんそうだったと思います。見えないし感じることもなくて，遠くのほうから空中を飛んできた電波を，人が体験できる，つまり聞こえる形に変えているというのは，エンジニア心をくすぐりますのでね。インターネットで，ハックとかハッキングという言葉があって，ネットワーク上に流れる信号を取得，解析，分析することなどをさすかと思いますが，手作りラジオはハックの元祖かもしれません。

市原　その点もインターネットとラジオの形態が似ているところですね。コンテンツの近さとか，ハードウェア的なアクセスの難しさゆえに連帯感が生まれる感じとか，共通点があって構造が似ていると思いました。

藤沢　当時のそういう好き者が集まったのがNHKかもしれません（笑）。ちなみに，1930年に技研ができたとき，なぜ世田谷区の砧が選ばれたかというと，電気的なノイズが少なくて，研究に適していたからだそうです。いかに遠くにクリアに届けるかがラジオの使命なので，ノイズの少ない所で技術的な検証をすることは大切なことなのです。

荻野　現在のFM化も，きれいな音で届けるための技術の課題なんですね。

飯田　アマチュア無線でも，「ラグチュー」といって交流を目的にする人もいれば，「DX（Distance）」といって遠距離の局との交信を目的にする人もいて，放送局が発行するベリカード（受信確認証）やほかの無線局が発行するQSLカード（交信証明書）をコレクションしている無線家がいますね。機械いじりが好きな人，無線でコミュニケーションするのが好きな人，遠距離通信が好きな人と，系統が分かれるみたいですね。

荻野　都市化して高層の建物が建てば建つほど，放送技術としての課題が次々に出てくるんですね。

3. テレビ時代の放送技術

◎街頭テレビが果たした役割

――ラジオの話が尽きませんが，そろそろテレビの話に軸を移しましょうか（笑）。

市原　街頭テレビが衝撃でした。パブリックビューイングどころではない人の集まり方に，時代の熱気を感じました。本特集の論稿を読んで，テレビの世界のパイオニアの方々がものすごい慧眼の持ち主であることを実感しています。今では，テレビが大衆的であることはネガティブに取られる面がありますが，NHK編成局長の春日さんの「文化財に恵まれていない全国の人達を考えて，出来るだけ全国の人達が皆平均的に文化財を享受できるよう」にという思想は本当に素晴らしい。おそらく，戦後日本のさまざまな国民のリテラシーの改善にテレビは非常に貢献していたのだろうなと思いました。そして，「芸術であると共に，国民の，人類の血となり，肉となる糧となるものを創らねば」という根源の使命と，生活と乖離しない文化創造を目指すパイオニアの力があって，それを支える当時の人々の熱狂と尽力があったことを感じました。今，世のなかに数多あるコンテンツを作っている人のなかで，こんなに大きなビジョンを持っている人は少ないんじゃないかと思います。

2023年の現在からみると，その後に描かれたビジョンが現実と乖離したり，インターネットにとって代わられたり。テレビメディアが万能化して双方向的なものになるという理想とは違う現実があります。

同様に，インターネットもSNSも誕生から20年ほどで現実的な課題が現れて，今は実際に問題に向き合っている時期でもありますから，これから新興のメディアや媒体が現れて，普及してくると，また新たな課題にぶつかるというサイクル自体は，不可避なのかと感じましたね。

飯田　たしかにそうですね。街頭テレビは主に関東一円に設置され，当初は55か所，220台あったといわれています。そのころ，関東以外の地方の人々はどのようにテレビに接していたのかという研究は，ほとんど行われていませんでした。それがさきほどまでのアマチュアの話ともつながってくるのですが，自作の受像機を軒先に設置して近所の人に見せたり，電器屋さんがお店のショーウィンドーで見せたりしていたようです。地方に行けば行くほど普及は遅かったわけですが，街頭テレビとは別のやり方で，テレビというニューメディアを媒介した人たちがいたわけです。

そのあたりの研究を自分でもやりたいと思っていましたが，本誌で寺地美奈子さんが青森県を事例に研究されていて（Ⅱ-2「ヒエラルヒーとしてのテレビ電波」），とても貴重な知見だと思いました。

◎テレビ技術の転換点

飯田　テレビが国民的なメディアになっていくプロセスを丹念に見ていくと，通説とは違う見え方がまだまだ発見できると思いますね。個人的には，テレビ文化は1970年くらいがひとつの節目ではないかと思っています。市原さんが，SNSやインターネットも普及していくなかで現実的な問題が出てきたと言われましたけど，テレビも本放送が始まって20年くらいで「テレビ離れ」という言葉が頻繁に使われるようになります。

生放送が中心だった50～60年代は，同時性こそがテレビ固有のメディア特性だったわけですが，70年代にVTRやENGが活用されるようになり，ニューメディアとしてのインパクトが薄れていきます。1972年にはさかんに「テレビ離れ」が語られていたのですが，「あさま山荘事件」が起こったとたん，全国の視聴者はその中継映像にくぎづけになり，そうした語りは一気に吹き飛びました。ほとぼりが冷めるとまた，「テレビ離れ」が指摘される。半世紀以上，この繰り返しです。

現代でもテレビの影響力が取り沙汰されるのは，大きな事件や事故などの臨時ニュース，オリンピックやサッカーW杯などのスポーツ中継，あるいは『24時間テレビ』（日本テレビ）とか『紅白歌合戦』（NHK）とか『M-1グランプリ』（朝日放送）とか，いずれにしても生放送に尽きますよね。

テレビ離れ，テレビ批判の論点の多くは，インターネットや配信の登場にともなって初めて浮き彫りになったわけではなく，70年代からずっと言われ続けていたことです。それがほとんど解決されないまま，ずっと先送りされているに過ぎないのではないかと，個人的にはとらえています。

◎技術の発達と番組制作現場

荻野　テレビドラマの歴史をひもとくと，フィルムからVTR，モノクロからカラー，4Kになって8Kになってと，技術が進化するたびに現場では，ああでもないこうでもないと考えるわけですよ。実験放送時代の有名な話ですが，白黒画面でも映えるように女優さんはみんな紫の口紅を塗っていたんですよね。そもそもスタジオがにわか造りで天井が低くて，テレビ撮影用にできていないので照明がすごく近い。暑くて，熱くて，汗で化粧は落ちるし，大きなテレビカメラに太いケーブルを付けて移動させるので動線の確保も難しかったとか，苦労話はたくさん聞きました。

私は時代劇の取材が多いのですが，時代劇はもともとテレビ映画と呼ばれていて，フィルム撮影が当たり前でした。キー局の現代ドラマは早くからVTRになっていても，京都の太秦撮影所で撮っているのはフィルムでした。『水戸黄門』（TBS）がVTRになったときは評判悪かった。映像がてらてらする，こんなの『水戸黄門』じゃないという意見が多数出た。

VTRになったとたん，髪の生え際にかつらの筋が出ているのが見えて，現場の結髪さんたちがものすごく努力して筋を見えなくするとか。時代劇で一番難しいヘアスタイルは坊主頭なんです。今は本当にきれいになりましたが，モノクロからカラー，ハイビジョンと映像技術が進化するたびに，現場では工夫，研究を重ねてクリアしていきました。

50年代の黎明期には，テレビの現場には映画界から移ってきた技術さんがたくさんいました。70年代になると，テレビ育ちの技術さんが主流になって，質の変化が起こりました。80年代になるとタガが外れます（笑）。NHKは変化が早かったですね。70年代初めに放送されたNHKの『天下御免』なんて，侍の格好をした主人公たちが今の銀座を闊歩する。そんな実験的なことをやるようになって，映画から離れてテレビのコンテンツとして面白いものを作ろうという風潮が出てきました。

市原　子どものころ見たテレビは結構きわどいことをやっていたイメージがありますね。

荻野　80年代生まれの方はそう思われるでしょうね。いかにタガを外すかがテレビマンの夢でもありましたから。映画の力が弱くなって，テレビのコンテンツが世のなかの風潮を低いほうに引っ張っていく。当時の私たちはそんなものを浴びるように見てしまった（笑）。先ほど「テレビの謎を解く」とか言いましたけど，この辺りに答えがあるのかもと，今ふと思いました。

とにかくイケイケで，何かというと海外ロケ。バブルがはじけるまで，テレビ業界全体にパワーと勢いのある時代がありました。80年代になると，NHKの大河ドラマでも実験的なことをやっていますね。架空の人物を主人公にしたり，コンピューターグラフィックスを取り入れたりして。今までになかったものを作りたい，既存のものを壊したいという空気があって，80年代生まれの人は，たぶん幼いころにその余韻を感じていたのでしょう。

市原　余韻だったんですね（笑）。

◎動画メディアの基礎となった技術

――1996年にNHKに入って新人研修を受けたとき，60歳くらいの講師に「テレビマンたるもの常に新しいものを求めて，今までにないものにチャレンジすべし」と教わりました。まさに，70年代，80年代にテレビを作ってきた人でしたね。藤沢さんは，80年代の技術をどうとらえていますか。

藤沢　テレビのカラー化の普及や高精細テレビやデジタル化の研究開始など，放送だけでなく今の動画メディアのすべての基礎がこのころにあったのかもしれません。受像機にしても，いかにテレビの価格を下げて手に入りやすくするかはもちろん，スタジオ側のノウハウも，いかに美しいカラーを届けるか，どうすれば伝送のノイズを取り除けるかなど，すべての技術分野において，この時代に培ったものがベースになっていると感じています。

日本のテレビの技術が世界的に広まったのもこのころからなのでしょうか。さすがに70年代，80年代のことは直接はわかりませんが，放送通信連携の技術標準化に携わっていた2010年ごろに，ヨーロッパの方から日本は，放送技術研究所など放送技術を開発する存在と国際的にも有名なテレビメーカーがセットで存在している珍しい国で，羨ましいと言われたことを記憶しています。この状況は，当時からあったものと思われまして，要するに，テレビや送信機，カメラといったハードを扱う企業とコンテンツやメディアというソフト面を扱う企業という異なる職種の国内企業が，独立しながらもしっかり連携して産業を支えていたことが日本の強みだったのかと思います。

市原　高度経済成長期にメーカーが伸びた時期とテレビが盛り上がった時期がほぼ一致していますよね。

荻野　技術も製品も日本はすごいと信じていました。

藤沢　テレビ独自のコンテンツも充実していった80年代，という見方もできますね。

4. デジタル転換，インターネットへの対応

◎ハイビジョン，衛星放送の開発

――ここから，デジタル，インターネット時代の映像メディアということで，衛星放送，ハイビジョン，デジタル技術の話に入りたいと思います。

藤沢　NHK技研は，1964年の東京オリンピックを機に，まずカラーテレビをよりよくしていくために高品位テレビを研究しようという方向づ

けが行われたと聞いています。1970年くらいには，画角をもう少しワイドにしたほうがいいだろうと，初めは5：3で考えたようです。その後，視覚的な認知の研究を進め，いろいろなシステムとの互換性を考慮して，技研として16：9の画角を開発しました。現在，世のなかの映像はほとんど16：9で流されているので，それなりの貢献をしてきた所なのだなぁと所属機関ながら感心しています。

一方で，高品位にしてしまうと，送る情報量が大きすぎてこれまでのやり方では送れませんから，データ圧縮の研究が始まります。同時に，難視聴地域をなくすために衛星を利用する試みもあったと聞いています。

データ圧縮に関しては，当時はMUSE方式から実験を重ね，最終的に，デジタル方式のMPEGという圧縮方式に行き着きます。通信系統との親和性も考慮して，放送もデジタル方式にシフトして現在に至るわけですが，この決断が現在のほとんどの技術に影響を与えているのかと思います。インターネット上でも，放送と同じデジタル技術をベースに動画配信されていることを考えると，このデジタルシフトによって，現在の動画サービスが急速に広まるきっかけとなったと言えるのではないかと思います。

飯田　衛星放送の登場やハイビジョンの開発は，放送技術にとっての革新的な出来事でした。一方で，それらは放送という概念をはみ出す力も持っていました。言ってみれば，ネット社会の到来につながる画期的な出来事でした。当時はもちろん誰でも使える技術ではなく，既存の放送とは異なる可能性に最初に注目したのが一部のアーティストでした。このあたりは市原さんがお詳しいでしょうが，80年代に，ナム・ジュン・パイク[13)]が『グッドモーニング・ミスター・オーウェル』（1984年）『バイ・バイ・キップリング』（1986年）『ラップ・アラウンド・ザ・ワールド』（1988年）という，いわゆるサテライトアート3部作を手がけました。最近，三輪眞弘さん[14)]たちが『配信芸術論』という本を出版されましたが，パイクが80年代に衛星放送を使って行った実験を，現

13）　1932-2006年　韓国生まれのアメリカの現代美術家。ビデオ・アートの開拓者

14）　1958年生まれ。作曲家，メディアアーティスト。『配信芸術論』（アルテスパブリッシング）を2023年に監修

在の配信芸術のルーツの一つとして捉えることもできるでしょう。

1985年には国際科学技術博覧会（つくば万博）が開かれました。今ではソニーの「ジャンボトロン」の印象が強いですが，前評判が高かったのは，まだ「高品位テレビ」と呼ばれていたNHKのハイビジョンテレビでした。

加えて，つくば万博では三菱電機が「オーロラビジョン」，松下電器（現パナソニック）が「アストロビジョン」を展示するわけですが，これらは放送の受像に使われるだけでなく，都市における大型ビジョンやコンサート会場での大型モニターなどに広く応用されるようになりましたね。

つくば万博では坂本龍一さんたちがジャンボトロンを使って『TV WAR』というパフォーマンスを行いましたが，坂本さんは後年，80年代なかばを，確実にインターネット社会につながる新しいフェーズに入った時代だったと振り返っています[15)]。メディア史研究では近年，ネット前夜の80年代，90年代に焦点を当てた成果が少しずつ出てきており，ネットとの連続性が追究されていく時期に入っていると思っています。

◎高画質化がもたらしたもの

荻野　ドラマの世界では，ハイビジョンになるぞなるぞといわれていて，メイクさん，結髪さんが戦々恐々でした。不思議なもので大スクリーンの映画はざっくりでも許されるのですが，なぜかテレビの世界ではリアルでないと批判される。ハイビジョンでクローズアップ多用ということになれば，俳優さんたちをより美しくよりリアルに撮ることが至上命題です。ハイビジョン専用のファンデーションも作られたという話も聞きました。

視聴者においても，ドラマにおけるリアリティとは何かということを

15）　吉本隆明・坂本龍一『音楽機械論』ちくま学芸文庫，2009年（初版1984年）。「文庫版インタビュー　モードが変化した一九八四年」（聞き手は小沼純一）

考えるようになって意識も変わってきたかと思いますね。SNSという意見表出の場があることと相まって，批評的，批判的言説が増え，なかでもアンチの意見ばかりが現場の人たちに刺さってしまう。

もともと，昔気質の映画人たちは，保守的ではなく最先端技術が大好きだし，技術の進化をとても柔軟に受け止める印象があるのですが，このSNS攻撃には免疫がなかったんです。ハイビジョンになって一番気を遣ったのはやっぱり美術さん，美粧さん，メイクとか結髪の仕事に就いていた人たちでしょう。でも，みなさんそこを乗り越えていきます。特殊メイクの技術を習得したり，ファンデーションを工夫したり。時代劇の世界でファンデーションを変えるということは，歌舞伎のおしろいから普通の化粧品に変わるくらい画期的なことで，現場サイドは苦労したでしょうけど，受けて立とうという気概もあって，取材していて頼もしかったですね。

かつらの作り方もまったく変わりましたし，地毛を活かした生え際の処理も見事で，リアリティを進化させていきました。恐れていたハイビジョン化に堂々と立ち向かいましたね。『鬼平犯科帳』（フジテレビ）でもNHKの大河ドラマでも，対応されました。技術の変化は現場の人たちの作り方だけでなく意識そのものを変えていったのだと思います。

市原　私にはハイビジョン以前のイメージがないので，進化について体感的にピンときていなかったのですが，荻野さんのお話を聞いて，2013年ごろ脳科学者の藤井直敬さんのチームとコラボして作品制作したときのことを思い出しました。代替現実というシステムを利用して体験者のリアリティをハックする実験作品です。360度のパノラマ映像のなかで，事前に収録した映像と今目の前の本物をこっそり差し替えて，体験者の現実の感覚をハックする実験です。そのとき，映像の解像

度をあえて下げるわけです。

解像度をアップしたばっかりに，かえってリアリティを再現するのが困難になることがあります。そもそも毛穴が見えるほど解像技術を高めようとすることが，果たして体験やリアリティに対して寄与するものなのかと，感じていました。

もうひとつ思い出したのは，コロナ禍の時期のオンラインミーティングです。初めは，いいカメラを使い精緻に撮影した映像を作れる人が会議でも映えるような風潮があったのですが，そのうち，特に女性は解像度を高めて顔や背景のあらが見えるのがいやだから，結局デフォルトのカメラに戻すようなことがけっこうありました（笑）。解像度を上げることのデメリットもありそうですね。

荻野　ありますよね。とくにオカルト作品は，解像度が低いほうが受け止められやすいんじゃない？

市原　今も，若い世代では写真のレトロ加工とかVHS風の映像がエモいとか言いますよね。

——ハイビジョンになって情報量はすごく増えました。画角が4：3の時代から16：9のハイビジョンになって，テロップの文字数が増えたり，四隅に番組タイトルやサブ情報を表示できるようになりました。また，画角が広くなって，ワンカットに入れる人数が増え，背景にしてもかつては2カットで表現しなくてはいけないことが1カットですむ。演出もずいぶん変わりました。

市原　たしかに，16：9になるといろんな要素が同時に処理できるようになったんですね。一方で，あえて，バブルっぽさや昭和っぽい雰囲気を出したいときは，画角を4：3にするといいと言われたことがあって，すると，ほんとテロップが全然入れられませんでした（笑）。今は，ユーチューバーも16：9が標準になっていますね。

藤沢　人は慣れるものですから，いつのまにか16：9のハイビジョン，高精細が当たり前になっているもので，以前の画面は相当汚く感じてしまいます。同様に，これから高精細さが進み4K，8Kが当たり前のようになったとしたら，同じようなことが起こるのかもしれません。逆に8Kになったとき，演出も含めてすべてが完璧でないと逆にあらが目立って，ギャップが気になって一気にリアリティを失ってしまうこともあるでしょうから，演出関係の技術も一緒に進化していくものと思います。

ただ，映像の解像度を上げればこれまで伝えられなかった情報が伝わるようになるのかと言えば，そんなことはなくて，結局は，取材する中身が重要なんだということは変わらないとは思います。

◎インターネット登場による変化

――インターネットによって放送コンテンツが大きく変容したといわれます。ここからはインターネットについてお話しいただきましょう。

市原　ネット大好きです。子ども時代は尖ったテレビの残り香を吸って（笑）生きてきましたが，思春期には尖ったことがインターネットに移行する時期にぴったりはまりました。思春期に，中二病をこじらせた人間はアングラっぽいものが好きですから，テレビはまったく見なくなってしまいました。年に一度帰省して『紅白歌合戦』とか正月番組を見て，感想をTwitterに書き込んで，遠くにいる友達と交流を図るというのが，昭和最後世代のリアルだったかと思います。

飯田先生の「四畳半テレビ」を拝読して，CATVの津山放送の話は，当初はその粗雑さが批判されていたのに，その短さとリアルが現在の配信カルチャーに似ているというのが，肌感覚としてめちゃ面白かったです。

飯田　ありがとうございます。ケーブルテレビの自主放送の面白さは，インターネットのカルチャーにかなり近いということを，メディア考古学的な関心から掘り下げてみたのが「四畳半テレビ」です。津山放送の場合は寺山修司の路上劇の影響を受けていたりするので，ネットの配信っぽく見えると同時に，本来は60年代のテレビが目指していたものと近いはずなんです。『木島則夫ハプニングショー』（1968年 日本テレビ）では，新宿の街なかで生中継を行い，そこに何千もの人が押し寄せてきて大騒動になった話が有名です。ハプニングかやらせかわからないといわれていますが，70年代以降はこんな無茶な番組は退潮していきます。こうした実験的な試みに感化されて，地方で自主放送をやっていたわけです。90年代のテレビバラエティが現在のネット動画文化に与えた影響にも似ている。お互いを切り離して考えないほうが面白いと思っています。

「インターネット元年」と呼ばれた1995年から四半世紀以上が経ちました。これまで放送とネットの融合が模索されてきましたが，それに希望が持てたのは2010年代初頭までだったかと思います。Twitterの利用者が急伸していった時代で，今では懐かしい「tsudaる」[16)]や「ダダ漏れ」[17)]といった言葉が流行っていました。2009年にUstreamが人気になって無数のにわか配信者が生まれ，画質も気にせず居酒屋での飲み会を気軽に延々と配信するなどしていました。2011年の東日本大震災の際には，UstreamがNHKの放送を「超法規的」に配信したこともあって，Ustreamは一躍時代の寵児になりました。

新聞やテレビは紙面や放送時間に枠付けられて，情報が圧縮されますけど，ネットにはそういう縛りがない。当時はそれが新鮮でしたし，伸ばすべき連携の可能性がもっとあったと思いますが，テレビとネットの蜜月は長続きしませんでしたね。

NHKでもSNSと連携したニュース番組や討論番組など，双方向性を意識した番組開発をされていましたけど，藤沢さんが言われるように，決定打となる方法論が見つからないまま，今はネットとの連携が形骸化し，実質的には後退しているのかなと思います。2010年代以降はリアリティ番組の問題や不適切動画の拡散など，テレビとネットのネガティブ

16） 記者会見やイベントに参加して同時中継でツイートすること。ITジャーナリストの津田大介氏が始めたことから名づけられた

17） 複数の意味を持つネット用語だが，ここでは「未編集のまま配信すること」の意

な相乗効果が際立った時期で，ネットとの連携に及び腰になっているとも思います。

ただ，第Ⅳ部で松山さんが書かれているように（Ⅳ-2　松山秀明「放送メディアの未来像の変遷②」），「現状テレビにあってネットにない最大のものは，ジャーナリズム」だとするならば，「tsudaる」や「ダダ漏れ」をインターネット史のなかの「あだ花」にしてしまわず，未来に向けて再評価すべきではないかと感じています。

◎放送・通信融合時代の技術開発

藤沢　冒頭に申しましたが，文研と一緒にソーシャルメディアとNHKのVODを組み合わせた「teleda」を開発して，技研的には，公共的なメディアプラットフォームを構築する技術の可能性，文研的には，仮想的な公共の広場における視聴行動を検証する実験を行いました。最初は，放送局もインターネットを活用した新しいことへのチャレンジを歓迎する背景があった反面，数年でソーシャルメディアがメジャーになったこともあり，ソーシャルネットを研究で扱うことに対するネガティブな反応が出てきて，話が進むほど，実験の実施が難しくなっていった印象があります。十数年たった今，ネット動画を同時視聴するウォッチパーティなどといったサービスやその研究が生まれていることを聞くと感慨深いところがあります。

衛星放送にしても地上放送にしても，デジタル化したことで何が変わったかといえば，個人的にはその周辺の技術やサービス開発の展開のスピードが速くなった気がしています。カラー放送開始が1960年でハイビジョン放送が2000年として40年かかっていますが，デジタル化によって，動画メディアは，インターネット上でも進化することになり，スピード感が一気に上がったのかと思います。テレビ受像機にしても，アナログ時代は画像をきれいにすることにメーカーのノウハウが詰まっており，テレビの付加価値を付けることができたと聞いていますが，今は差別化が難しくなったといわれます。そして，あっという間に，別の方向，つまり，ネット動画の視聴デバイスとして進化，変化しました。

2010年に，国際のWebの標準化をする団体「W3C」で，これからのテレビ，インターネットと放送の連携をどう築くかを議論する「Web and TV」というグループができ，日本の放送局やメーカーも，次世代スマートテレビの開発に向けて参加しました。放送とインターネットの垣根を越えて，テレビで動画視聴できるようにする仕組みについて議論をしていました。放送とインターネットをシームレスに連携させながら視聴するためのサービスは，日本国内では，今も話題にあがったりしていますが，技術的には，10年前の話であったりします。

この「Web and TV」のなかでも大きな動きをみせていたのが，Netflix，Googleなど米国OTT（オーバー・ザ・トップ）のメンバーです。W3Cの標準化とほぼ並行して，日本のテレビ市場への導入とサービスが始まり，そこから一気にテレビはYouTube, Netflixマシーンになってしまいました（笑）。日本の陣営も同時期に，国内のテレビ向け動画配信に関わる技術仕様を作り，放送との連携サービスを可能にする準備はしていましたが，本格的な動画サービスをするには至りませんでした。ヨーロッパの放送業界では，この米国OTT事業者の及ぼす影響を察知していたのか，動画配信に関わる技術仕様の構築とサービス検討が同時にされており，イギリスやドイツなどでは今となっては定着したサービスとして実施されていると聞きます。この動きの速さは日本の放送業界としては見習うべきところがあるのかと思います。デジタル化された時代は，周辺動向から時代の流れを即座に読み，行動する力が求められているのかもしれません。

荻野　10代にとっては，ネット動画をテレビで見るけど，テレビ局が放送する番組は見ないのが普通になってきました。テレビ受像機を持たない人も多い。ソフトの受け止めのスピードもすごく速くて，放送のライ

ブ中継をされて，ドラマもあっという間に通り過ぎてしまう。手間暇かけて作ったものも，あらすじを読んだだけで見た気になってしまう。テレビ誌に関わる者としては，どのように情報を届けるべきか悩ましい状態が何年も続いています。

先般放送されたドラマ『VIVANT』（2023年 TBS）では，事前情報は主要キャストの名前だけ。どんな内容のドラマかという情報はいっさいなしでした。情報をあえて出さないやり方がこれからの広報モデルのひとつになるのかと思います。事前情報の遮断こそが放送後にネットで注目される手段になるのかもしれません。

放送が始まる前からネットに情報があふれたり拡散しすぎたりして，わかったつもりになられて，番組そのものは見られないというのはもったいないですよ。一方で，ネット上にあふれる情報はあらすじだったり裏情報だったりで，きちんとした批評とか考察は上がってこない。そういう意味では，コンテンツを磨く場，評価される場がなくなっている。すごくもったいないですよね。

技術のスピードに劣らず，コンテンツに対する意識のスピードも速くて，もう少し余裕をもって楽しめるようにならないものかと思います。今は，TVerでもNHKプラスでも見られるから，あらすじを読んでからでもいいから，もう一度見るという行動を起こしてくれればいいなあ。

市原　若者はYouTubeを倍速で見たり，スキップするのが当たり前。音楽もサブスクで視聴された回数に応じて収益が発生するから，いろんなコンテンツがどんどん短くなって，短いほどいいというカルチャーがじわじわ浸透していますよね。

飯田　10代の人に番組の存在が届いていないと感じることが多いですね。何年も続いている人気番組なのに，「最近見つけて視聴しています」

という感想をよく目にします。新聞のテレビ番組表が放送文化の入り口だった時代には考えられなかったことでしょう。見たらハマるかもしれないのに知らないままなのはもったいないなと，僕も思います。

荻野　番組のクオリティは落ちていないのにほんともったいないですね。

5. これからの技術

◎50年後，100年後を見据えて

藤沢　技研では今，3つの柱を立てて研究を進めています。ひとつがイマーシブな体験，没入感のあるコンテンツを提供するための技術開発です。遠くの世界の出来事をより現実に近い形で伝えることや，没入感溢れる新しい体験が可能なメディアの研究です。

2つ目は，ユニバーサル。とにかくすべての人に届ける技術です。電波の時代から放送技術はあまねく送ることを使命にしてきましたが，今は，ただ「送る」だけではなく，見たい人が見たいときに必要な情報を見ることができるようにするということ。人々の個性の違いや，生活パターンの違い，障害のあるなしやその人の持つ身体能力に合わせるなど，多様性を確保しながらコンテンツを届けるにはどういう方法があるかを研究しています。

そして，3つ目は，フロンティアサイエンス，基礎研究により未来のメディアを創造することです。

フロンティアサイエンスの一つとして，今注目のAI関連の研究をしています。番組制作を支援するために，NHKのコンテンツを学習データとした画像処理や音声処理の研究を進めており，人手不足を補うことなどに期待が持てます。

AIの進化は，ニューラルネットワークの発展やコンピューターの処理速度が向上したこともありますが，インターネット上に世界中の大量のデータがオープンな形で存在していることもあるのではないでしょうか。AIには学習させるデータが必要なものなので，世界中がつながっているWeb上のデータが学習対象となるわけです。

放送局としても，ネット上にあるオープンデータをどう扱うのか，どういうデータをオープンに公開するのかという判断がこれまで以上に必要になってきます。

フェイク対策もまた喫緊の課題です。ニュースの信ぴょう性を技術的に追究するファクトチェックの研究分野もありますが，根拠を明らかにすることなど，完全な自動化は，まだまだ難しい領域かと思います。

今，我々が中心的に取り組んでいるのは，ニュースの発信元を特定することです。NHKが作ったものでも，途中で別の人が手を加えたら，発信元はNHKではないということになります。ネット上に提供したコンテンツの発信元や来歴がわかることで，ユーザーはその信頼性を自分で判断できるようになります。

飯田　先ほどは解像度の話で盛り上がりましたけど，今は解像度を上げていくベクトルではなくて，人間に合わせていく時代に入っていますね。佐々木裕一さんが『ソーシャルメディア四半世紀』[18]という本を書かれています。利用者に関する量的データのみならず，起業家の構想や運営会社の収益を独自資料とする，インターネットの歴史書なのですが，佐々木さんは，スマートフォンとアプリが定着した2010年代を，「人間主導の時代から技術主導の時代へ」の移行期と位置づけています。これからはAIによって，まだまだ「技術主導の時代」が続いていくのではないかと思います。

語義矛盾ではありますが，“技術主導ではない人間主導のインターネットのための技術”が，どうすれば実装できるかということに興味があります。藤沢さんが研究課題に挙げられた事例は，すごく期待値が高いように思います。市原さんが，技術が変わると人間や社会の倫理観が変わるという話をされましたが，そういう意味でもスリリングな課題で

18）『ソーシャルメディア四半世紀』（日本経済新聞出版社，2018年）

すよね。

NHKのなかに技研があるように，新聞社や放送局などの20世紀のマスメディアは，技術を占有できる立場にありました。マスメディアの送り手は，メーカーに対して技術開発の方向性を主導できたし，倫理的な観点に基づいて技術を自主規制することも可能でした。

ネットの時代になると，情報や表現の送り手と受け手の関係と，技術の開発者と利用者の関係が必ずしも対応しなくなりました。例えば，ユーチューバーは情報の送り手ではあるけれども，技術の開発者ではなく，一人の利用者でしかありません。プラットフォーマーが広告収益の仕組みを変えると，収入が激減してしまうことがあります。メディア・リテラシーといえば従来，情報や表現の送り手と受け手の考え方の対立を前提に，相互理解が目指されてきましたが，これからは，技術の開発者と利用者のあいだの望ましい関係性を模索していく必要があります。

望ましい関係性を模索するといっても，対面の会議というわけにはいかない。そこには何らかの技術を介在させる必要があるので，そういう方面の開発や提言も公共メディアであるNHKに担ってもらいたいと個人的には思っています。

◎技術開発で必要となる視点

荻野　藤沢さんは社会の多様性に応える技術を研究課題に挙げられました。とても大切な視点だと思いますが，一方で，「多様性」の中身は慎重に見ておかなければいけないと思います。時代劇の現場を取材していると，時代劇はおじいちゃん，おばあちゃんが見るものだという固定観念が根強くあります。このおじいちゃん，おばあちゃんて，どこまで理解されているのかと言えば，あくまで幻想のおじいちゃん，おばあちゃんなんですね。

70代でもAIを使いこなしている人もいれば，スマホも持っていない人もいる。そういう意味での多様性であって，そういう個々の人に合わせた技術であればありがたいと思います。

時代劇の取材をしていると，昔のドラマはよかったねという昔話になることが多いんです。今も面白い時代劇が作られていますよと言うんですが，「地上波しか見られない」という方もいまだにいらっしゃいます。きれいな画面で，見たいときにすぐ見られて，繰り返し楽しめるコンテンツを，届けるべき人にきちんと届く世のなかになってほしいというのが願いです。

市原　今は「嘘をつかないこと」の価値がかなり上がっているなと感じています。AIが作るフェイクニュースもありますし，ソーシャルメディアはインプレッション稼ぎで，事実であろうがなかろうが，とにかく注目を集めさえすれば収益になってしまうプラットフォームになってきているので，危うい情報であふれています。テレビ局から取材を受けることもありますが，ディレクターがインターネットの情報を信じ込んで参考にしているという状況もありました。こんなメディア状況を踏まえると，テレビがインターネットをソースにして，バズっているコンテンツを後追いで番組にするのは，テレビメディアの衰退にほかなりません。

インターネットでの情報摂取は過激化しやすく，同じ属性の人が集まって先鋭化し，危ないところまで行きやすいという問題もあるので，多様な価値観にフラットに触れさせるメディアが，文化の底上げとしての役割を果たすことが重要になってくると思います。

放送技術に関するテクノロジーの審査をやっていたことを思い出しました。受信機とかハードウェアが発達して，3Dホログラムの技術や，触感を伝える技術も進化して，かつての未来論者が論じていた未来が，普通の技術として整備されてきました。技術自体は，コンテンツと人間の欲望がセットになって普及していくわけですが，欲望のあり方も多様化していますから，どんな欲望がどんなコンテンツと，そして，どんな技術要素とタッグを組んで広まるのか，すごく楽しみな観察対象になっています。

コロナ禍の時代には，人とコンタクトできない孤独が社会に沈殿していただろうし，欲望が分散している感じもあるので，私自身，何がトリガーになるかわかっていませんが，コンテンツと技術と欲望の三位一体がどのように働くのかが肝になるのではないかと思っています。

藤沢　コンテンツと視聴者・ユーザーの最初の接点をどう作り出していくかが課題ですね。私たちは，日常生活のなかで自然にコンテンツに触れられることを目指そうとはしていますが，その日常生活自体が千差万別なので，多様性のなかの多様性に対応できないといけないということですね。

昭和の時代までは，生活の中心にテレビや新聞があり，新聞のラテ欄で今日は何の番組があるかなぁと確認する日常だったわけで，テレビや新聞が視聴者接点の入り口だったわけですが，この効果が絶大だったため，放送は長らくこの手段に頼りすぎてきたのかもしれません。すでにインターネットは巨大な情報空間となっているため，放送のコンテンツは埋もれてしまいユーザーが容易に接触できる状況でもないかと思います。フェイクニュースなどインターネットのさまざまな課題に技術的に向き合うとともに，将来的には，平時でも緊急時でも必要な情報に必要なときに迅速に接触できるように，私たちは生活空間全体を情報の接点となるようにデザインしていきたいと思っています。あらゆるものがデジタル化，IoTデバイス化されるいわゆるスマート社会の時代において，生活のなかで意識することなく自然と必要な情報に偏りなく触れられるメディアです。今日のお話を伺って，エンジニアだけではなく，みなさんのような異なる立場の方たちと一緒に新しいメディア創りに取り組んでみたいなと思いました。ぜひよろしくお願いします。

（了）

編集後記

放送に求められる機能をめぐっては，今なお，後藤新平が100年前に述べた「文化の機会均等」「家庭生活の革新」「教育の社会化」「経済機能の敏活」の4つに言及されることがあります。確かにこれらの機能は，技術がどう変化しようと，放送メディアにとって不可欠なものと言えるでしょう。新たな技術によって，こうした機能がどのような方向に発展していくのか，今回の特集によって見えてくればと考えています。

（村上 聖一）

活字メディアではあまりないと思いますが，放送メディアの仕事についたとき，最新の放送技術を知ることが大事だと強く言われ，今も心がけています。どういう撮影や編集が可能かという「作り手」としてだけでなく，世界各地あるいは宇宙からの中継映像をどう届けるかという「届け手」，そして家庭や学校でどのように視聴しているかという「受け手」のそれぞれに関わる放送技術の歴史をふかんすることで，ほかのメディアと異なる放送の特性が見える特集になったと思います。

（宇治橋 祐之）

少し気が早いかもしれませんが，この第17号からタイトルに「放送100年」と掲げています。100年を機にさまざまな角度から改めて「放送」について考えていければと思っています。今号は，諸先輩による『放送学研究』第27号（1975）の「放送技術文化論」以来，久しぶりの放送技術の特集となりました。今回の特集が，これからの技術と放送のあり方を考える一助になればと思っています。

（東山 一郎）

「放送100年」とは，より良い未来を夢見て試行錯誤を重ねてきた歴史だと，今号を編集し改めて認識させられました。現在のメディア環境や暮らしを築いた先人達には感謝の言葉しかありません。そして，そのことを執筆した方々をはじめ，編集，レイアウト，校正等の担当の皆さんにも感謝申し上げます。「放送100年」の特集は，これからも刊行する予定です。次の100年も素晴らしい未来にするために，研究を続けます。

（柳 憲一郎）

◆ 編集担当

村上　聖一	NHK 放送文化研究所	メディア研究部 チーフ・リード
宇治橋祐之	同	メディア研究部 主任研究員
東山　一郎	同	メディア研究部 主任研究員
柳　憲一郎	同	メディア研究部 主任研究員

◆ 編集協力

神田　菊文	NHK 放送技術研究所	副所長
倉掛　卓也	同	伝送システム研究部 エキスパート
相原　　聡	同	研究企画部 副部長

本書制作スタッフ

工藤知安（装丁）　㈱風讃社　島内晴美（リム企画）　フェリックス　福田 稔（座談会撮影）

放送メディア研究 17

放送100年　技術の発達と放送メディア

2024年3月10日　第1刷発行

編者　NHK放送文化研究所

〒105-6216 東京都港区愛宕2-5-1
愛宕MORIタワー16F
電話 0570-066-066（NHKふれあいセンター（放送））
ホームページ https://www.nhk.or.jp/bunken/

発行者　松本浩司

発行所　NHK出版
〒150-0042 東京都渋谷区宇田川町10-3
電話 0570-009-321（問い合わせ）
0570-000-321（注文）
ホームページ https://www.nhk-book.co.jp

印刷　啓文堂／大熊整美堂
製本　二葉製本

Printed in Japan
ISBN978-4-14-007283-7 C3336